现代优化算法

Modern Optimization Algorithms

刘晓路 陈宇宁 杨志伟 何磊 编著

国防工业出版社

·北京·

内容简介

本书介绍了局部搜索、进化计算和群智能三大类6种具体的算法，包括爬山算法、禁忌搜索算法、模拟退火算法、遗传算法、蚁群算法和粒子群优化算法，针对不同的算法，分别从算法起源、算法思想、算法要素、算法流程、主要参数、算法改进和算法应用等方面进行了详细介绍，在算法应用方面都结合具体的应用案例进行了介绍。通过阅读本书，可以使初学者在短时间内了解和掌握不同算法的原理、步骤和应用等。

本书适用于刚接触相关算法的本科生、研究生和部分需要应用现代优化算法求解应用问题的工程人员。

图书在版编目（CIP）数据

现代优化算法 / 刘晓路等编著. -- 北京：国防工业出版社，2025. 1. -- ISBN 978-7-118-13541-1

Ⅰ. TP301.6

中国国家版本馆 CIP 数据核字第 2025CC3987 号

※

国防工業出版社 出版发行

（北京市海淀区紫竹院南路 23 号　邮政编码 100048）

北京凌奇印刷有限责任公司印刷

新华书店经售

*

开本 710×1000　1/16　印张 15　字数 273 千字

2025 年 1 月第 1 版第 1 次印刷　印数 1—1500 册　**定价** 128.00 元

国防书店：（010）88540777　　书店传真：（010）88540776

发行业务：（010）88540717　　发行传真：（010）88540762

前言

PREFACE

现代优化算法（也称为智能优化方法）是随着计算机技术的发展而逐渐兴起并越来越活跃的一个研究领域。当前，在物流运输、生产制造、电力服务、医疗仓储等应用领域，越来越多的复杂优化问题涌现，这些问题涉及的变量类型、变量数目及约束都非常复杂，导致问题的解空间急剧增大，使得以精确求解为代表的数学规划的方法很难求解。针对这类问题，现代优化算法却表现出很好的求解效果，经典的现代优化算法如禁忌搜索算法、遗传算法、蚁群算法等，因其灵活性、通用性、易用性而被广泛应用于国民经济的各个行业中。

目前，国内出版了一些与现代优化算法相关的著作，其中很多与相关领域结合较紧密或者针对某类算法及其变种进行了深入的论述，也有些专门的译著，但是这些著作普遍学术性较强，不适合一般学生尤其是本科学生学习使用，读者群体也相对较小。针对于此，编者结合自身多年的科研和教学经历，进行了本书的编著，希望为学习该领域的学生提供一本通俗易懂、理论与应用相结合的教科书，而非针对某个方法进行专门、深入研究的学术专著，也非涵盖很多种算法，方方面面都囊括的介绍性著作。因此，本书是面向经典现代优化算法入门的一本书，从算法原理、算法要素、算法步骤和算法应用等方面进行全面的介绍，让学生能够比较好地掌握相关内容。

本书根据算法的优化范式，包含局部搜索、进化计算和群智能三大类 6 种具体的算法，每种算法主要介绍算法起源、算法思想、算法要素、算法流程、主要参数、算法改进和算法应用等，没有很深入地讨论算法的数学理论。全书共分 8 章，第 1 章为绪论，主要介绍现代优化算法的产生与发展；第 2 章介绍理解相关算法所需要的一些基础知识，尤其是局部搜索的基础——邻域，并介绍了最简单的局部搜索算法——爬山算法及其改进；第 3 章和第 4 章分别介绍禁忌搜索算法和模拟退火算法，这都是局部搜索类算法；第 5 章介绍遗传算法及其改进，遗传算法作为进化类算法的基础算法，衍生了很多算法变种；第 6 章和第 7 章分别介绍蚁群算法和粒子群优化算法，这两类算法是群智能算法的典型代表；第 8 章是对全书的总结和作者对现代优化算法发展的展望。

本书第 1 章和第 2 章由刘晓路编写，第 3 章和第 4 章由陈宇宁编写，第 5 章由何磊编写，第 6 章和第 7 章由杨志伟编写，第 8 章由刘晓路、何磊共同编写，全书由刘晓路统稿、校稿、定稿。

现代优化算法发展很快，很多新型算法也在不断涌现，相关的术语和名词不断地被重新定义，但是无论怎样，这些算法的本质都是搜索，即如何设计高效的搜索机制和策略从而在问题的解空间中找到较优的满意解。

由于编者水平所限，书中疏漏与不足在所难免，恳请广大读者批评指正。

编 者

2024 年 1 月于长沙

目录
CONTENTS

第1章 绪论

本章首先介绍最优化的重要意义；然后从分析传统优化方法的基本步骤及其局限性入手，讨论实际中对新的优化方法的需求；最后介绍现代优化算法的产生、分类、发展和主要特点，进而给出本书的边界和内涵。

1.1 现代优化算法的产生与发展

人类一切活动的实质不外乎是“认识世界，建设世界”。认识世界靠的是建立模型，简称建模；建设世界靠的是优化决策，所以“建模与优化”可以说无处不在，它们始终贯穿在一切人类活动的过程之中。

概念模型、结构模型、数学模型以及计算机仿真模型和实物模型共同组成了模型的不同阶段。从某种意义上说，人类的一切知识不外乎是人类对某个领域现象和过程认识的模型。只是由于不同领域问题的模型化难易程度不同，其模型处在不同的阶段。比如，数学、力学、微观经济学等，其知识基本上是用数学模型来表达的；而哲学、社会学、心理学等，由于许多因素难以定量化，其模型大多还处在概念模型阶段。

认识世界的目的是建设世界，同样建模的目的就是优化。建设世界首先必须认识世界，同样一切优化都离不开模型。比如，建设一个水电站首先要认识河流的水文规律，而只有综合考虑淹没损失、水坝造价和发电效益，选择最优的建设方案，才能确保水电站建设的成功。

最优化离不开模型，所以最优化方法的发展正是随着模型描述方法的发展而发展起来的。代数学中解析函数的发展，产生了极值理论，这是最早的无约束函数优化方法。而拉格朗日乘子法则是最早的约束优化方法。第二次世界大战时期，英国为了最有效地利用有限的战争资源，成立了作战研究小组，取得了良好的效果。战后，作战研究的优化思想被运用到运输管理、生产管理和一些经济学问题中，形成了以线性规划、博弈论等为主干的运筹学。运筹学的英文名正是

“作战研究”（operation research），其精髓就是在用约束条件表述的限制下，实现用目标函数表述的某个目标的最优化。线性规划、非线性规划、动态规划、博弈论、排队论、存储论等运筹学模型使最优化方法的发展达到了极致，开启了最优化的辉煌时代。

除了在军事领域里的成功运用外，最优化在国际经济的各个领域里都获得了广泛的运用。运输计划、工厂选址、设备布置、生产计划、作业调度、商品定价、材料切割、广告策略、路径选择、工作指派等各种各样的典型问题都在应用最优化方法。钢铁、采矿、运输、制造业等，各行各业都在运用最优化方法。

对个人来说，家庭理财、职业选择、人生规划、作息安排，生活的方方面面都可以运用最优化方法。可以说，最优化是人类智慧的精华，它直接反映了一个人智力和受教育水平的高低。

本书讲述的就是最新且最实用的优化方法。

1.2 传统优化方法的基本步骤及其局限性

1. 传统优化方法的基本步骤

传统的优化方法主要指线性规划的单纯形法、非线性规划的基于梯度的各类迭代算法。这类算法包括以下 3 个基本步骤，如图 1.1 所示。

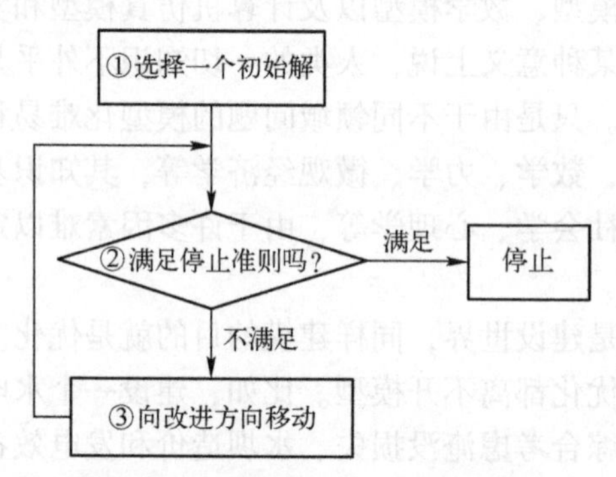

图 1.1 传统优化方法的基本步骤

第 1 步：选择一个初始解。

传统的优化方法总是从选择初始解开始，一般说来，这个初始解必须是可行解。比如线性规划的单纯形法，首先要用大 M 法，或二阶段法来找到一个基础可行解。对于无约束的非线性函数优化问题，初始解一般可以任选，但是对带约束的非线性规划问题，通常必须选择可行解作为初始解。

第2步：判断停止准则是否满足。

这一步是对现行解检验是否满足停止准则。停止准则通常就是最优化条件。比如，对于线性规划的单纯形法，若检验数向量

$$\boldsymbol{\pi}=\boldsymbol{C}_B^{\mathrm{T}}B^{-1}N-\boldsymbol{C}_N^{\mathrm{T}}\geqslant 0 \tag{1.1}$$

则满足最优化条件，停机；否则转入下一步迭代。

这里，B、N分别为约束矩阵中基础变量和非基础变量对应的部分；C_B 和 C_N 为价格向量中基础变量和非基础变量对应的部分。

对于无约束的非线性函数优化问题，检验梯度函数$\nabla f(\boldsymbol{x}^k)=0$是否成立。

对于非线性规划问题，则必须检验 Kuhn-Turker 条件，有

$$\nabla f(\boldsymbol{x}^k)-\boldsymbol{\lambda}^{\mathrm{T}}h(\boldsymbol{x}^k)-\boldsymbol{\pi}^{\mathrm{T}}g(\boldsymbol{x}^k)=0 \tag{1.2}$$

是否成立。其中，$\boldsymbol{h}(\boldsymbol{x})$和$\boldsymbol{g}(\boldsymbol{x})$分别是等式约束和不等式约束函数向量。

第3步：向改进方向移动。

当最优化条件不能满足时，就必须向改进解的方向移动。比如对于线性规划的单纯形法，即做转轴变换，旋出一个基础变量，旋入一个非基础变量。对于非线性规划的最速下降法、共轭梯度法、变尺度法等，则向负梯度方向、负共轭梯度方向或负修正的共轭梯度方向移动，即

$$\boldsymbol{x}^{k+1}=\boldsymbol{x}^k-\alpha\nabla f(\boldsymbol{x}^k) \tag{1.3}$$

式中：α为移动步长，通常用一维搜索的方法来确定；$\nabla f(\boldsymbol{x}^k)$为当前解$\boldsymbol{x}^k$的梯度、共轭梯度或修正的共轭梯度方向。

2. 传统优化方法的局限性

传统优化方法的这种计算构架给它带来了一些难以克服的局限性。这些局限性主要表现在以下几个方面。

1）单点运算方式大大限制了计算效率的提高

传统优化方法是从一个初始解出发，每次迭代中也只对一个点进行计算，这种方法很难发挥出现代计算机高速计算的性能。特别是高性能的多 CPU 计算机和现代并行计算模式在传统优化方法中很难应用，这就限制了算法计算速度和求解大规模问题的能力。

2）向改进方向移动限制了跳出局部最优的能力

传统的优化方法要求每一步迭代都向改进方向移动，即每一步都要求能够降低目标函数值，这样算法就不可能具有“爬山”能力。一旦算法进入某个局部的低谷，就只能局限在这个低谷区域内，不可能搜索该区域之外的其他区域。这样，算法就失去了宝贵的全局搜索能力。

3）停止条件只是局部最优性的条件

传统最优化方法的梯度为零或 Kuhn-Turker 条件只是最优解的必要条件，并不是充分必要条件。因此，这个条件即使从理论上看也不是充分的，即满足停止

条件的解也不能保证就是最优解。只有当解的可行域是凸集，目标函数是凸函数时，即满足所谓的“双凸”条件时，才能保证获得的解是全局最优解。这种“双凸”条件对于大多数实际问题往往很难满足，这就大大限制了传统优化方法的应用范围。

4）对目标函数和约束函数的要求限制了算法的应用范围

传统的优化方法通常要求目标函数和约束函数是连续可微的解析函数，有的算法甚至要求这些函数是高阶可微的，如牛顿法。实际中，这样的条件往往很难满足。比如，价格可能存在批量折扣，生产能力可能有跳跃性变化，机器开、停有启动费用，这些因素都可能造成目标函数只是分段连续的。这样，传统优化方法对目标函数和约束函数的严格要求使其应用范围大打折扣。

任何一种新方法在其产生的初期往往是“方法定向”（method oriented）的，即它只能解决满足该方法适用条件的问题。要想运用这种方法就必须简化或改变原来的问题，使之能够满足该方法的适用条件。比如，为了使用线性规划超强的计算能力，实际中往往不得不采用拟线性化或分段线性化的方法把非线性问题转化成线性问题。20 世纪 70 年代末流行过这样一个十分形象的比喻，即最优化方法好像是“只卖一个尺码鞋的鞋店”，脚小的塞棉花，脚大的砍一截。

传统优化方法是初级阶段的优化方法。随着人们对优化方法要求的提高，这种“方法定向”的特征引起了人们的非议和质疑，于是在 20 世纪 70 年代前后，运筹学的发展出现了一个低谷期。这正是传统优化方法局限性的真实写照。

1.3 现代优化算法的产生与发展

针对传统优化方法的不足，人们对最优化提出了一些新的需求。这些需求主要包括以下几个方面。

1. 对目标函数和约束函数表达的要求必须更为宽松

实际问题希望目标函数和约束函数可以不必是解析的，更不必是连续和高阶可微的。目标函数和约束函数中可以含有规则、条件和逻辑关系，甚至只要一段计算机程序可以描述的关系能够输出一个返回值，就可以作为目标函数或约束函数使用。这样，分段连续函数、“if…then…”语句都可以用来表述目标或约束。于是，以规则形式表达的知识和人的经验都可以嵌入到优化模型中。这样的模型已经不再是传统的数学模型，而是智能模型。

2. 计算效率比理论上的最优化更重要

传统的优化方法是方法定向的，所以它比较注重理论的最优性。但是实际问题并不介意获得的解是不是理论上最优的，而更注重计算效率。由于实际问题的复杂性，往往造成问题的规模很大，时效性很高。比如，复杂制造系统的实时调度问题要求优化算法算得快，能解决的问题规模大。这就要求优化方法能够高效、快速地找到满意的解，至于是不是最优解反而并不十分重要。

3. 算法随时终止能够随时得到较好的解

传统的优化方法不能保证随时终止时能够获得较好的解，比如非线性规划的外点法，计算中途终止算法连可行解都得不到。许多实际问题有很高的时效性要求，对于这类问题，虽然计算更长时间可以获得更好的解，但由于急于使用结果往往要求能够随时终止计算，并且在终止时能够获得一个与计算时间代价相当的较好解。

4. 对优化模型中数据的质量要求更加宽松

传统的优化方法是基于精确数学的方法，这类方法对数据的确定性和准确性有严格的要求。实际生活中很多信息具有很高的不确定性，有些只能用随机变量或模糊集合乃至语言变量来描述。虽然传统的随机规划或模糊优化方法有一定的处理数据不确定性的能力，但这些方法不外是用数学期望来替代随机变量，或是将模糊变量清晰化，而且计算的效能很低。实际中迫切需要能够直接对具有不确定性的数据乃至语言变量进行计算的优化方法。

实际生活中对最优化方法性能的需求促进了最优化方法的发展，最优化逐步走出“象牙塔”，面向实际需要，完成了从“面向方法”（method oriented）向“面向问题”（problem oriented）的转换。于是新的优化方法不断出现。

1975 年，Holland 提出遗传算法（genetic algorithms）。这种优化方法模仿生物种群中优胜劣汰的选择机制，通过种群中优势个体的繁衍进化来实现优化的功能。

1977 年，Glover 提出禁忌搜索（tabu search）算法。这种方法将记忆功能引入到最优解的搜索过程中，通过设置禁忌区阻止搜索过程中的重复，从而大大提高了寻优过程的搜索效率。

1983 年，Kirkpatrick 提出模拟退火（simulated annealing）算法。这种算法模拟热力学中退火过程能使金属原子达到能量最低状态的机制，通过模拟的降温过程按玻耳兹曼（Boltzmann）方程计算状态间的转移概率来引导搜索，从而使算法具有很好的全局搜索能力。

20 世纪 90 年代初，Dorigo 等提出蚁群优化（ant colony optimization）算法。这种算法借鉴蚂蚁群体利用信息素相互传递信息来实现路径优化的机理，通过记忆路径信息素的变化来解决组合优化问题。

1995 年，Kennedy 和 Eberhart 提出粒子群优化（partricle swarm optimization）算法。这种算法模仿鸟类和鱼类群体觅食迁徙中，个体与群体协调一致的机理，通过群体最优方向、个体最优方法和惯性方向的协调来求解实数优化问题。近年来该方法已经成为新的研究热点。

1999 年，Linhares 提出捕食搜索（predatory search）算法。这种算法模拟猛兽捕食中大范围搜寻和局部蹲守的特点，通过设置全局搜索和局部搜索间变换的阈值来协调两种不同的搜索模式，从而实现了对全局搜索能力和局部搜索能力的兼顾。

此外，近年来还有模仿食物链中物种相互依存的人工生命算法（artificial life algorithms），模拟人类社会多种文化间的认同、排斥、交流和改变等特征的文化算法（cultural algorithms）等一些各具特点但知名度不够高的智能优化算法提出。

相对传统的优化方法，以上算法均有以下共同的特点。

（1）不以达到某个最优性条件或找到理论上的精确最优解为目标，而是更看重计算的速度和效率。

（2）对目标函数和约束函数的要求十分宽松。

（3）算法的基本思想都是来自对某种自然规律的模仿，具有人工智能的特点。

（4）多数算法含有一个多个体的种群，寻优过程实际上就是种群的进化过程。

（5）这些算法的理论工作相对比较薄弱，一般来说都不能保证收敛到最优解。

从这些不同的特点出发，这类算法获得了各种不同的名称。由于算法理论薄弱，它们最早被称为“现代启发式”（modern heuristics）或“高级启发式”（advanced heuristics）；从其人工智能的特点，还被称为“智能计算”（intelligent computation）或“智能优化算法”（intelligent optimization algorithms）；从不以精确解为目标的特点，它们又被归到“软计算”（soft computing）方法中；从种群进化的特点看，它们又可以称为“进化计算”（evolutionary computation）；从它们模仿自然规律的特点出发，近几年又有人将它们称为“自然计算”（natural computing）。当然，这些不同的计算方法名称各自都还有本身的一些新概念，限于本书的中心不在于此，这里不再展开讨论，本书统一称这些算法为现代优化算法。

从应用这些方法的角度看，以上方法叫什么名称并不重要，重要的是要掌握它们的特点，知其所长，也知其所短，这样才能对各类问题应用适当的方法。

1.4 怎样学习研究现代优化算法

现代优化算法是一门计算科学。它的理论研究相对比较薄弱，其知识点主要在于介绍各种优化算法的基本思想、计算步骤和计算机实现的技巧。对于大学理工科的学生，建议在学习研究现代优化算法时从以下几个方面入手。

1. 应用智能优化算法解决各类问题是重点

智能优化算法对各类复杂的优化问题有很强的适应性，应用这些算法解决一些其他算法难以解决的优化问题就成了研究的重点。由于以上提到的智能优化算法基本上都是“问题依赖”（problem dependent）的，即算法的处理细节上会因问题的不同而不同。这样不同的应用问题就需要具体情况具体处理，这就给算法的研究带来了很多要解决的问题。比如，还没有人用新算法解决过经典的组合优化问题、网络和图论中的优化问题，还有实践中的各种各样的应用问题。近年来杂志上发表的论文基本上都是算法应用类型的。

2. 算法改进有很大的创新空间

智能优化算法大多给出的只是一个基本的计算思想和步骤，因此改进算法步骤以获得更好的计算性能有很大的创新空间。比如，为遗传算法设计新的遗传算子，为模拟退火算法设计新的冷却策略，为禁忌搜索算法定义新的领域搜索等，这些都是可以充分发挥聪明才智的地方。

3. 多种算法结合的混合算法是一条捷径

由于不同的智能化算法各有特点，怎样将两种甚至两种以上的算法结合起来一直是不少学者的研究重点。比如，遗传算法和禁忌搜索算法的混合算法，禁忌搜索算法和模拟退火算法的混合算法等。当然还有更多可能的混合方法还没有人实践或者没有实践成功，这给后来的研究者留下了很多研究空间。由于不同算法的混合机理是现存的，又容易引起同行们的关注，获得成果的可能性比较大，所以这是一条成功的捷径。

4. 不提倡刻意去追求理论成果

智能优化算法不是一门理论严谨的学科，而是一门实验学科。它没有严格的公理体系，而是主要依据计算机计算得到的性能好坏来判别算法的成功与否。虽然多种算法都有一些理论分析和收敛性证明。但是从严谨数学的角度看，这些理论工作都差强人意，有的甚至经不起仔细推敲。而且这些理论研究对算法的性能提高并没有多少指导意义，起码没有一个算法按研究的收敛性条件去制定算法停止准则。因此，建议工科学生不要刻意追求智能化算法的理论成果，而要将更多的精力投入计算实践中。当然在计算实践中忽然有了理论创新的灵感，也不应该轻易放过。

5. 算法性能的测算是一项要下真功夫的工作

学习研究智能优化算法就要有坐在计算机前反反复复调试程序、计算例题的耐心。无论算法的改进、提高还是创新，唯一的评价标准就是大量不同规模例题的试算结果的好坏。虽然创造性不体现在例题测算上，但做算法研究的人大部分时间都用于例题测算。要想在这个领域里获得成功就必须喜欢编程序、喜欢在计算机上工作，并能够从计算性能的意想不到的提高中获得成功的快乐。具有这种潜质的学生是从事智能优化算法研究的最佳人选。

6. 选择测试例题的一般规律

算法性能测试是算法研究的基础工作，那么如何选择测试例题则是算法测试首先要解决的问题。从例题的说服力出发，选择例题的优先顺序为：网上题库中的例题→文献中的例题→随机产生的例题→实际应用问题→自己编的例题。

对于经典的组合优化问题，如旅行商问题（traveling salesman problem, TSP）、二次指派问题（QAP）等互联网上的经典题库中有很多不同规模的问题，如果你的算法能够获得优于文献中报道的性能指标，就是一个了不起的成果。对于没有题库的问题，如果有文献计算过，则应该对相同的问题进行计算比较。对于新问题，则应该用伪随机数发生器产生不同规模的问题来测试算法的计算性能。再退而求其次就是计算实际问题，这使其他同行将很难判断算法的好坏。最没有说服力的例题就是自己编的例题，虽然有不少国内杂志上的论文就是这样做的，但这种做法实在不值得提倡。

7. 算法性能测试的主要指标

算法性能测试到底针对哪些指标？一般来说，算法性能测试主要包括以下 3 个方面。

（1）达优率。即在多次从不同随机种子出发的计算中达到最优解的百分比。当找不到问题的最优解时，可以用计算中获得的最好解替代。由此派生出的指标还有解的目标值平均值、最优解的目标值的比和所有解的目标值的标准差等。

（2）计算速度。在特定的软、硬件环境中计算不同规模问题的计算时间。

（3）计算大规模问题的能力。在可接受时间里能够求解的最大问题的规模，比如能够在几小时内求解的 TSP 问题的城市数量。虽然可解问题的规模依赖于计算速度，但同时这个指标还受算法对计算机存储空间需求量的影响。占用存储空间过大的算法，显然不能求解大规模问题。

8. 创造出新算法是很多人的梦想

学习研究智能优化算法的过程中，很多有创新精神的人都会自然想到能不能创造出新的智能优化算法。但是，创造新算法绝对不是一件容易的事，更不是叫出一个新名词就算成功了。对于一个新算法，要想成功必须达到以下几点：

（1）有新的思想和新的计算机理；

（2）至少对某类问题的计算性能优于已有算法；

（3）能在国际期刊上发表论文并被一些同行引用；

（4）能有其他作者测试、改进，并应用到其他问题中。

近年来，虽然有不少作者提出一些新算法，如鱼群算法、雁队算法、群落选址算法等，这种精神值得鼓励，但要想真正开发出一种被国内外同行认可的算法还需要做大量工作。

1.5 问题与思考

1-1 试按传统优化算法的三大步骤来分析线性规划的单纯形法的计算步骤。

1-2 试按传统优化算法的三大步骤来分析非线性规划的最速下降法的计算步骤。

1-3 试举出一个不能用传统优化方法求解的实际问题来具体说明传统优化算法的局限性。

1-4 试举出一个实际问题说明问题对优化算法的新的要求，特别是本章没有提到的新的要求。

1-5 列举出本章没有提到的具有智能优化特点的其他算法，并说明把它们归为智能优化算法的理由。

参考文献

[1] 邢文训，谢金星．现代优化计算方法［M］．北京：清华大学出版社，2005.

[2] 吴春梅．现代智能优化算法的研究综述［J］．科技信息，2012（8）：31.

[3] 张丽平．粒子群优化算法的理论及实践［D］．杭州：浙江大学，2005.

[4] 杨志伟，曾平，唐国明，等．基于 MOOC 的现代优化算法课程教学改革研究［J］．计算机工程与科学，2018，40（A01）：6-11.

[5] RAO R V，KALYANKAR V D. Parameter optimization of modern machining processes using teaching-learning-based optimization algorithm［J］. Engineering Applications of Artificial Intelligence，2013，26（1）：524-531.

[6] CORTEZ P，CORTEZ. Modern optimization with R［M］. New York：Springer，2014.

[7] YANG X S. Metaheuristic optimization：algorithm analysis and open problems［C］//International symposium on experimental algorithms. Berlin，Heidelberg：Springer Berlin Heidelberg，2011：21-32.

[8] NIU M，WAN C，XU Z. A review on applications of heuristic optimization algorithms for optimal power flow in modern power systems［J］. Journal of Modern Power Systems and Clean Energy，2014，2（4）：289-297.

[9] VASANT P，WEbER GW，DiEU V N. Handbook of research on modern optimization algorithms and applications in engineering and economics［M］. Hershey：IGI Global，2016.

[10] HOUGH P D，WILLIAMS P J. Modern machine learning for automatic optimization algorithm selection［R］. Sandia National Lab.（SNL-CA），Livermore，CA（United States），2006.

[11] ZELiNKA I，SNASEL V，ABRAHAM A Handbook of optimization：from classical to modern approach［M］. Berlin Springer Science & Business Media，2012.

[12] VASANT P Meta-heuristics optimization algorithms in engineering，business，economics，and finance［M］. Hershey：IGI Global，2012.

第2章

算法基础

正如第1章所述，优化几乎成为我们所做的每件事的一部分，从个人的日常出行、时间规划，到学校的教室调度、课表排布，再到经济系统的优化、博弈策略的优化、生物系统的优化、卫生保健系统的优化。优化是一个令人着迷的研究领域，不仅由于它的算法和理论，更是因为它具有普遍的适用性。

本章首先简要概述几类常见的优化问题，包括无约束优化、约束优化和组合优化。在此基础上，给出了一个最简单通用的优化算法——爬山算法，并讨论了它的一些变种，结合爬山算法给出了邻域和局部搜索的概念，最后讨论几个与智能本质相关的概念，并展示它们如何与后面几章描述的进化优化算法相关联。

2.1 最优化问题

优化几乎适用于生活中的所有领域，算法的应用只会受到工程师想象力的限制，只有想不到没有做不到，这就是为什么现代优化算法在过去几十年能得到广泛研究和应用的原因。

2.1.1 无约束优化

一个优化问题可以写成最小化问题或最大化问题。我们有时想要最小化一个函数，有时又想最大化，这两个问题在形式上很容易互相转化，有

$$\begin{cases} \min\limits_{\boldsymbol{x}} f(\boldsymbol{x}) \Leftrightarrow \max\limits_{\boldsymbol{x}}[-f(\boldsymbol{x})] \\ \max\limits_{\boldsymbol{x}} f(\boldsymbol{x}) \Leftrightarrow \min\limits_{\boldsymbol{x}}[f(\boldsymbol{x})] \end{cases} \tag{2.1}$$

式中：函数$f(\boldsymbol{x})$被称为目标函数；向量$\boldsymbol{x}$被称为独立变量或决策变量。注意，根据上下文，独立变量这个术语有时指的是整个向量$\boldsymbol{x}$，有时又指$\boldsymbol{x}$中的某个具体的元素。$\boldsymbol{x}$中的元素也称为解的特征，我们称$\boldsymbol{x}$中元素的个数为问题的维数。由式（2.1）可知，为最小化函数设计的每个算法都很容易用来最大化函数，而为

最大化函数设计的每个算法也都很容易用来最小化函数。当想要最小化一个函数时，则称此函数的值为费用；当想要最大化一个函数时，则称此函数的值为适应度。

$$\begin{cases} \min\limits_{x} f(\boldsymbol{x}) \Rightarrow f(\boldsymbol{x}) \text{被称为“费用”或“目标”} \\ \max\limits_{x} f(\boldsymbol{x}) \Rightarrow \text{被称为“适应度”或“目标”} \end{cases} \tag{2.2}$$

例 2.1　这个例子说明本书中用到的术语，假设想要最小化函数如下式，即

$$f(x,y,z)=(x-1)^2+(y+2)^2(z-5)^2+3 \tag{2.3}$$

变量 x、y 和 z 被称为独立变量、决策变量和解的特征。这 3 个术语等价，这是一个三维的问题，$f(x,y,z)$ 被称为目标函数或费用函数。定义 $g(x,y,z)=-f(x,y,z)$ 并最大化 $g(x,y,z)$，就把这个问题变成了最大化问题。函数 $g(x,y,z)$ 被称为目标函数或适应度函数，问题 $\min f(x,y,z)$ 的解与问题 $\max g(x,y,z)$ 的解相同，解为 $x=1$、$y=-2$ 和 $z=5$。$f(x,y,z)$ 的最优值是负的 $g(x,y,z)$ 的最优值。

有时优化很容易，利用解析的方法就能完成，比如下面的例子。

例 2.2　考虑问题 $\min\limits_{x} f(x)$，其中

$$f(x)=x^4+5x^3+4x^2-4x+1 \tag{2.4}$$

函数 $f(x)$ 如图 2.1 所示，因为 $f(x)$ 是一个 4 次多项式（也称为 4 阶），它最多有 3 个驻点，即在 x 的这 3 个值处导数 $f'(x)=0$。图 2.1 显示这些点为 $x=-2.96$、$x=-1.10$ 以及 $x=0.31$，我们能确认 $f'(x)$ 等于 $4x^3+15x^2+8x-4$，它在 x 的这 3 个值处为零。进一步找出在这 3 个点处 $f(x)$ 的二阶导数，即

$$f''=12x^2+30x+8=\begin{cases} 24.33, x=-2.96 \\ -10.48, x=-1.10 \\ 18.45, x=0.31 \end{cases} \tag{2.5}$$

函数的二阶导数在局部最小值处为正，在局部最大值处为负。因此，根据 $f''(x)$ 在驻点处的值确认 $x=-2.96$ 是局部最小值点，$x=-1.10$ 是局部最大值点，$x=0.31$ 是另一个局部最小值点。

例 2.2 的函数有两个局部最小值和一个全局最小值，全局最小值也是局部最小值。某些函数会在不止一个值处出现 $\min\limits_{x} f(x)$；如果这样则 $f(x)$ 有多个全局最小值。局部最小值 x^* 可以定义为对所有满足

$$\|x-x^*\|<\varepsilon \text{ 的 } x, f(x^*)<f(x) \tag{2.6}$$

式中：$\|\cdot\|$ 为某个距离的度量；$\varepsilon>0$ 为由用户定义的邻域大小。由图 2.1 可见，如果邻域的大小 $\varepsilon=1$，$x=0.31$ 是局部最优，但是若 $\varepsilon=4$，它就不再是局部最优。全局最小值点 x^* 可以定义为对所有的满足公式（2.7）的 x。

$$f(x^*)\leqslant f(x) \tag{2.7}$$

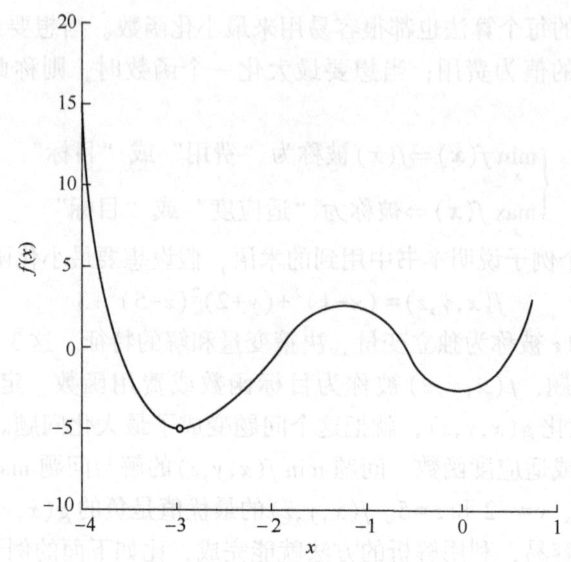

图 2.1　例 2.2 中简单的最小化问题（$f(x)$有两个局部最小值，$x=-2.96$ 为全局最小值点）

2.1.2　约束优化

优化问题常常带有约束，即在最小化某个函数 $f(x)$ 时，对 x 可取的值有约束，如下面的例子。

例 2.3　考虑问题

$$\min_{x} f(x)\begin{cases}\text{其中}\quad f(x)=x^4+5x^3+4x^2-4x+1\\ \text{并且}\quad x\geqslant -1.5\end{cases}\tag{2.8}$$

除了对 x 有约束之外，这个问题与例 2.2 具有相同 $f(x)$ 的图形和 x 的允许值，如图 2.2 所示。为了用解析方法解决问题，当忽视这个约束时，如在例 2.2 中，就会发现 $f(x)$ 的 3 个驻点以及在 $x=-2.96$ 和 $x=0.31$ 处的两个局部最小值。这些值中只有 $x=0.31$ 满足约束。下面需要在约束的边界上求 $f(x)$ 的值，看是否小于在 $x=0.31$ 处的局部最小值。可以发现

$$f(x)=\begin{cases}4.19, x=-1.50\\ 0.30, x=0.31\end{cases}\tag{2.9}$$

由此可见，对带约束的最小化问题，$f(x)$ 在 $x=0.31$ 处最小。

如果约束边界更靠左，则使 $f(x)$ 最小的 x 值会出现在约束边界上而不是局部的最小值 $x=0.31$ 处。如果约束边界在 $x=-2.96$ 的左边，对于带约束的最小化问题，使 $f(x)$ 最小的 x 值应该与无约束最小化问题相同。

实际的优化问题几乎总是带有约束。在实际优化问题中，使目标函数最优的独立变量的值也几乎总是出现在约束的边界上。这并不让人奇怪，因为我们常常期望利用所有的可用能源或势力、其他资源获得最好的工程设计、资源分配或其

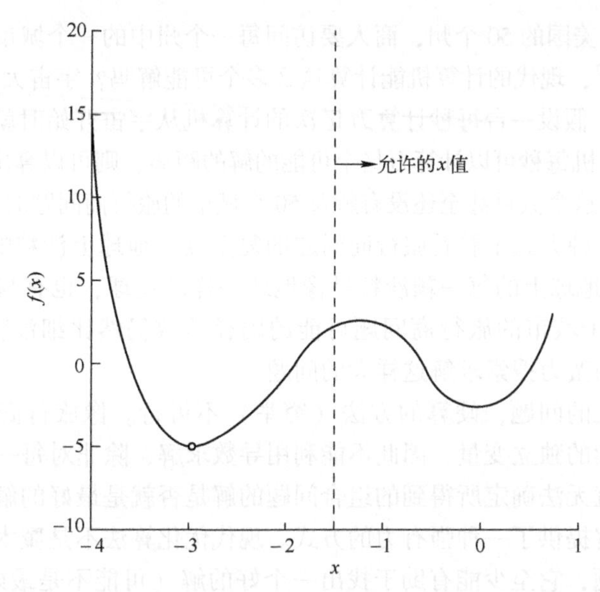

图 2.2 例 2.3 中一个简单的带约束最小化问题（带约束的最小值出现在 $x=0.31$ 处）

他优化目标。因此，约束对于几乎所有的实际优化问题都很重要。

2.1.3 组合优化

前面提到的无论是约束优化还是无约束优化问题都是连续优化问题，也就是说，允许独立变量连续变化。但有许多优化问题中的独立变量只能在一个离散集合上取值，这类问题被称为组合优化问题。

例 2.4 假设一位商人想访问公司的 4 个分部，以总部为起点和终点总部位于 A 城，分部位于 B 城、C 城和 D 城，商人想以总旅行距离最短的方式访问分部。这个问题有 6 个可能的解 S_i，即

$$\begin{cases} S_1: A\to B\to C\to D\to A, S_4: A\to C\to D\to B\to A \\ S_2: A\to B\to D\to C\to A, S_5: A\to D\to B\to C\to A \\ S_3: A\to C\to B\to D\to A, S_6: A\to D\to C\to B\to A \end{cases} \tag{2.10}$$

计算每一个可能的解对应的总距离，就很容易解决这个问题。

例 2.4 的问题被称为闭合的旅行商问题（TSP）。对于只有 4 个城市的旅行商问题，很容易枚举出所有可能的解。搜索一个组合问题的所有可能的解被称为蛮力搜索或穷举搜索。如果你有时间这样做，这是求解组合问题最好的方法，因为它能保证得到最优解。

但是，对于有 n 个城市的旅行商问题，存在多少个可能的解？稍稍想一想就知道它有$(n-1)$！个。这个数增长得非常快，即使 n 不太大也都不可能计算所有可能

的解。假设对于美国的50个州，商人要访问每一个州中的一个城市可能解的个数是$49!=6.1\times10^{62}$，现代的计算机能计算这么多个可能解吗？宇宙大约有150亿年，等于4.7×10^{17}s。假设一台每秒计算万亿次的计算机从宇宙开始时就运行，并假设每台万亿次计算机每秒可以计算万亿个可能的解的距离，则可以算出4.7×10^{41}个可能的解的距离。这个数目甚至还没有触及50个城市的旅行商问题的皮毛。

现在用另一种方式来看看旅行商问题的复杂度。地球上沙粒的数目在10^{20}~10^{24}之间。如果地球上的每一颗沙粒是像地球一样的星球，也有与地球相同数量的沙粒，则50个城市的旅行商问题可能的路径总数仍然比细沙粒的总数还多。显然，不可能用蛮力搜索求解这样大的问题。

对一些过大的问题，硬算的方法（穷举）不可行。像旅行商问题这样的组合问题没有连续的独立变量，因此不能利用导数求解，除非对每一个可能的解都试一遍，否则就无法确定所得到的组合问题的解是否就是最好的解，现代优化算法为找到好的解提供了一种强有力的方式。现代优化算法不是魔术，但对这类大规模、多维问题，它至少能有助于找出一个好的解（可能不是最好的）。在现代优化算法求解过程中，潜在的解会互相分享信息最终达到关于最好的解的“共识”。我们无法证明它是最好的解；要证明找到了最好的解，就不得不把每一个可能的解都查一遍。但是，当把现代优化算法的解与其他类型的解比较时，就能看到现代优化算法的表现相当好。

2.2 爬山算法

本节介绍爬山算法的一个简单优化算法。爬山算法实际上是有多个变种的一系列算法。一些研究人员认为，爬山算法是一个简单的进化算法，而另一些人则认为它不是进化算法。当遇到一个新的优化问题时，我们经常首选爬山算法来求解，因为它简单、有效，而且有多个变种，还为与进化算法那样更复杂的算法比较提供了好的基准。爬山算法这么简单、直接，在很久以前一定被发明过很多次，所以很难确定它的源头。

如果想到达一个景观的最高点，一个合理的策略就是朝上升最快的方向迈一步。在那一步之后，重新评估小山的斜波，并在朝上升最快的方向迈一步。继续这个过程一直到不再有让你爬得更高的方向，你达到的这个点就是小山的顶点。这是局部搜索策略，它被称为爬山算法，如图2.3所示。

一个更好的策略应该是四下观望，估计最高点在哪里，然后估计到达最高点最好的一条路。这样可以排除通往山顶的曲折道路，或者避免被困在比全局最高点低的一个小山顶上。但是，如果能见度低，局部搜索策略也许就是最好的行动方案。

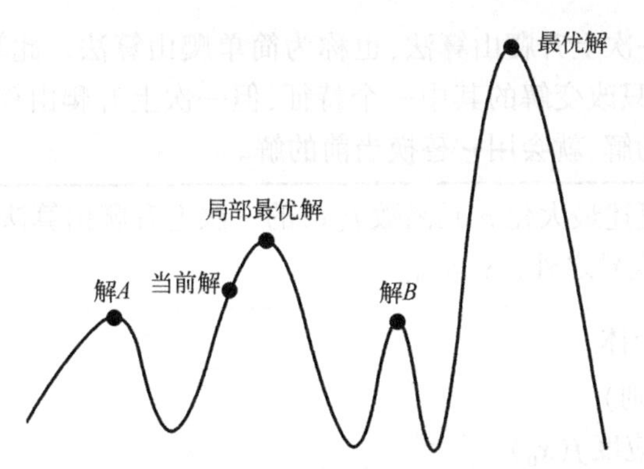

图 2.3　不同解的分布对爬山算法的影响

爬山算法可能管用也可能不管用，这取决于山的形状、局部最大值的个数以及初始位置。爬山算法可以独立作为一种优化算法，也可以与进化算法相结合，这样就能把进化算法的全局搜索能力与爬山算法的局部搜索能力结合起来。爬山算法策略有几个变种，本书会讨论其中有代表性的一些。

算法 2.1 为最快上升爬山算法。此算法比较保守，每次只改变解的其中一个特征，并用一个特征最好的变化替换当前最好的解。

算法 2.1　概述最大化 n 元函数 $f(x)$ 的最快上升爬山算法的伪代码，除了第 q 个特征的变异之外，$x_q=x_0$。

---

x_0←随机生成的个体

while not(终止准则)

　　计算 x_0的适应度$f(x_0)$

　　for 每一个解的特征 $q=1,2,\cdots,n$

$x_q \leftarrow x_0$

　　用一个随机变异替换 x_q的第 q 个特征

　　计算 x_q的适应度$f(x_q)$

　　下一个解的特征

　　$x' \leftarrow \mathrm{argmax}(f(x_q)):q \in [0,n]$

　　if $x_0=x'$then

　　　x_0←随机生成的个体

　　else

　　　　$x_0 \leftarrow x'$

　　end if

下一代

算法2.2为一次上升爬山算法,也称为简单爬山算法。此算法与最快上升爬山算法一样,每次只改变解的其中一个特征,但一次上升爬山算法更贪婪,因为只要找到一个更好的解,就会用它替换当前的解。

算法2.2 概述最大化 n 元函数 $f(x)$ 的一次上升爬山算法的伪代码。注意,除了第 q 个特征变异之外, $x_q=x_0$。

```
x₀←随机生成的个体
while not(终止准则)
    计算x₀的适应度f(x₀)
    replaceflag←false
    for 每一个解的特征q=1,2,…,n
                        x_q←x₀
      用一个随机变异替换x_q的第q个特征
      计算x_q的适应度f(x_q)
       if f(x_q)>f(x₀) then
          x₀←x_q
             replaceflag  true
          end if
    下一个解的特征
    if not(replaceflag) then
x₀←随机生成的个体
  end if
下一代
```

下面两个爬山算法会随机地选择一个解的特征进行变异,因此它们被归类为一般的随机爬山算法,算法2.3为随机变异爬山算法。除了随机选取要变异的解的特征外,此算法与一次上升爬山算法非常相似。

算法2.3 概述最大化 n 元函数 $f(x)$ 的随机变异爬山算法的伪代码。注意,除了一随机的特征变异之外, $x_1=x_0$。

```
  x₀←随机生成的个体
while not(终止准则)
    计算x₀的适应度f(x₀)
                        q←随机选择解的特征的指标∈[1,n]
```

```
        x1←x0
用一个随机变异替换 x1 的第 q 个特征
    计算 x1 的适应度 f(x1)
if f(x1) > f(x0) then
    x0←x1
end if
下一代
```

算法 2.4 是自适应爬山算法。每一个解的特征以某个概率进行变异,然后将变异后的解与当前最好的解相比较,除了这一点不同之处,此算法与随机变异爬山算法类似。

算法 2.4 概述最大化 n 元函数 $f(x)$ 的自适应爬山算法的伪代码。注意,除了第 q 个特征变异之外,$x_1=x_0$。

```
    初始化 pm ∈ [0,1] 作为变异概率
    x0 随机生成的个体
    while not(终止准则)
        计算 x0 的适应度 f(x0)
      x1←x0
    for 每一个解的特征 q=1,2,…,n
    生成一个均匀分布的随机数 r ∈ [0,1]
    if r<pm then
      用一个随机变异替换 x1 的第 q 个特征
  end if
下一个解的特征
计算 x1 的适应度 f(x1)
if f(x1) > f(x0) then
x0←x1
end if
下一代
```

在算法 2.1 至算法 2.4 中,爬山算法的结果严重依赖于初始条件 x_0。因此,引用几个随机生成的不同初始条件来测试爬山算法。将爬山算法在初始条件循环中的方法称为随机重启爬山算法。

2.3 邻域及局部搜索

现代优化算法本质上就是一个搜索寻优的过程。在哪里搜？当然是在解空间里面。一开始人们的做法是遍历整个解空间进行全局搜索，然后找出问题的最优解。但是渐渐地人们发现，当问题规模增大时，其解空间就会变得很大，如TSP问题，随着问题规模的增大求解会陷入“维数灾难”。此时，进行全局搜索需要的时间和资源是令人无法接受的，为了避免这种无法承受的搜索代价，人们就想出了另一种方式，即局部搜索。局部搜索说白了就是在解空间中只挑选一部分出来进行遍历，这就可以大大降低搜索需要的资源，说不定碰巧挑出来的局部中还含有最优解呢，但是挑选哪一部分就有很大的学问，这里就不得不引入邻域的概念了。

在讲解邻域之前，首先来看生活中的几个例子。比如某个个人，通过血缘关系可以找到其家人集合（包括爸爸、妈妈、爷爷、奶奶等）；还是某个个人，通过判断是否同一班级可以找到该个体的同学集合（同班的就是同学）。这两个例子都是通过某种关联（血缘关系、同一个班级），将一个基准点（个人）映射到一个集合（家人、同学）上面，如图2.4所示。

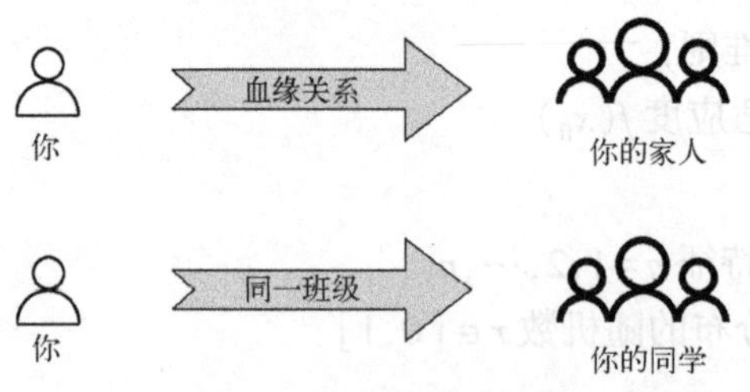

图2.4 基于关系的映射

基于上述例子，就可以引入邻域的概念了。邻域就是在邻域结构定义下的解的集合，比如在图2.5中 $s_1 \sim s_6$ 等构成的集合就是 s 的邻域。它是一个相对的概念，即邻域肯定是基于某个解产生的。比如在当前解 s 的邻域中，可以搜到其中的最优解 s_3。

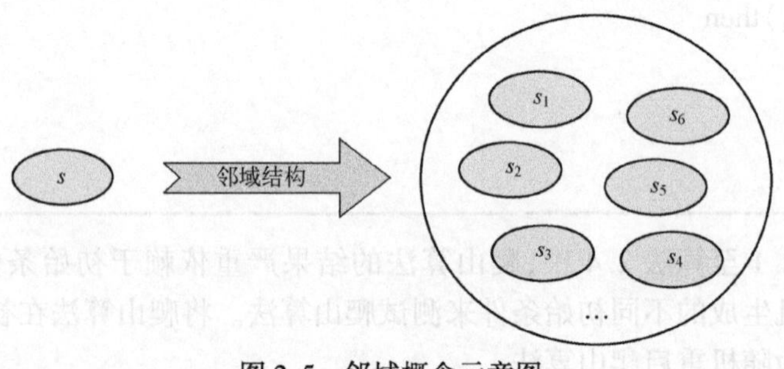

图2.5 邻域概念示意图

在邻域基础上，进一步引入邻居解的概念。邻居解是邻域内某个解的称呼。比如在图 2.5 中，解 $s_1 \sim s_6$ 及其该邻域中任意一个解都可以称为解 s 的邻居解。

那么什么是邻域结构呢？邻域结构定义了一个解的邻域，就像图 2.4 中血缘关系定义了家人集合一样。下面再举一个简单的例子：对于一个背包问题的解 $s=11010$，它的各个位上对应的值如下：

位	1	2	3	4	5
值	1	1	0	1	0

现在定义一个邻域结构：交换任意两位。那么解 s 能够形成的邻居解就有 $C_5^2=10$ 个。比如交换第 1、3 位上的 1 和 0，得到 01110；交换第 2、3 位上的 1 和 0，得到 10110 等。最终，s 的邻域生成如图 2.6 所示。

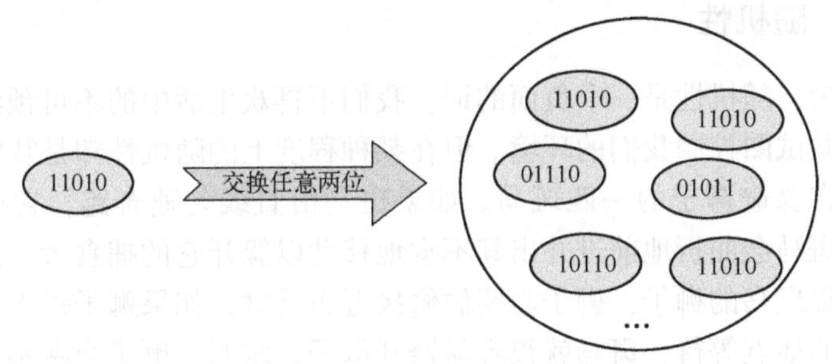

图 2.6　背包问题的交换邻域

类似地，还可以定义一个反向邻域，通过这个邻域实现把背包中的一个物品拿出去或把背包外的一个物品装进来。

邻域结构的设计在启发式算法中非常重要，它直接决定了搜索范围，对最终的搜索结构中有着重要的影响。在有些情况下，邻域结构的设计将直接决定最终结果质量的好坏，很多时候邻域的设计是跟实际问题挂钩的。所以，即便同一个问题，如果对问题的认知不一样，所设计的邻域也会差别较大，正所谓一千个读者有一千个哈姆雷特，这也是邻域搜索的魅力所在。

明确了邻域的概念之后，局部搜索也就很明确了，它是一类基于邻域的搜索范式，2.2 节中讲到的爬山算法是一个典型的局部搜索算法，经典的局部搜索还包括禁忌搜索、模拟退火等，后面章节中会详细讲述。

2.4　算法的智能性

在进行算法设计时，我们努力设计智能的算法，但“智能”的意义是什么？它是不是说进化算法能在 IQ 测试中得高分？本节讨论智能的含义及其一些特性，包括自适应、随机性、交流、反馈、探索与开发为得到智能的算法，我们要在算法中实现这些特性。

2.4.1 自适应

通常认为，适应变化的环境是智能的一个属性。假设你学会了如何装配一个小器具，然后你的主管要你装配一个以前从未见过的小装置。如果你很聪明，就会概括归纳小器具的知识并装配好那个小装置；如果你不那么聪明，就得让人教你装配小装置的具体细节。

不过我们并不认为自适应控制器有智能，也不认为在极端环境中能存活的病毒有智能。因此得出结论，自适应是智能的必要非充分条件。我们尽力设计能适应一大类问题的进化算法。在关于成功的优化算法的许多标准中，自适应只是其中之一。

2.4.2 随机性

通常认为，随机性是一个负面的词。我们不喜欢生活中的不可预测性，因此尽力回避它并试图控制我们的环境。但在某种程度上的随机性却是智能的必要成分。想想正在躲避狮子的一匹斑马。如果斑马沿直线匀速奔跑，它很容易被逮到，聪明的斑马会曲折地前进并出其不意地移动以躲开它的捕食者。反之，想想一头正在捕捉斑马的狮子，狮子需要偷偷接近斑马群，如果狮子每天都在相同的时间、相同的地点等待，斑马就很容易避开狮子。聪明的狮子会在不同地点、时间以出其不意的方式偷偷接近斑马群。随机性是智能的一个特性。

过多的随机性会适得其反。如果斑马在被追逐时随机地决定躺下来，我们也许会质疑它的智力，如果狮子搜寻斑马时随机地决定挖一个洞，也应该质疑它的智力才对。因此，随机性是智能的一个属性，但得在某个限度之内。

在现代优化算法的设计中会包含一些随机成分，如果排除随机性，算法的效果不会好，但是如果随机性太多，其效果也不会好。在设计现代算法时需要使用适量的随机性，好的进化算法会在一系列随机度量上表现良好，我们不能期望现代优化算法的适应性强大到对随机性的水平没有要求，但它们要具有足够的适应能力，这样准确的随机度量就不再至关重要。

2.4.3 交流

交流是智能的一个属性。考虑接受 IQ 测试的一位天才，但这位天才不会交流。尽管是天才，他也通不过 IQ 测试。许多听觉障碍、语言障碍和患自闭症的人，即使非常聪明也无法通过 IQ 测试。在没有人际交往的环境中长大的孩子不够有创意、不够聪明、不太快乐或者不太自在，在性格形成时期缺乏与他人的交流，这样会阻碍他们发展出超过幼童的智力。孤立的岁月不可挽回，他们无法学会与人交流或适应社会。

智能不仅牵涉到交流，智能也是新兴的。也就是说，智能来自个体的种群，单个个体不会是聪明的。可以说在世界上有许多聪明的个体，这样的个体即使与世隔绝也仍然是聪明的。有些个体则只能凭借与其他个体交互获得智能。单只蚂蚁只会无目的地闲逛从而一事无成，而一群蚂蚁能发现通向食物的最短路径，建立精巧的地道网，并且组成一个自主的社群。同样，单个个体如果与社群完全没有交互就什么事都做不成。群体却能把人送上月球，通过互联网连接数十亿人，并在沙漠里建起食物和水的供应系统。

可以看到，智能与交流形成了一个正反馈的回路。要发展智能需要交流，而交流也需要智能。这就是为什么大多数进化算法都会涉及问题的候选解的种群。我们称那些候选解为个体，它们互相交流并从彼此的成功和失败中学习，随着时间的推移，个体的种群会进化，从而得到解决这个优化问题的好的解。

2.4.4 反馈

反馈是智能的基本特性。它牵涉自适应，刚才在上面讨论过，如果系统不能感知它的环境并做出反应，就无法适应。但反馈不止涉及自适应，它还涉及学习。当我们犯了错误，就会做出一些改变，以不再重复那些错误。而更重要的是，当其他人犯了错误时，我们会调整自己的行为，从而不要重复那些错误。失败提供负反馈；与之相反，成功提供正反馈，并影响我们采取那些被归类为成功的行为。经常能看到一些人好像不会从错误中学习，还有一些人不采取那些已经被证明获得成功的行为，我们不会认为这些人很聪明。

反馈也是很多自然现象的基础。水循环由接连不断的降雨和蒸发组成，雨越多蒸发得越多，而蒸发得越多就会有更多的降雨。水循环让地球表面和空中的水分含量维持稳定。如果这个反馈机制被扰乱，就会给生物带来很多困难，其中包括洪水和干旱。

人体中糖/胰岛素的平衡是另一个反馈机制。我们吃的糖越多，胰腺产生的胰岛素就越多；胰腺产生的胰岛素越多，从血液中吸收的糖就越多。血液中的糖太多会导致高血糖症，而血液中的糖太少则会导致低血糖症，糖尿病就是糖/胰岛素反馈机制紊乱，它会导致长期的严重健康问题。

现代优化算法的设计要包含正反馈和负反馈，没有反馈的进化算法不会很有效。蚁群算法就是典型的考虑正反馈的算法，通过信息素引导蚂蚁选择浓度高的道路。而很多算法中设计的惩罚机制，实质上就是负反馈因素，带有反馈机制的算法满足了智能的必要条件。

2.4.5 探索与开发

探索是搜索新的想法或新的策略；开发是利用过去已有的被证明为成功的想

法和策略，探索有高风险：很多新的想法浪费了时间，最终还是走入死胡同。但探索也能得到高回报：许多新的想法以人们难以想象的方式取得成功。开发与前面讨论的反馈策略紧密相关。一些聪明人会利用他们已知的和拥有的东西，而不是不停的重新发明车轮。但是，另外一些聪明人对新的想法很开放，愿意冒某种程度的风险。智能包括在探索与开发之间的一个适当的平衡。这种平衡取决于我们的环境。如果环境变化得很快，已有的知识会很快过时，因此不能过分依赖开发，如果环境非常稳定，就可以依靠我们已有的知识，这时再去尝试很多新想法就不太明智了。

现代优化算法的设计需要在探索与开发之间取得一个适当的平衡，过多的探索类似于在前面提到的过多的随机性，可能得不到好的优化结果，过多的开发与随机性太少有关。

参考文献

[1] KRENTEL M W. The complexity of optimization problems [C]//Proceedings of the eighteenth annual ACM symposium on Theory of computing，1986：69-76.

[2] PARSOPOULOS K E，VRAHATIS M N. Particle swarm optimization method for constrained optimization problems [J]. Intelligent technologies-theory and application：New trends in intelligent technologies，2002，76 (1)：214-220.

[3] 王宜举，修乃华．非线性最优化理论与方法［M］．北京：科学出版社，2016.

[4] 陈宝林．最优化理论与算法［M］．北京：清华大学出版社，2005.

[5] SELMAN B，GOMES C P. Hill-climbing search [J]. Encyclopedia of cognitive science，2006，81：82.

[6] HINSON J M，STADDON J E R. Matching，maximizing，and hill-climbing [J]. Journal of the experimental analysis of behavior，1983，40 (3)：321-331.

[7] CHINNASAMY S，RAMACHANDRAN M，AMUDHA M，et al. A review on hill climbing optimization methodology [J]. Recent Trends in Management and Commerce，2022，3 (1).

[8] SIVANANDAM S N，DEEPA S N，SIVANANDAM S N，et al. Genetic algorithm optimization problems [J]. Introduction to genetic algorithms，2008：165-209.

[9] JOHARI N F，ZAIN A M，NOORFA M H，et al. Firefly algorithm for optimization problem [J]. Applied Mechanics and Materials，2013，421：512-517.

[10] GAMBELLA C，GHADDAR B，NAOUM-SAWAYA J. Optimization problems for machine learning：A survey [J]. European Journal of Operational Research，2021，290 (3)：807-828.

[11] HE S，PREMPAIN E，WU Q H. An improved particle swarm optimizer for mechanical design optimization problems [J]. Engineering optimization，2004，36 (5)：585-605.

[12] TÖRN A，ALI M M，VIITANEN S. Stochastic global optimization：Problem classes and solution techniques [J]. Journal of Global Optimization，1999，14：437-447.

第3章

禁忌搜索算法

禁忌搜索算法（tabu search 或 taboo search，TS）是继遗传算法之后出现的又一种元启发式（meta-heuristic）优化算法，最早于1977年由Glover提出。禁忌搜索算法模仿人类的记忆功能，使用禁忌表封锁刚搜索过的区域来避免迂回搜索，同时赦免禁忌区域中的一些优良状态，进而保证搜索的多样性，从而达到全局优化。迄今为止，禁忌搜索算法已经成功应用于组合优化、生产调度、机器学习、神经网络、电力系统以及通信系统等领域，近年来又出现了一些对禁忌搜索算法的改进与扩展。本章对禁忌搜索算法的基本思想、关键环节、计算流程以及基本改进与应用做详细介绍。

3.1 导　言

早在1977年，Glover就提出了禁忌搜索算法，并用来求解整数规划问题，随后又用禁忌搜索算法求解了典型的优化问题——旅行商问题（TSP）。1989—1990年Glover在*Operation Research of America*上系统地介绍了禁忌搜索算法以及一些成功的应用，于是禁忌搜索算法引起了广泛的关注。

禁忌搜索算法的基本思想就是在搜索过程中将近期的历史上的搜索过程存放在禁忌表（tabu list）中，阻止算法重复进入，这就有效地防止了搜索过程的循环。禁忌表模仿了人类的记忆功能，禁忌搜索因此得名，所以称它是一种智能优化算法。

具体的思路如下：禁忌搜索算法采用了邻域选优的搜索方法，为了能逃离局部最优解，算法必须能够接受劣解，也就是每一次迭代得到的解不必一定优于原来的解。但是，一旦接受了劣解，迭代就可能陷入循环。为了避免循环，算法将最近接受的一些移动放在禁忌表中，在以后的迭代中加以禁止。即只有不在禁忌表中的较好解（可能比当前解差）才被接受作为下一次迭代的初始解。随着迭代的进行，禁忌表不断更新，经过一定迭代次数后，最早进入禁忌表的移动就从禁忌表中解禁退出。

下面给出一个简单的算例来说明禁忌表的作用。由 7 种不同的绝缘材料构成一种绝缘体，如何排列这 7 种材料才能使绝缘效果最好？绝缘效果的好坏以绝缘数值表示，绝缘数值越大，绝缘效果越好。

当算法迭代到某一步的时候，各种材料的排列顺序为 2—4—7—3—5—6—1，交换各种材料对绝缘效果的改善情况见表 3.1，其中正值表示绝缘效果变好，负值表示绝缘效果变坏。可见，交换材料 1 和 3 可以增加绝缘数值 2，对绝缘材料的改善效果最好。交换之后 7 种材料的排列顺序为 2—4—7—1—5—6—3，绝缘数值为 18，同时将这个交换（1,3）加入到禁忌表中。

表 3.1　第一次交换对绝缘效果的影响

交换的材料	绝缘效果的改善情况
1，3	2
2，3	1
3，4	-1
1，7	-2
1，6	-4
…	…

此时，两两交换各种材料对绝缘效果的影响情况见表 3.2，可见交换任意两种材料的排列顺序都不能改善绝缘情况。而各种交换方法中以交换材料 1 和 3 之后绝缘数值的降低最小，如果没有禁忌表，则应该选择这个交换。但是，交换材料 1 和 3 之后各种材料的排列顺序又变为 2—4—7—3—5—6—1，回到了上一次交换之前的状态，搜索陷入循环，无法继续进行。可是禁忌搜索算法中由于使用了禁忌表，交换（1,3）因为处于禁忌表中而不能选择，只能选择其他的交换。其他交换中，交换材料 2 和 4 之后绝缘数值降低最小，因此被选中。交换之后，各种材料的排列顺序为 4—2—7—1—5—6—3。

表 3.2　第二次交换对绝缘效果的影响

交换的材料	绝缘效果的改善情况
1，3	-2
2，4	-4
6，7	-6
4，5	-7
3，5	-9
…	…

虽然交换(2,4)比(1,3)使绝缘数值的降低更多，但是能将搜索带入一个全新的状态，继续搜索下去完全可能搜索到更好的排列方法。由于使用了禁忌表，避免了循环搜索，因此禁忌搜索算法不会陷入局部最优解。

由于禁忌表中存放的是移动 s 而不是解 x，某些曾经接受的移动完全可能把解引向新的区域，甚至可能得到优于历史最优解的解。因此，如果完全按照上面的禁忌策略来搜索，可能遗漏一些区域，所以提出了一个渴望水平函数 $A(s,x)$ 的概念。如果移动 s 达到了渴望水平，即 $c(s(x))<A(s,x)$，那么这个移动将不受禁忌表的限制而被接受，这称为“破禁”。这样就可能跳离局部最优解，实现全局搜索。当然，有了禁忌策略和渴望水平，迭代还有可能陷入循环。因此，必要时还需要给出其他改进手段。例如，对从一个解到另一个解的移动被禁忌的次数进行记录，对被禁忌次数较多的移动实行一定的惩罚策略，记录这些次数的表称为中期表；如果经过多次迭代仍然不能更新历史最优解，则可以重新给出初始解，在一个新的区域中开始搜索，这种记录多个初始解的表称为长期表。当迭代达到一定次数，或者满足其他一些终止条件时，迭代终止。

相对于普通邻域搜索而言，禁忌搜索算法最大的特点是可以接受劣解，这是避免陷入局部最优的首要条件。相应地，禁忌搜索算法不能以局部自由为停止准则，而是设定最大迭代次数或者给出其他特殊的停止准则。可以说，禁忌策略和渴望水平是禁忌搜索算法的两个最核心思想，而两者又是对立统一的。如果能很好地协调禁忌策略与渴望水平的关系，便能很好地实现全局寻优。

3.2 算法的构成要素

禁忌搜索算法中很多构成要素对搜索的速度与质量至关重要，下面将依次给出介绍，包括编码方式(encode)、适值函数、初始解的获得、移动(moving)与邻域(neighborhood)、禁忌表(tabu list)、选择策略(selection strategy)、渴望水平(aspiration level)和停止准则(stopping rule)等。

3.2.1 编码方法

使用禁忌搜索算法求解一个问题之前，需要选择一种编码方法。编码就是将实际问题的解用一种便于算法操作的形式来描述，通常采用数学的形式；算法进行过程中或者算法结束之后，还需要通过解码来还原到实际问题的解。

根据问题的具体情况，可以灵活地选择编码方式。例如，3.1节排序问题中采取了顺序编码，各元素的相邻关系表达了各种绝缘材料的排列顺序。对于背包问题，可以采用0-1编码，编码的某一位为0表示不选择这件物品，为1表示选择这件物品。对于实优化问题，一般可以直接使用实数编码，编码的每一位就是解的相应维的取值。

对于同一个问题，也可能有多种编码方式可供选择。例如，分组问题：各不相同的 n 件物品要分为 m 组，满足特定的约束条件，要达到特定的目标函数。以下两种编码方式都是可行的。

1. 编码 1

以自然数 $1\sim n$ 分别代表 n 件物品，n 个数加上 $m-1$ 个分隔符号（如用 0 表示）混编在一起，随意排列，便得到一种编码方式。例如，$n=9$、$m=3$，下面便是一个合法的编码：

1—3—4—0—2—6—7—5—0—8—9

这种编码方式可以称为带分隔符的顺序编码。

2. 编码 2

编码的每一位分别代表一件物品，而每一位的值代表该物品所在的分组。同样是 $n=9$、$m=3$ 的情况，可以给出以下形式的编码：

1—2—1—1—2—2—2—3—3

这种编码方式是一般的自然数编码。

不同编码形式通常是可以互相转化的，如带分隔符的顺序编码与一般的自然数编码就很容易相互转化。事实上，上面给出的两个编码表示的是同一个解，也就是物品 1、3、4 分在第一组；物品 2、6、7、5 分在第二组；其余的物品 8、9 分在第三组。

注意到：如果稍微修改编码 1 中给出的编码举例 1—3—4—0—2—6—7—5—0—8—9，交换元素 1 和 3 的位置，则得到一个新的编码：3—1—4—0—2—6—7—5—0—8—9。这两个编码是不同的，但对应的解是相同的。对于编码 2，如果各个组是没有区别的，3—2—3—3—2—2—2—1—1 对应的解和原来编码对应的解也是一样的，只不过是将组的标号做了调换。这种多个编码对应同一个解，即编码空间的大小大于解空间的大小的情况是不希望出现的。实际应用中，希望编码空间尽可能和解空间一样大，也就是说，编码和解具有严格的一一对应关系。然而，对于许多实际问题，这并不是一件容易的事情。

3.2.2 适值函数的构造

类似于遗传算法，适值函数也是用来对搜索状态进行评价的。将目标函数直接作为适值函数是最直接也是最容易理解的做法。当然，对目标函数的任何变形都可以作为适值函数，只要这个变形是严格单调的。例如，式（3.1）中目标函数为 $c(x)$，设适值函数用 $c'(x)$ 表示，那么

$$c'(x)=\begin{cases}kc(x)+b, & k\neq 0\\ (c(x))^2, & c(x)>0\\ a^{c(x)}, & a>0 \text{ 且 } a\neq 1\\ \cdots \end{cases} \tag{3.1}$$

都是可以的，只要在选择的时候注意一下这个变形应该和原来目标函数的大小顺序保持一致即可。这和遗传算法的适值函数的标定是同一道理。

适值函数的选择主要考虑提高算法的效率、便于搜索的进行等因素，以上给出的各种变形都是针对特定的目标函数形式为了简化算法而设计的。例如，某些问题中目标函数为多个偏差的方均根，即 $c(x)=\sqrt{\frac{\sum_{i=1}^{n} e_i^2}{n}}$，其中 $e_i(i=1,2,\cdots,n)$ 为 n 个偏差，那么适值函数可以取为偏差的平方和，即 $c'(x)=n(c(x))^2=\sum_{i=1}^{n} e_i^2$，因为这样的适值函数与目标函数具有同样的增减性，最小化 $c'(x)$ 的同时也最小化了 $c(x)$，同时避免了不必要的除法与开方运算。再如，某些工业过程的目标函数需要一次仿真才能得到，如果选择其中一些反映目标函数的特征参数作为适值函数，则可以大大节省计算时间。

3.2.3　初始解的获得

禁忌搜索算法可以随机给出初始解，也可以事先使用其他启发式算法给出一个较好的初始解。由于禁忌搜索算法主要是基于邻域搜索的，初始解的好坏对搜索的性能影响很大。尤其是一些带有很复杂约束的优化问题，如果随机给出初始解很可能是不可行的，甚至通过多步搜索也很难找到一个可行解，这时应该针对特定的复杂约束，采用启发式算法或其他算法找出一个可行解作为初始解。

3.2.4　移动与邻域移动

移动是从当前解产生新解的途径，如问题（P）中用移动 s 产生新解 $s(x)$。从当前解可以进行的所有移动构成邻域，也可以理解为从当前解经过“一步”可以到达的区域。适当的移动规则的设计，是取得高效搜索算法的关键。

邻域移动的方法很多，求解不同的问题需要设计不同的移动规则。例如，前面排序问题中采用两两交换式的移动规则，而背包问题中可能采用修改解中任意一个元素的值的移动规则；而在另一些问题中，移动可能被定义为一系列复杂的操作。禁忌搜索算法中的邻域移动规则和遗传算法中的交叉算子和变异算子相似，需要根据特定的问题来设计，在此不一一列举。

3.2.5 禁忌表

在禁忌搜索算法中，禁忌表是用来防止搜索过程中出现循环，避免陷入局部最优的。它通常记录最近接受的若干次移动，在一定次数之内禁止再次被访问；过了一定次数之后，这些移动从禁忌表中退出，又可以重新被访问。禁忌表是禁忌搜索算法的核心，它的功能和人类的短期记忆功能十分相似，因此又称其为“短期表”。

1. 禁忌对象

禁忌对象就是放入禁忌表中的那些元素，而禁忌的目的就是避免迂回搜索，尽量搜索一些有效的途径。禁忌对象的选择十分灵活，可以使用最近访问过的点、状态、状态的变化及目标值等。例如，上述7元素排序问题中，把两两交换的对象作为禁忌对象，也就是禁忌了状态的变化。有些问题中可以将状态本身作为禁忌对象。例如：背包问题中选择“取”或者“不取”某物品为禁忌对象；分组问题中把某元素和它被分到的组联系在一起，构成一个有序数对作为禁忌对象；还有些问题中可以把目标值直接放入禁忌表中作为禁忌对象。

尽管可以有多种方式给出禁忌对象，但是归纳起来主要有以下3种。

（1）以状态的本身或者状态的变化作为禁忌对象。例如，把移动 s 从当前解到新解的改变 $x \to s(x)$ 放入禁忌表中，禁止以后再做这样的移动，避免搜索循环。选择这种禁忌对象比较容易理解，但是禁忌的范围比较小，只有和这些完全相同的状态才被禁忌，搜索空间很大。而存储禁忌对象所占的空间和所用的时间却比较多。

（2）以状态分量或者状态分量的变化作为禁忌对象。对于一些维数很大的问题，每一次移动可能都有很多状态分量发生变化。如果只取其中一个分量或者少数几个分量作为禁忌对象，那么禁忌的范围比较大，而且存储的空间和时间都比较少。例如，移动 $s=(s_1,s_2,\cdots,s_d)$，其中 d 为这种移动包含的分量个数，可以取 $s_i(1 \leqslant i \leqslant d)$ 作为禁忌对象。

（3）采取类似于等高线的做法，将目标值作为禁忌对象。这种做法将具有相同目标值的状态视为同一个状态，大大增加了禁忌的范围。对于上述例子，可以采用 $c(s(x))$ 作为禁忌对象。

这3种做法中，第一种做法的禁忌范围适中，第二种做法的禁忌范围较小，第三种做法的禁忌范围较大。如果禁忌范围比较大，则可能陷入局部最优解；反之，则容易陷入循环。实际问题中，要根据问题的规模、禁忌表的长度等具体情况来确定禁忌对象。

2. 禁忌长度

禁忌长度（tabu size）就是禁忌表的大小。禁忌对象进入禁忌表后，只有经过确定的迭代次数，才能从禁忌表中退出。也就是说，在当前迭代之后的确定次迭代中，这个发生不久的相同操作是被禁止的。容易知道，禁忌表的长度越小，计算时间和存储空间越少，这是任何一个算法都希望的；但是，如果禁忌长度过小，会造成搜索的循环，这又是要避免的。

禁忌长度不但影响了搜索的时间，还直接关系着搜索的两个关键策略，即局域搜索策略和广域搜索策略。如果禁忌表比较长，便于在更广阔的区域搜索，广域搜索性能比较好；而禁忌表比较短，则使搜索在小的范围进行，局域搜索性能比较好。禁忌长度的设定要依据问题的规模、邻域的大小来确定，从而达到平衡这两种搜索策略的目的。

总结起来，主要有以下一些设定禁忌长度的方法。

(1) 禁忌长度 t 固定不变。t 可以取一些与问题无关的常数，如 $t=5$、7、11等值。也有学者认为：禁忌长度应该与问题的规模有关，如取 $t=\sqrt{n}$，这里 n 为问题的规模。这种方法方便简单，而且容易实现。

(2) 禁忌长度 t 随迭代的进行而改变。根据迭代的具体情况，按照某种规则，禁忌长度在区间 $[t_{\min}, t_{\max}]$ 内变化。这个禁忌长度的区间可以与问题无关，如[1,10]；或者与要求解问题的规模有关，如 $[0.9\sqrt{n}, 1.1\sqrt{n}]$。而这个区间的两个端点也可以随着迭代的进行而改变。

大量研究表明，动态地设定禁忌长度比固定不变的禁忌长度具有更好的性能。关于禁忌长度的更深入探讨，见本章关于主动禁忌搜索算法的介绍。

3.2.6 选择策略

选择策略就是从邻域中选择一个比较好的解作为下一次迭代初始解的方法，可以表示为

$$x' = \underset{s(x)\in V}{\mathrm{opt}}\ s(x) = \arg[\max/\min c'(s(x))],\quad s(x)\in V \tag{3.2}$$

式中：x 为当前解；x' 为选出的邻域最好解；$s(x)\in V$ 为邻域解；$c'(s(x))$ 为候选解 $s(x)$ 的适值函数；$V\subseteq S(x)$ 称为候选解集，它是邻域的一个子集。要根据问题的性质和适值函数的形式，在候选解集中选择一个最好的解。然而，候选解集的确定，与上文讨论的禁忌长度的大小相似，对搜索速度与性能影响都很大。

(1) 候选解集为整个邻域，即 $V=S(x)$。这种选择策略就是从整个邻域中选择一个最优解作为下一次迭代的初始解。这种策略择优效果好，相当于选择了最速下降方向，但是要扫描整个邻域，计算时间比较长，尤其对于大规模的问题，这种策略可能让人无法接受。在上面的7元素示例中，采用的就是这种方法，只是限于篇幅，只列出了比较好的前几个移动，小规模问题中这种策略是可以的。

(2) 候选解集为邻域的真子集，即 $V\subset S(x)$。这种策略只扫描邻域的一部分

来构成候选解集，甚至是一小部分，$|V| \ll |S(x)|$，这里$|V|$和$|S(x)|$分别表示候选解集和邻域的大小。这种策略虽然不一定取到邻域中的最好解，但是节省了大量时间，可以进行更多次迭代，也可以找到很好的解。极限情况下，可以选择第一个找到的改进解，也就是说，只要发现了改进解，就马上停止扫描。当然，如果整个邻域中没有改进解，那么只好选择一个最好的劣解。

注：本节讨论选择策略的过程中没有考虑禁忌表。实际上，其中的邻域应该是邻域中除了禁忌解之外的区域，可以表示为$S(x)-T$。

禁忌搜索算法在每一步迭代的过程中，都包含了启发式思想，是启发式的启发式，正是从这个角度才被称为元启发式算法（meta-heuristics)。

3.2.7 渴望水平

在某些特定的条件下，不管某个移动是否在禁忌表中，都接受这个移动，并更新当前解和历史最优解。这个移动满足的特定条件，称为渴望水平（aspiration level)，或称为破禁水平、特赦准则、蔑视准则等。例如，下述 7 元素排序问题示例中，当迭代到第 4 步的时候，移动（4,5）虽然在禁忌表中，仍旧选择了它，这是因为这个移动能得到一个超过历史最优解的解，能使历史最优值从 18 变为 20，满足了渴望水平。

渴望水平的设定也有多种形式，总结如下。

（1）基于适配值的准则。如果某个候选解的适配值优于历史最优值，也称为“best so far”状态，那么无论这个候选解是否处于被禁忌状态，都会被接受。对于开始提到的问题（P），这种渴望水平可以描述为

$$c(s(x)) < c(x^*) \tag{3.3}$$

这个准则最容易理解，应用也最广泛，如上述 7 元素排序问题的示例中应用的就是这个准则。直观上理解，这个准则就是找到了更好的解，那么即使这个移动被禁忌了，也要给它破禁，同时要更新历史最优解。

然而，如果只选用这一种渴望水平，那么可能错过一些有潜力的区域。有一些移动虽然不能立即带来优于历史最优解的解，但是有这个潜力，可能在接下来的几步迭代中超过历史最优，于是出现了其他渴望水平。

（2）基于搜索方向的准则。如果某禁忌对象进入禁忌表时改善了适配值，而这次这个被禁忌的候选解又改善了适配值，那么这个移动破禁。对于问题（P)，这个准则可以描述为

$$c(s(x)) < c(x) \text{且} c(s(\underline{x})) < c(\underline{x}) \tag{3.4}$$

式中：$\underline{x}$表示该对象上次被禁忌时的解。这种准则也可以很好地避免搜索循环，一般地，如果这次经过某个状态时改善了适配值，下一次经过这个状态时恶化了适配值，那么很可能是按原路返回了。例如，上文 7 元素排序问题中，第二步迭

代交换1和3适配值增加2，而紧接着，如果再交换1和3，适配值就减少2，明显是回到了原来的状态，尽管这是当前最好的移动，还是不能接受，避免了搜索循环。直观上看，这种策略可以理解为算法正在按有效的方向继续搜索。

（3）基于影响力的准则。迭代过程中，不同对象对适配值的影响不同，有的较大，有的较小。影响较大的可能是问题的主要因素，影响较小的可能是次要因素。可以结合禁忌对象在禁忌表中的位置，即进入禁忌表时间的长短和对适配值影响力的大小，来制定渴望水平。对于这种策略的直观理解为：解禁一个影响力较大的对象，可能对适配值有较大的影响。这里影响力可以是增加适配值，也可以是减少适配值。当然，这种做法需要额外制定一个衡量对象影响力大小的方案，增加了算法的复杂性。

（4）其他准则。例如，当所有候选解都被禁忌，而且不满足上述渴望水平，那么可以选择其中一个最好解来解除禁忌，否则，算法将无法继续下去。事实上，这种所有候选解都被禁忌而且不优于历史最优解的情况是应该尽量避免的，比如可以设置禁忌长度小于邻域的大小。

渴望水平的设计比较灵活，实际应用中可以采取上述准则中的一种，或者同时选择其中的几种。而且，渴望水平还要与禁忌长度、候选解集等策略综合考虑，以平衡集中强化搜索与分散多样化搜索。

禁忌策略与渴望水平是禁忌搜索算法中两大核心策略，两者是对立统一的，也可以看作一个统一原则的两个方面。既可以通过设置不同的禁忌长度来禁止一些对象，又可以通过设置不同的渴望水平来解除一些对象，从而实现全局搜索。

3.2.8 停止准则

和其他元启发式算法，包括遗传算法、模拟退火算法等一样，禁忌搜索算法不能保证找到问题的全局最优解，而且没有判断是否找到全局最优解的准则。因此，必须另外给出停止准则来停止搜索，常用的包括以下几种。

（1）给定最大迭代步数。这个方法简单且容易操作，在实际中应用最为广泛。

（2）得到满意解。如果事先知道问题的最优解，而算法已经达到最优解，或者与最优解的偏差达到满意的程度，则停止算法。这种情况常应用于算法效果的验证，因为只有这个时候问题的最优解才可能是事先知道的。或者在实际应用中，用其他估界算法已经估算出问题的上界（目标函数是最大化）或者下界（目标函数是最小化），如果搜索得到的历史最优值与这些“界”的偏差满足要求，则停止算法，其实这也是得到了满意解。

（3）设定某对象的最大禁忌频率。如果某对象的禁忌频率达到事先给定的阈值，或者历史最优值连续若干迭代得不到改善，则算法停止。

3.3 算法流程与算例

前文给出了用禁忌搜索算法求解排序问题的一个简单示例，而后介绍了禁忌搜索算法中的一些基本概念。简单地讲，禁忌搜索算法以禁忌表来记录最近搜索过的一些状态，对于当前邻域中一个比较好的解，如果不在禁忌表中，那么选择它作为下一步迭代的初始解，否则宁愿选择一个比较差的但是不在禁忌表中的解；而如果某个解或者状态足够好，则不论其是否在禁忌表中，都接受这个解；如此迭代，直至满足事先设定的停止准则为止。

3.3.1 基本步骤

由于禁忌搜索算法的渴望水平、选择策略及停止准则等都可以有多种设定方式，如果再使用中期表和长期表，禁忌搜索算法的步骤将多种多样。下面给出一个最基本的步骤（不考虑中期表和长期表）。

第1步：初始化。给出初始解，禁忌表设为空。

第2步：判断是否满足停止条件。如果满足，输出结果，算法停止；否则继续以下步骤。

第3步：对于候选解集中的最好解，判断是否满足渴望水平。如果满足，更新渴望水平，更新当前解，转第5步；否则继续以下步骤。

第4步：选择候选解集中不被禁忌（不对应于禁忌表中的一个对象）的最好解作为当前解。

第5步：更新禁忌表。

第6步：转第2步。

当然，这样的步骤也不可能概括禁忌搜索算法的各种情况，只是给出了一般的描述供读者参考。

3.3.2 流程图

以本章开始给出的问题（P）为例，如果以整个邻域为候选解集，以目标函数作为适值函数，以给定最大代数NG为停止准则，以优于历史最优解为渴望水平，则算法的流程如图3.1所示。

从图3.1中可以看到，这种方法中，当所有邻域解都被禁忌时，算法异常终止。这是禁忌长度过大、而邻域过小造成的，设计算法时一般应该避免这种情况的发生。如果以第一个改进解为候选解，当所有邻域解都被禁忌时，选择其中最好的解来破禁，当然发现优于历史最优解时则不考虑禁忌状态，可以得到另一种流程图，如图 3.2 所示。

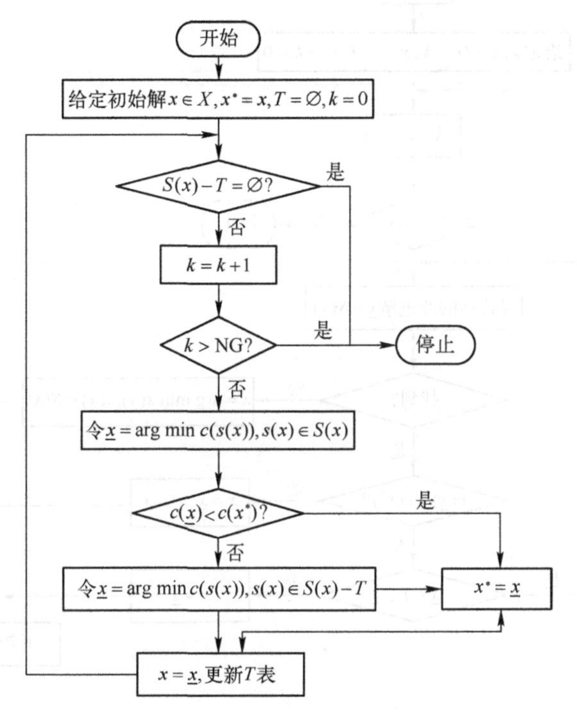

图 3.1 禁忌搜索算法的流程图 1

可见，如果禁忌搜索算法中的各环节采取的策略不同，得到的程序流程图也是不同的，究竟采取哪种策略，应该根据问题的具体情况确定。

同传统的优化算法相比，禁忌搜索算法具有以下优点。

(1) 能接受劣解，具有很好的爬山能力。

(2) 区域集中搜索与全局分散搜索能较好平衡。

但是，以上介绍的基本禁忌搜索也有明显的不足，具体如下。

(1) 对初始解和邻域结构有较大的依赖性，一个较好的初始解可能很快迭代到最优解，一个较差的初始解可能会极大地降低搜索质量。

(2) 搜索过程是串行的，不像遗传算法那样具有并行的搜索机制。

为了全面提高禁忌搜索算法的性能，可以针对其中的关键策略以及参数设置等方面进行改进，也可以与其他优化算法相结合。值得指出的是，这些改进后的算法（或者混合算法）仍然可以称为“禁忌搜索算法”，因为禁忌搜索算法并没有规定必须是上述基本禁忌搜索算法的情况，禁忌搜索算法是使用“禁忌机制”和“赦免准则”引导搜索的思想。与其说禁忌搜索算法是一种方法，不如说是一种技术或者说是一门艺术。只有应用得好，才能很好地解决实际问题。

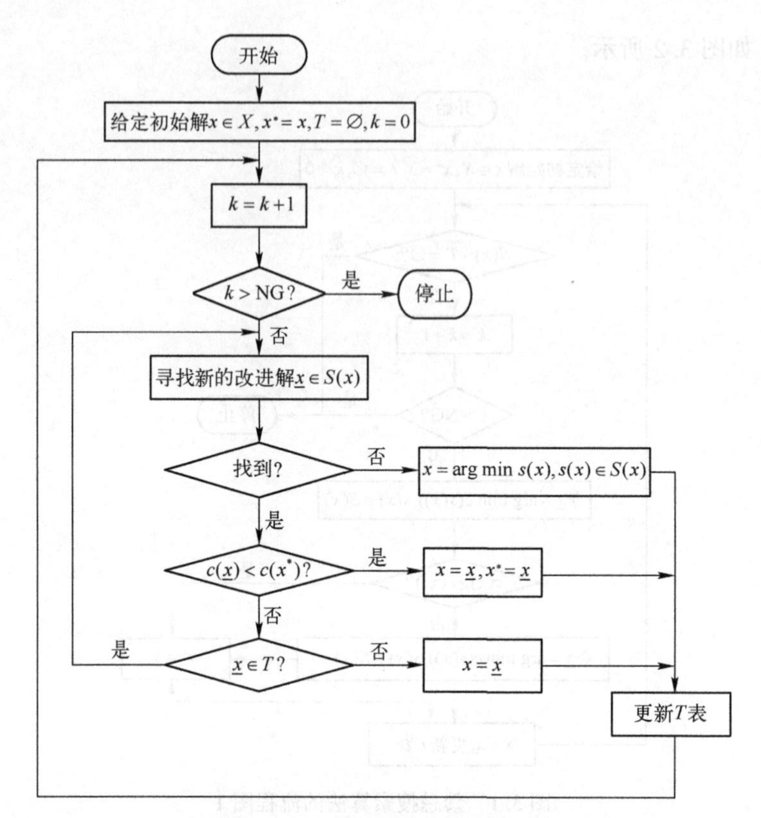

图 3.2　禁忌搜索算法的流程图 2

3.3.3　一个简单的例子

下面以一个 7 元素的排序问题为例，来说明禁忌搜索算法的算法流程。问题的背景可以理解为：由 7 种不同的绝缘材料构成一种绝缘体，如何排列才能使绝缘效果更好？

组合优化问题是禁忌搜索算法应用最广泛的领域，而大量的组合优化问题中，排序问题是典型代表，如旅行商问题（TSP）、作业调度问题等。对于一个 n 元素的排序问题，所有解的数目即解空间的大小为 n 的全排列 $P_n^n = n!$。当 n 较大时，这将是一个天文数字，穷举搜索是不可能完成的。使用禁忌搜索算法可以在较少的迭代后得到一个满意解。

首先确定编码方式，这里采用顺序编码，即 1~7 共 7 个数字的一个排列便是一种合法的编码。定义互换操作为这个问题的邻域结构，任意交换两种材料的位置，便得到一个邻域解。这样，对于每一个解，它的邻域解的个数为 $C_7^2 = 21$ 个，从当前解到邻域中的另一个解的改变称为一次邻域移动。然后，设计禁忌表的结构：以互换的两种材料（以 1~7 的编码表示）构成的数对作为禁忌表的元素。禁忌表的长度取 3，也就是说，当第 4 个元素进入禁忌表时，第 1 个元素从禁忌表中退出。以绝缘效果作为目标函数值，目标函数值越大越好。最后给出渴望水平：如果当前解的某移动得到的解优于历史最优解，则不论该移动是否在禁忌表中，都将接受作为下一次迭代的初始解。设定最大迭代（移动）次数为停止准则，本例中最大迭代次数取 5。

初始状态：随机给出一个初始解为 2—5—7—3—4—6—1，目标函数值为 10，历史最优值也为 10，禁忌表为空。由给定解计算出目标函数值的具体过程与本算法关系不大，在此不详细介绍，而是直接给出目标函数值的改变情况，交换解的任意两个元素，得到新解的目标函数值与当前目标值之差。限于篇幅，这里只列出最好的 5 个移动。这个状态如图 3.3 所示。

移动 $s(x)$	适配值改变 $\Delta c(x)$
4, 5	6
4, 7	4
3, 6	2
2, 3	0
1, 4	−1
…	…

当前解 x：2—5—7—3—4—6—1；

历史最优值 $c(x^*)=10$；当前值 $c(x)=10$。

禁忌表	
1	∅
2	∅
3	∅

图 3.3　7 元素排序问题初始状态

第 1 步：当前邻域中目标函数值改善最大的移动是（4,5），即元素 4 和 5 交换，可以增加目标值 6，而这个移动不在禁忌表中，所以本次迭代中选择了这个移动。当前解变为 2—4—7—3—5—6—1；目标函数值 $c(x)=10+6=16$；历史最优值 $c(x^*)=16$；将移动（4,5）加入禁忌表中。针对当前解，交换解的任意两个元素，得到目标函数值改善最大的 5 个移动如图 3.4 所示。

移动 $s(x)$	适配值改变 $\Delta c(x)$
1, 3	2
2, 3	1
3, 4	−1
1, 7	−2
1, 6	−4
…	…

当前解 x：2—4—7—3—5—6—1；

历史最优值 $c(x^*)=16$；当前值 $c(x)=16$。

禁忌表	
1	4, 5
2	∅
3	∅

图 3.4　7 元素排序问题第一次迭代后状态

第 2 步：当前邻域中目标函数值改善最大的移动是（1,3），而且不在禁忌表中，故本次迭代选择这个移动。当前解变为 2—4—7—1—5—6—3；目标函数值

$c(x)=18$；历史最优值 $c(x^*)=18$；将移动（1,3）加入禁忌表中，同时禁忌表中的原有元素下移一个位置。针对当前解，交换解的任意两个元素，得到目标函数值的改善情况，这个状态如图 3.5 所示。

移动$s(x)$	适配值改变$\Delta c(x)$
1, 3	−2
2, 4	−4
6, 7	−6
4, 5	−7
3, 5	−9
…	…

当前解 x：2—4—7—1—5—6—3；

历史最优值 $c(x^*)=18$；当前值 $c(x)=18$。

禁忌表	
1	1, 3
2	4, 5
3	∅

图 3.5　7 元素排序问题第二次迭代后状态

第 3 步：当前邻域中所有移动都不能改善当前解，证明当前解就是一个局部最优解，如果按照普通的邻域搜索规则，算法就停止了。可是禁忌搜索算法接受劣解，所以算法才能继续。目标函数值改善最大的（尽管是劣解，为了统一，仍然使用这个说法）移动为（1,3）。但是，这个移动已经在禁忌表中，而且 $c(x)-2<c(x^*)$，说明这个移动得到的解不能改善历史最优解，没有达到渴望水平。所以，选择次优的移动（2,4），当前解变为 4—2—7—1—5—6—3；当前值为 $c(x)=14$，而历史最优值不变，修改禁忌表。再一次考察所有移动得到的目标函数值改变情况，相应状态如图 3.6 所示。

移动$s(x)$	适配值改变$\Delta c(x)$
4, 5	6
3, 5	2
1, 7	0
1, 3	−3
2, 6	−6
…	…

当前解 x：4—2—7—1—5—6—3；

历史最优值 $c(x^*)=18$；当前值 $c(x)=14$。

禁忌表	
1	2, 4
2	1, 3
3	4, 5

图 3.6　7 元素排序问题第三次迭代后状态

第 4 步：邻域中最优移动为（4,5），该移动能使目标值增加 6，则目标函数值变为 $c(x)+6>c(x^*)$，优于历史最优值，达到了渴望水平，虽然这个移动在禁忌表中，但仍然接受。当前解变为 5—2—7—1—4—6—3；当前值 $c(x)=20$；相应地，历史最优值 $c(x^*)=20$，修改禁忌表。考察所有移动对应目标函数值的改善情况，得到状态如图 3.7 所示。

第 5 步：邻域中最优移动为（1,7），不在禁忌表中，所以接受。当前解变为 5—2—1—7—4—6—3；最优值不变。由于已经迭代 5 次，达到了预先设定的最大迭代次数，算法停止。最优目标值为 20，由于这次迭代没有改变目标函数值，所以得到两个等价的最优解 5—2—1—7—4—6—3 和 5—2—7—1—4—6—3。

移动 $s(x)$	适配值改变 $\Delta c(x)$
1, 7	0
3, 4	−3
3, 6	−5
4, 5	−6
2, 6	−8
…	…

当前解 x：5—2—7—1—4—6—3；

历史最优值 $c(x^*)=20$；当前值 $c(x)=20$。

禁忌表	
1	4, 5
2	2, 4
3	1, 3

图 3.7　7 元素排序问题第四次迭代后状态

该算例说明了禁忌搜索算法的基本思想：禁忌策略与渴望水平，描述了简单禁忌搜索算法的步骤。注意到，禁忌搜索算法中包括 3.2 节中介绍的编码、初始化、邻域结构设计、选择策略、禁忌表、渴望水平、停止准则等概念。

3.4　中期表与长期表

3.2 节给出的是禁忌搜索算法中的一些基本概念，有了这些概念就可以使用禁忌搜索算法来求解问题了。禁忌搜索算法的局域选优能力很好，邻域选优速度快，但是广域搜索能力较差。而且，短期表仅依靠记录状态、状态变化、状态分量变化或者适配值变化等对象，不能避免较大的搜索循环。为此，禁忌搜索算法中又引入了中期表和长期表的概念。

与短期表一起，中期表和长期表在“学习式”搜索和“非学习式”搜索之间起到一个交互式作用。使用中期表和长期表，可以达到在区域内强化搜索和全局多样化搜索的效果，下面分别给出介绍。

3.4.1　中期表

中期表也称为频数表或频率表。禁忌频数（频率）是对禁忌属性的一种补充，可以放宽选择决策对象的范围。例如，如果某个适配值频繁出现，可以推测搜索陷入了循环或者达到了某个极值点，或者说算法当前参数很难搜索到更好的状态，需要调整参数，以期望得到更好的效果。

实际应用中，可以根据问题和算法的需要，记录某些状态出现的频率、某些状态变化或者适配值的变化信息，而这些信息可以是静态的，也可以是动态的。

1. 静态信息

可以记录搜索过程中某些交换、状态变化或者某些适配值出现的频数、频率

（某对象出现的频数与总迭代次数的比）等信息。对那些频繁出现的对象进行惩罚，使算法进行更为有效的搜索。

以本章开始时给出的问题（P）为例，在不考虑中期表的情况下，每一次迭代是在候选解集中选择一个目标函数值最小的解，即

$$\min c(s(x)), s(x) \in V \subset S(x) - T \tag{3.5}$$

如果考虑了中期表，那么每一次迭代是在候选解集中选择目标函数值小而且被禁忌次数比较少的解，即

$$\min c(s(x)) + \alpha N(s(x)), s(x) \in V \subset S(x) - T \tag{3.6}$$

式中：$N(s(x))$为$s(x)$曾经被禁忌的频数；α为惩罚因子。惩罚因子α的取值应该远小于目标函数值，一般取目标函数值的1‰~1%。惩罚因子的取值用来平衡中期表和短期表之间的效果，α取值越大，分散的效果越好，但是会破坏邻域搜索的性能。

中期表的记录方法也有一些技巧。以n元素排序问题为例，可以将短期表与中期表放在一个矩阵中。建立一个$n \times n$的矩阵，其中右上部分作为短期表，左下部分作为中期表，对角线上元素没有意义。每一次迭代，将短期表中大于1的元素减1（减至0则该元素退出短期表），新加入短期表的元素置为禁忌长度，这样短期表中始终有禁忌长度个元素；而每一次迭代，中期表中新加入的元素加1，记录该元素被禁忌的次数。对于以上7元素排序问题示例，迭代3次和4次后的短期表和中期表用这种矩阵表示分别为

$$\begin{bmatrix} \ddots & & 2 & & \\ & \ddots & & 3 & \\ 1 & & \ddots & & \\ & 1 & & \ddots & 1 \\ & & 1 & & \ddots \end{bmatrix} \text{和} \begin{bmatrix} \ddots & & 1 & & \\ & \ddots & & 2 & \\ 1 & & \ddots & & \\ & 1 & & \ddots & 3 \\ & & 2 & & \ddots \end{bmatrix}$$

矩阵中没有列出的元素为0。这里主要为了说明这种表示方法，没有考虑引入中期表后对搜索结果的影响。

这种记录方法，短期表和中期表共用一个矩阵，既方便操作又节省了存储空间。当然，在问题规模很大时，矩阵中为零的元素个数大大增加，这个矩阵成为稀疏矩阵，这种记录方法不一定很好，中期表和短期表可能需要分别记录。

2. 动态信息

主要记录从某些状态或者适配值等对象转移到另一些状态或者适配值等对象的变化趋势，如记录某些序列的变化。显然，这种中期表需要记录的内容较多，而提供的信息量也较大。常用的有以下几种记录方法。

① 记录某个序列的长度。

② 记录某个元素出发再回到这个元素需要的迭代次数。

③ 记录序列中适配值的平均值，或者序列中各元素的适配值。

④ 记录某个序列出现的频率等。

记录这些信息之后，可以对某些序列进行惩罚，或者采用更复杂的处理方式。

中期表和短期表都是基于已经经历过的搜索给出的策略，属于“学习式”搜索。

3.4.2 长期表

使用短期表的搜索方式可以认为是邻域搜索，而使用中期表的方式可以认为是区域强化式（regional intensification）搜索，但仍可能达不到全局搜索。为了实现全局多样化（global diversification）搜索，提出了长期表的概念。

长期表用来记录多个初始解，从这些初始解开始分别进行禁忌搜索，即多阶段禁忌搜索。产生一个初始解时，应该尽量与已经产生的初始解保持较远的距离，使各个初始解在可行域内具有良好的分散性，以更好地在全局进行搜索。

对于一个 n 维问题，其中第 k 个初始解 $x^k=(x_1^k,x_2^k,\cdots,x_n^k)$ 可以取

$$x^k = \arg\max D^k = \arg\max \sum_{l\in L}\sum_{i=1}^{n}(x_i^k - x_i^l)^2 \tag{3.7}$$

式中：x_i^l，$l\in L$ 为已经选定的初始解的第 i 个元素，即 $x^l=(x_1^l,x_2^l,\cdots,x_n^l)$。

不同于短期表和中期表，这种长期表不是基于过去的搜索进行搜索，而是在新的区域内完全随机生成初始解进行搜索，属于“非学习式”搜索策略。使用长期表进行多阶段禁忌搜索，能很好地提高算法的广域搜索能力，同时不丧失禁忌搜索算法的邻域搜索能力。

多阶段禁忌搜索是后来发展的多种并行禁忌搜索中的一种，关于并行禁忌搜索，将在后文详细介绍。

3.5 算法性能的改进

禁忌搜索算法具有全局寻优能力，而且比较容易实现，从20世纪90年代就引起了广泛的重视。但是应用中也发现，以上基本的禁忌搜索算法有一些缺点，对于给定的实际工程问题，可能需要大量的调试工作才能得到较好的效果，于是提出一些改进做法。下面介绍几种比较主要的改进，包括并行禁忌搜索算法、主动禁忌搜索算法以及禁忌搜索算法和其他算法的混合策略等。

3.5.1 并行禁忌搜索算法

随着并行计算技术和并行计算机的发展，为满足求解大规模优化问题的需

要，禁忌搜索算法的并行实施也得到了研究与发展。

相对于前面介绍的基本禁忌搜索算法，对算法的初始化、参数设置、通信方式等方面实施并行策略，能得到各种不同类型的并行禁忌搜索算法。当前，对并行禁忌搜索算法比较认可的一种分类方法如图 3.8 所示。

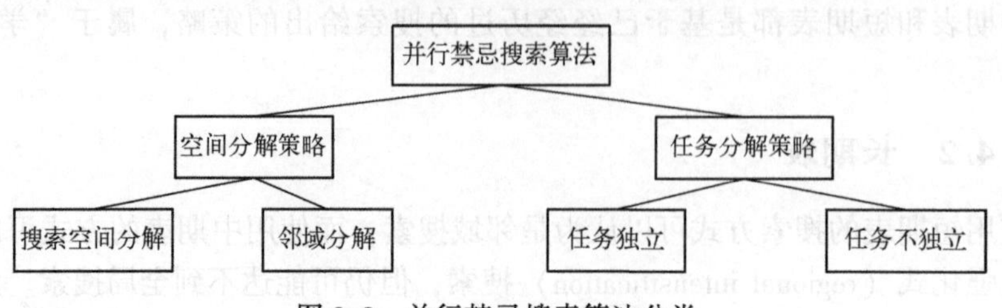

图 3.8 并行禁忌搜索算法分类

1. 基于空间分解策略

基于空间的分解策略包括搜索空间分解和邻域分解两种做法。

(1) 搜索空间分解，即通过搜索空间的分解将原问题分解为多个子问题分别进行求解，从而实现并行化。这里求解各个子问题的算法参数可以相同，也可以不同。

前文介绍禁忌搜索算法中基本概念“长期表”时，提到过多阶段禁忌搜索算法。多阶段禁忌搜索算法中，首先产生多个彼此距离比较远的初始解，记录在长期表中，然后从这些初始解出发，分多个阶段对整个问题进行搜索。如果从这些初始解出发，同时进行搜索，就是这里所讲的一种并行禁忌搜索算法。

(2) 邻域分解策略，即每一步中用多种方法对邻域分解得到的子集进行评价，从而实现对最佳邻域搜索的并行化，这种分解策略对同步的要求比较高。

2. 基于任务分解策略

将待求解问题分解为多个任务，每个任务使用一个禁忌搜索算法来求解。不同的禁忌搜索算法可以设置不同的参数，包括初始解、邻域结构、选择策略、渴望水平等。在多处理机的情况下，根据这些任务对各处理机的分配情况，又可以分为以下 3 种。

(1) 非自适应方式。任务的数量和定位在编译时就已经确定，各任务在各处理机中的定位在算法进行进程中是不变的，也就是静态的调度方式。例如，根据处理机的个数将搜索空间分解为一些子空间分别进行搜索。这种方法中，很容易造成各处理机之间任务不平衡的情况，因而造成有些处理机长期处于空闲状态，影响搜索的整体效率。但是，由于实现起来比较容易，当前大多数并行禁忌搜索算法采用的都是这种方式。

(2) 半自适应方式。任务的数量在编译时给定，而各任务的定位在运行时给定。这种方式相对于非自适应方式有了一定的改进，运行时可以在一定程度上平衡各处理机的负荷，但仍不能实现彻底的平衡。

(3) 自适应方式。任务的生成和分配完全是动态的，是在运行时给出的。当某处理机空闲时，则生成新的任务；当处理机繁忙时，则取消某任务。Talbi 等（1998）提出了一种并行自适应禁忌搜索算法，算法由并行而独立的子禁忌搜索算法构成，各算法的各种运行参数独立给出而且可以不同，各任务之间没有通信，并通过二次指派问题（QAP）的高效求解验证了算法的有效性。

空间分解策略有较强的问题依赖性，只对某些问题适用；而基于任务分解策略具有较高的适用性。当然也可以结合空间分解策略和任务分解策略，设计混合的并行策略来求解问题。

董宏光等（2004）将并行禁忌搜索算法引入到化工行业的精馏分离序列综合问题中。精馏分离序列综合问题是一种混合整数非线性规划问题，与组合数学中的一些著名问题，如凸多边形三角划分、矩阵链乘等具有相同的本质特征。由于采用二叉树模式简捷地描述了可行分离序列，算法采用数字串形式编码。算法以相对费用函数为评价指标（适值函数），当某候选解优于历史最优解时，无视其禁忌属性直接选为下一代初始解；当所有候选解都被禁忌时，选择最好的候选解破禁。当搜索达到最大给定代数，或者在给定代数内最优值没有改进时，算法终止。最后给出的 10 组精馏分离序列算例表明，即使随机给出初始解，寻优结果通常也是全局最优的。

3.5.2 主动禁忌搜索算法

1. 基本禁忌搜索算法的困惑

基本禁忌搜索算法相对于传统的优化方法而言，具有很好的爬山能力，能够避免陷入局部最优点。相对于遗传算法等其他优化方法而言，禁忌搜索算法计算速度比较快，因而得到广泛的应用。但是，对于前面介绍的基本禁忌搜索算法，研究人员遇到了以下困惑。

(1) 参数调整比较困难。和其他元启发式算法包括遗传算法、模拟退火算法等相似，禁忌搜索算法需要设置或者调整一些参数来进行有效的搜索。然而要得到合适的参数，不仅依赖于待求解的具体问题，而且相当费时。因此，参数调整的困难是各种元启发式算法需要解决的一个突出问题。

基本禁忌搜索算法中，候选解集的大小需要调整，禁忌长度需要设定。仅以禁忌长度为例，尽管已经做了大量的研究工作，从起初的与问题无关的固定常数，如 5、7、11 等，到依赖于问题规模 n 的常数，如$\sqrt{n}$，再到给出禁忌长度的两个极限，形如$[1,10]$或者$[0.9\sqrt{n},\ 1.1\sqrt{n}]$等，没有哪一种方法能适合于所有问题，而且没有给出设定这些参数的理论依据。面对一个给定的实际问题，常常是经过各种尝试，最后才得到一种可以接受的方案。

(2) 不能避免循环。禁忌表的提出就是为了尽量避免迂回搜索，而禁忌表也确实在很大程度上避免了循环。但是，禁忌搜索算法不能避免较大的循环。即使在引入了中期表和长期表之后，也不能彻底避免循环。当局部最优点的周围被一些大的“吸引盆”包围时，禁忌搜索算法收敛得相当慢。

当禁忌搜索算法得到一个局部最优点时，使用禁忌表禁止刚访问过的点，使搜索逐渐远离局部最优点。这里有一个隐含的假设：从局部最优点出发，而不是从随机点出发，能更容易地达到全局最优点。但是，研究表明有时可能不是这样。

2. 主动禁忌搜索算法的基本原理

主动搜索（reactive search，RS）是一种反馈机制，是一种适合于求解离散优化问题的启发式算法。Battiti 和 Tecchiolli（1994）将主动搜索机制引入到禁忌搜索算法中来，提出了主动禁忌搜索（reactive tabu search，RTS）算法。

主动禁忌搜索算法利用反馈机制自动调整禁忌表长度，自动平衡集中强化搜索策略和分散多样化搜索策略。算法中给出增大调节系数 $N_{IN}(N_{IN}>1)$ 和减小调节系数 $N_{DE}(0<N_{DE}<1)$。搜索过程中，所有访问过的解都被存储起来，每当执行一步移动时，首先检查当前解是否已经访问过。如果已经访问过，说明进入了某个循环，禁忌长度变为原来的 N_{IN} 倍；如果经过给定的若干次迭代后，没有重复的解出现，禁忌长度变为原来的 N_{DE} 倍。

为了避免循环，主动禁忌搜索算法给出了逃逸机制。搜索过程中，当大量解重复出现次数超过给定次数 R_{EP} 时，逃逸机制便被激活。逃逸操作一般通过从当前解执行若干步随机移动实现，执行移动的步长在定义域内随机选择。为了避免很快跳回刚搜索过的区域，所有随机操作都被禁止。

禁忌搜索算法使用历史记忆寻优，用禁忌表指导优化搜索，结合渴望水平，系统地实现了集中强化搜索和分散多样化搜索的平衡。而主动禁忌搜索算法则使用反馈策略和逃逸机制来加强这种平衡。因此，从理论上说，主动禁忌搜索算法比一般的禁忌搜索算法效果更好，搜索的质量更高。

3. 主动禁忌搜索算法的基本步骤

主动禁忌搜索算法的核心思想是反馈策略与逃逸机制，上面只是给出了基本思想。实际应用中，反馈策略与逃逸机制有多种实现方法。例如，如果 num_dec 代内没有重复解出现，则禁忌表长度变为原来的 N_{DE} 倍；如果重复解出现的总次数（不是哪一个解重复的次数，而是所有解重复次数的和）达到 num_esc，则执行逃逸操作。主动禁忌搜索算法的基本步骤如下。

第 1 步：初始化两个计数器，即 $n\_dec=0$ 和 $n\_esc=0$。

第 2 步：初始化其他参数，给定初始解。

第3步：针对当前解，给出候选解集。

第4步：根据禁忌表情况和渴望水平情况，选出一个解作为下一次迭代的初始解，更新记录表（包括正常的禁忌表和所有访问过的解）。

第5步：如果该选中的解出现过，则禁忌长度 $t=tN_{IN}$，$n\_esc=n\_esc+1$，$n\_dec=0$；否则 $n\_dec=n\_dec+1$。

第6步：如果 $n\_dec=num\_dec$，则 $t=tN_{DE}$，$n\_dec=0$。

第7步：如果 $n\_esc=num\_esc$，则实施逃逸操作，$n\_esc=0$，$n\_dec=0$。

第8步：如果满足停止准则，则算法终止；否则转第3步。

以上步骤主要用来说明主动禁忌搜索算法中提出的反馈机制和逃逸操作，至于常规禁忌搜索算法中包括的渴望水平与选择策略等，这里没有详细描述。主动禁忌搜索算法的流程图如图3.9所示。从中可以清楚地看到主动禁忌搜索算法的核心思想，看到逃逸机制的触发条件以及加大或者缩小禁忌长度的具体方法。

4. 主动禁忌搜索算法的内存管理

基本的禁忌搜索算法中，需要存储的内容比较少，禁忌表的长度一般不会很长。即使是在这样的情况下，存储的空间与效率也比较重要，如上文介绍的频数表和短期表共用一个矩阵的方法。实际上，关于节省存储空间、提高访问速度方面还有很多研究成果，本书没有详细介绍。

主动禁忌搜索算法中，所有访问过的解都需要存储起来，这避免了搜索的循环，同时可以自动地调整禁忌长度，能很好地平衡集中强化搜索与分散多样化搜索。但是，事物都是具有两面性的，主动禁忌搜索算法中存储了大量的信息。而且对这些信息要频繁地访问，如果只是使用一般的数组来存储，显然是不够的。为了提高搜索的速度，主动禁忌搜索算法中一般使用哈希（Hashing）表来存储这些信息。

哈希技术即对关键字进行数学转换，得到一个位置信息，使得在数组或者文件的这个位置可以检索到这个数据的技术。直观理解，哈希技术就是对关键信息“切碎”而后进行管理的一种技术。数学上，哈希转换可以描述为映射 $f: A\rightarrow B$，其中 $|A|>|B|$，通过对较少的数据 B 检索完成对较大的数据 A 的检索，因此提高了检索效率。同时，由于 $|A|>|B|$，哈希函数 f 不是一一映射，而是多对一映射，所以有时会引起冲突，哈希技术中有专门关于避免冲突等方面的研究。关于哈希技术的更详细描述超出了本书的范围，有兴趣的读者可以参考相关数据结构的文献。

下面给出一个简单的例子来说明哈希函数。很多电台节目中要记录参与者的电话或者手机号码，而这些号码通常为10多位，当数据量很大时，检索起来比较困难；通常选取4位尾号作为关键字，使用哈希表进行管理，如手机号码130××××1589映射为1589。如果应用得好，哈希技术可以大大提高数据访问的效率。

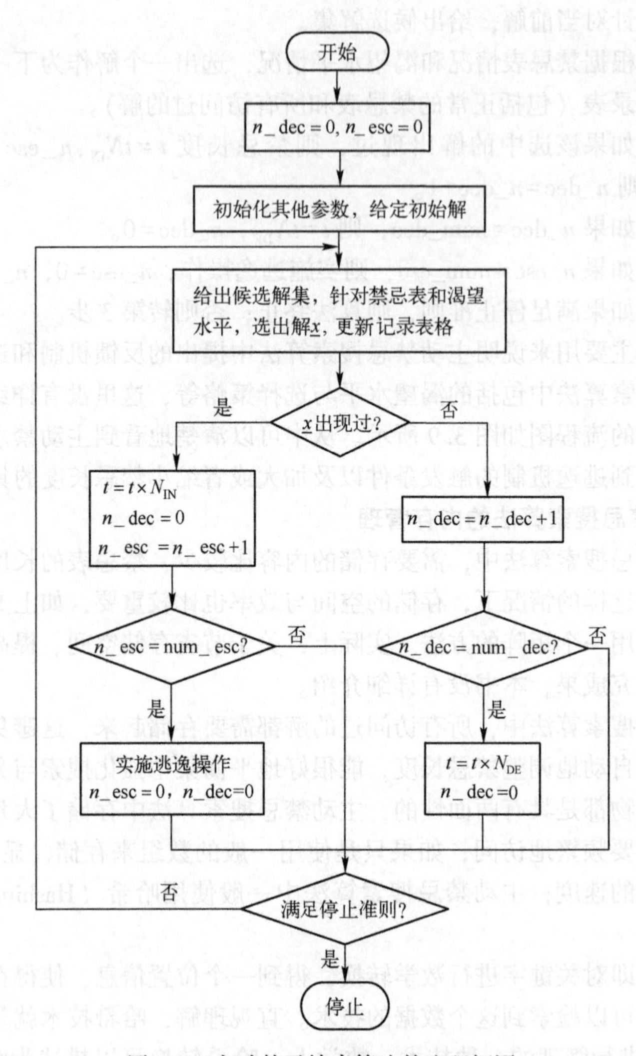

图 3.9　主动禁忌搜索算法的流程框图

主动禁忌搜索算法中，存储的是解的表达（编码）方式，即映射中的 A，而如果用解的一些主要配置信息作为关键字构成哈希函数，即映射中的 B。通过检索这些配置信息，可以很快地找到相应的解。

除了使用哈希表来管理这些存储的解之外，还可以使用二叉树等方式，这里不再赘述。

5. 主动禁忌搜索算法的应用

Battiti 和 Tecchiolli 提出主动禁忌搜索算法的时候，针对 0-1 背包问题和大规模的二次指派问题（QAP）对算法进行测试，取得了很好的效果。而后，主动禁忌搜索算法已经在很多领域得到了成功应用，包括旅行商问题（TSP）、车间调度、车辆路径问题（VRP）、神经网络参数调整以及电力系统中有功/无功控制等领域，也有人用来求解函数优化问题，国内关于主动禁忌搜索算法的研究与应用还比较少。

主动禁忌搜索算法的主要思想是利用反馈机制自动调整禁忌长度和逃逸机制来避免循环。事实上，具有这一思想的禁忌搜索算法都可能称为主动禁忌搜索算法，而且主动禁忌搜索算法还可以包括其他方面关于禁忌搜索算法的改进，如并行的主动禁忌搜索算法等。

虽然主动禁忌搜索算法目前还处于发展阶段，但是可以预见，随着应用领域的扩大和研究的深入，主动禁忌搜索算法作为一种鲁棒性很强的元启发式算法，必将得到长足的发展。

3.5.3　其他改进方法

以上介绍了并行禁忌搜索算法和主动禁忌搜索算法，这些策略很好地改进了禁忌搜索算法的性能，应用范围也比较广泛。此外，还有许多基于禁忌搜索算法的改进算法，这些算法也能较好地改进搜索性能，但大部分问题依赖性都比较强，因此应用范围受到一定限制，下面给出几个例子。

1. 基于其他方法构造初始可行解

上文已经多次提到，禁忌搜索算法的性能在较大程度上依赖于初始解的质量。为了提高算法收敛的速度，提高解的质量，很多场合下初始解不是随机生成的，而是基于其他算法给出的。

例如，使用插入法生成高质量的初始解，然后利用禁忌搜索算法寻优；当禁忌搜索算法的最优解经过很多次迭代都不能得到改善时，基于当前解利用插入法重新构造搜索起点，从而能很快地跳出原来的搜索路径而从不同的方向进行搜索。经过典型优化问题 TSP 问题验证，这种基于插入法的混合算法具有很好的收敛性和寻优能力。

这里提到的插入法（insertion method，IM）是一种构造性启发式算法，最早是由 Rosenkrantz 等为构造某一度量空间中的一条访问回路而提出，后来已经从算法复杂性的角度证明这种算法用来生成高质量的初始解时具有很大的优越性。

2. 快速局部搜索结合禁忌搜索的算法

当邻域规模比较大时，如果遍历整个邻域选择最优解，然后根据禁忌表和渴望水平来完成一次迭代，则邻域搜索时间会比较长。在这种情况下，可以将邻域的一部分作为候选解集来加快邻域搜索，也可以引入其他启发式算法来加快邻域搜索。

一种快速局部搜索（fast local search，FLS）算法将邻域空间划分为多个子邻域，并在邻域上设置活动标志。活动标志为0的子邻域称为活动子邻域，是待搜索的子邻域；活动标志为-1的子邻域称为不活动子邻域，是不用搜索的子邻域。初始时所有子邻域的标志都是0，如果搜索完某个子邻域没有找到任何更好的邻居，那么该子邻域的活动标志置为-1，否则该子邻域的活动标志保持为0。随着解的不断改进，活动的子邻域越来越少，搜索速度越来越快。直至所有子邻域活动标志都为-1，则找到了局部最优解，邻域搜索结束。

贾永基等将这种快速局部搜索算法引入到禁忌搜索算法中来，并巧妙地根据带时间窗车辆装卸货问题的特点，在客户和路径的对应关系上设置活动标志，将表示活动标志信息的矩阵和禁忌表合二为一。通过测试，在保证解的质量没有变化的情况下，搜索时间大大减少，表明这种混合禁忌搜索算法的有效性。

3. 带回访功能的禁忌搜索算法

Eugeniusz 提出了一种带回访功能的禁忌搜索算法，其主要思想是每当历史最优解得到改进时，保存与这个解有关的信息。当算法迭代了预先给定的一定代数而最优解没有改进时，回跳到已经保存的有改进解的位置，取出与这个解有关的信息，从该点开始对未搜索的邻域进行搜索。重复上述步骤，直至搜索完所有区域。

这一方法的缺点是：在预先给定的步数内找到的很多解是重复的，浪费了很多时间。为了解决这个问题，童刚等引入了哈希技术保存访问过的解，改进带回访功能的禁忌搜索算法，并针对 job-shop 问题验证了算法的性能，关于使用哈希技术管理访问过的解的具体方法这里不再详述。

4. 结合启发式的禁忌搜索算法

衣杨等针对并行多机成组工件极小化通过时间的调度问题，提出了禁忌搜索结合启发式（记为 TSHEU）的算法，并对比了禁忌搜索结合分枝定界（记为 TSB&B）算法，表明两种算法都是有效的，而 TSHEU 算法速度更快。

并行多机成组工件极小化通过时间问题属于一类工件调度问题，其中成组调度的基本思想是：不同工件按其相似性分为若干个组；加工中，一个工件接在同组工件之后不需要重新准备，而接在不同组工件之后必须重新准备。这个问题属于 NP 难题，一般启发式算法难以用到具有实际意义的大型问题中。

针对单机流水时间问题的最优性条件和合理调度的性质（关于单机调度的这些定义和性质；本书略），衣杨等提出了效果很好的启发式算法，并将该算法与禁忌搜索算法结合求解上面的多机问题。搜索过程中根据给出的启发式算法，可以很容易地判断出某个解是否为邻域最优解，而不需要像一般问题那样通过遍历邻域来判断最优性，极大地节省了搜索时间。

5. 其他改进算法与混合算法

关于禁忌搜索的改进算法还有很多，可以对标准禁忌搜索算法的各个基本环节进行改进，包括初始解的确定方法、各参数的设定与调整方案、邻域搜索策略等。例如，刘江华等将极大似然加速算子引入到禁忌搜索算法中，每迭代一定次数，进行一次极大似然加速操作，也就是基于某种概率进行局部搜索，很大程度上加快了禁忌搜索的收敛。

禁忌搜索算法与其他算法的混合算法也还有很多，如禁忌搜索算法与粒子群算法（PSO）混合、禁忌搜索算法与贝叶斯优化算法混合等。限于篇幅，在此不能一一列举，与禁忌搜索算法混合的有些算法可能要在本书后面章节中给出介绍。

本节中介绍的各种改进或混合算法，一般具有较强的问题依赖性，其中的优化策略或者参数设定常常是根据特定问题给出的，不容易移植到其他问题中，或者移植了效果也会下降。或者由于其他原因，这些算法到目前还没有得到很广泛的应用。

本节介绍的算法相对来讲通用性比较好。这些算法主要针对禁忌搜索算法本身的一些缺点进行改进，包括针对串行搜索引入并行机制、针对禁忌长度的设定缺乏理论依据引入反馈机制、针对不能避免较大循环引入逃逸机制等。这些方面和待求解的优化问题无关，因此这些改进算法得到了较为广泛的应用，而且应用范围还有扩大的趋势。

此外，对于特定的问题而言，通用性好的算法一般不会是性能最好的，因为通用的算法不可能考虑给定问题的特征。如果问题有特殊的要求，如计算时间要求很短或者必须求得全局最优解，那么应该针对特殊问题的特殊要求，修改那些比较通用的算法，或者重新设计新的求解算法。例如，中国象棋人机博弈中通常就采用穷举搜索，只是穷举方法上使用了分枝定界等技术而不是蛮力搜索而已。如果问题没有特殊要求，则可以直接使用那些比较通用的优化方法求解。

3.6　禁忌搜索算法的应用

禁忌搜索算法是一种有效的组合优化求解算法，Glover 最早也是针对组合优化问题提出的这种算法。近年来禁忌搜索算法的应用范围拓展到了函数优化（实优化）。

3.6.1　应用于实优化问题

1992 年 Hu 首先将禁忌搜索算法扩展到函数优化领域，之后用禁忌搜索算法求解函数优化问题得到一定关注，而且现在还处在发展之中。

1. 主要技术问题

使用禁忌搜索算法求解函数优化问题，首先要解决的问题是邻域的表征。函数优化中，当前解 $\boldsymbol{x}$ 的邻域通常定义为以 x 为中心、r 为半径的球，记为 $B(x,r)$，从而所有满足条件 $\|\boldsymbol{x}'-\boldsymbol{x}\|<r$ 的点 $\boldsymbol{x}'$ 都是 $\boldsymbol{x}$ 的邻域解，其中 $\|\cdot\|$ 表示范数。同时，为了使 η 个邻域解在整个邻域内分布比较均匀，可以再定义以 x 为中心、分别以 $r_1, r_2, \cdots, r_{\eta-1}$ 为半径的 $\eta-1$ 个同心球，将邻域分割为 η 个子邻域，在每一个子邻域中产生一个点。这样，x 的 η 个邻域解为 $\{x^i \mid r_{i-1}\leqslant\|x^i-x\|\leqslant r_i,\ i=1,2,\cdots,\eta\}$，其中 $r_0=0$、$r_\eta=r$。

以上使用分割球的方法得到邻域解的过程中，计算量比较大，而且邻域解的个数 η 不易给出。更为简便的做法是采用超立方体代替球，即对当前解 $\boldsymbol{x}=(x_1, x_2, \cdots, x_n)^{\mathrm{T}}$（$n$ 为解的维数）的分量 x_i（$1\leqslant i\leqslant n$）做以下变换，即

$$x_i' = x_i + s \tag{3.8}$$

式中：s 为步长。根据需要，s 可以随迭代步数的变化而变化，也可以针对不同的分量取不同的值。

此外，由于状态（或状态变化）以及适配值（函数值）是连续的，关于是否被禁忌的判断与求解离散问题也不同。这里，通常在禁忌对象的一定范围内都认为是禁忌的，如禁忌对象的±0.01%等。

2. 简化禁忌搜索算法用于实优化

简化禁忌搜索算法，即不考虑所有邻域解都被禁忌的情况和渴望水平。使用简化禁忌搜索算法求解实优化问题 $\min f(x)$（$x\in E^R$）的基本步骤可以描述如下。

第 1 步：随机给出初始解可行解 x，历史最优解 $x^*=x$，迭代次数 $k=0$。

第 2 步：如果达到最大迭代次数，则输出结果，停止算法；否则继续以下步骤。

第 3 步：产生邻域 D，并计算邻域解的适配值。

第 4 步：选择不被禁忌的最好解 $\underline{x}$，$x=\underline{x}$，$k=k+1$，更新禁忌表。

第 5 步：如果 $f(\underline{x})<f(x^*)$，则 $x^*=\underline{x}$；否则继续以下步骤。

第 6 步：返回第 2 步继续搜索。

从以上步骤可以看出，简化禁忌搜索算法中以设置最大代数为停止准则，以选中的解为禁忌对象，当然，如果某个解与禁忌表中某元素的差小于给定范围，也认为是被禁忌的。这样的算法简单明了、容易实现，而且与用于组合优化的禁忌搜索算法也十分相似，主要的区别是其中邻域的确定。

这个算法中，按式（3.8）给出邻域，其中的步长 s 按下式规律变化，即

$$s^{k+1} = rs^k \tag{3.9}$$

式中：k 为迭代次数；r 为给定常数。第 k 次迭代的 s^k 与模拟退火算法中的 s 的

含义类似，$s^k = cs^{k-1}$，其中 $0<c<1$ 为步长的减小比例。

施文俊等认为，这个算法中的步长 s 下降速度过慢，导致搜索广度大而精度不足。于是将整个迭代过程分为数轮，每经过一轮 s 的值减少一个数量级，采用分轮速降的方法协调广度与精度的矛盾，最后使用化工邻域中的换热网络优化问题进行了验证。

3. 具有自适应机制的禁忌搜索算法用于实优化

集中性搜索与多样性搜索始终是禁忌搜索算法运行的焦点，这在上面已经多次提到。集中性搜索用于对当前搜索到的较好解的邻域作进一步搜索，以便达到全局最优解；多样性搜索用于拓宽搜索区域，尤其是没有搜索过的区域。当搜索陷入局部最优时，多样性搜索能改变搜索方向，跳出局部最优解。集中性搜索与多样性搜索是重要的，但又是矛盾的，如何协调这对矛盾是应用禁忌搜索算法的一个难点。针对这个问题，已经开展了大量的研究工作，如前面介绍的主动禁忌搜索算法利用反馈机制调整禁忌长度来协调集中性与多样性。

贺一等提出了另一种协调集中性与多样性的策略。这种自适应策略中，将邻域和候选解集分为两个部分，一部分是集中性元素，用于集中搜索；另一部分是多样性元素，用于多样性搜索。邻域中集中性元素的产生办法和一般禁忌搜索算法中邻域的产生办法相似，而多样性元素则不同，常常是随机产生。候选解集中的集中性元素按最优性选取，而多样性元素则仍随机选取。

算法开始之前，候选解集中的集中性元素占元素总数的一半。迭代过程中，集中性元素个数 DL 动态地改变。如果本次迭代得到的当前最优解优于上一次迭代得到的最优解，则 DL = DL+1；如果本次迭代得到的最优解等于或劣于上一次迭代得到的最优解，则 DL = DL−1。另外，无论什么时候，候选解集中都要存在集中性元素和多样性元素，至少保留一个。

当解的质量有所提高时，候选解集中的集中性元素增多，相应地进行集中性搜索的概率也增大；反之，当解的质量没有提高时，候选解集中的多样性元素增多，相应的多样性搜索的概率也增大。这样，根据搜索中解的具体情况动态地调整集中性搜索与多样性搜索的比例，较好地解决了这一对矛盾。针对 TSP 问题，将具有这种自适应能力的禁忌搜索算法与其他文献上的神经网络的算法进行了比较，多数情况下这种禁忌搜索算法优于神经网络算法。

由于这种策略不需要问题的特殊信息，很容易应用于其他问题的求解。贺一等用带这种策略的禁忌搜索算法优化神经网络中的权值和阈值。其中一些关键环节介绍如下。

（1）禁忌对象。优化问题的目标函数为神经网络实际输出与目标输出的相对平均偏差，即

$$f = \frac{1}{n}\sum_{i=1}^{n}\frac{|T(i) - O(i)|}{|T(i)|} \times 100\% \tag{3.10}$$

式中：n 为样本点个数；$T(i)$ 和 $O(i)$ 分别为第 i 个样本点的目标函数值和实际输出值。以目标函数值 f 为禁忌对象，当候选解的目标函数值在禁忌表中某元素周围的一个很小区间（如±0.01%）时即被禁忌。

（2）邻域结构。在神经网络当前权值和阈值（即当前解）每一个元素的基础上加上一个修正量，形成一个邻域解。最大修正量记为 max_affset，修正量在这个最大值之内均匀地随机生成。

（3）自适应策略。对于集中性元素，最大修正量取很小的值，如±0.05~±0.1，便于在该区域集中搜索；对于多样性元素，最大修正量取较大值，如±0.4~±2.0。其他方面完全按上述自适应策略实现。

使用这种禁忌搜索算法训练神经网络，与用 BP 算法训练神经网络做了比较，测试函数为正弦函数和 sin c 函数 $f(x)=\sin(x)/x$，结果这种算法的优越性十分明显。

这种禁忌搜索算法的核心思想是引入了集中性元素和多样性元素的概念，并根据搜索的具体情况自动调整两种元素的比例，很好地解决了集中性与多样性之间的矛盾。

4. 增强连续禁忌搜索算法

Chelouah 等（2000）提出了一种增强连续禁忌搜索算法，记为 ECTS。和前文介绍的具有自适应机制的禁忌搜索算法相似，ECTS 也尤其强调集中搜索和分散化搜索的重要性。简单地讲，ECTS 框架包括 3 个主要部分，即分散搜索、最有希望区域搜索、集中强化搜索。因此，增强连续禁忌搜索算法的主要步骤可以描述为图 3.10 所示的流程图。算法的这 3 个主要步骤是连续的，前一个步骤的结果为后一个步骤做准备，或者可能就是后一步要搜索的范围（定义域），后一步搜索是前一步的继续和强化。算法的 3 个主要步骤又比较相似，每一个主要步骤都可以认为是一个独立的禁忌搜索算法。下面对这 3 个主要部分分别进行介绍。

1）分散化搜索

分散化搜索中除了禁忌表外，又引入了“希望表”的概念。禁忌表中存放过去一定次数迭代中接受的邻域解，而希望表中存放搜索到的有希望区域。首先给定初始解，按前面介绍的分割超方体的方法得到规定个数的邻域解，选择那些既不在禁忌表中又不在希望表中的最优邻域解，作为下一次迭代的当前解。如此反复搜索，当目标函数出现了不可接受的恶化时，便开始搜索新的有希望区域，而这时当前解就被认为是这个有希望区域的中心，记录在希望表中，希望表和禁忌表相似，也有一个给定的长度，当新的有希望区域进入希望表时，最差的（注

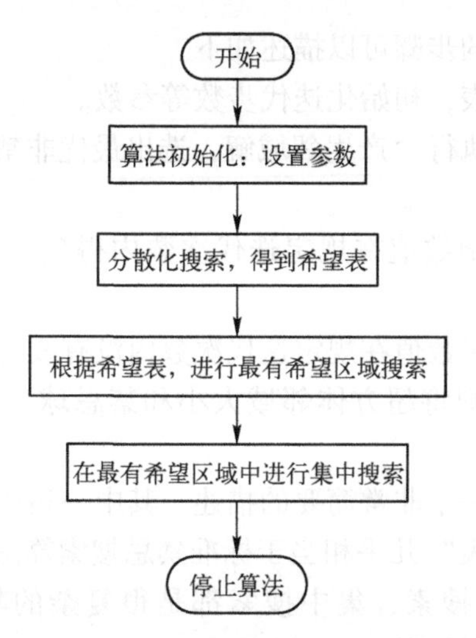

图3.10 ECTS的基本流程框图

意：不是最早的）有希望区域从希望表中退出。如果规定步数内没有发现新的有希望区域，则停止分散化搜索，进入最有希望区域搜索。

注意：产生邻域时使用的超方体方法，便于实现；而判断一个解是否被禁忌时使用的是禁忌球方法，即判断该解与禁忌对象的距离是否在给定距离之内，这两者是有区别的。

可以看到，这个过程就是一个禁忌搜索，而且是比较复杂的禁忌搜索。其中希望表中存储的可以理解为算法的结果，只是这里不只保留一个结果，而是保留了规定个数（希望表长度）个最优结果。禁忌表和希望表的同时使用，有效地激励搜索远离初始点，避免迂回搜索，从而很好地实现了分散化搜索。

2）最有希望区域搜索

分散化搜索中已经得到了一个希望表，这是“最有希望区域搜索”的开始区域，禁忌表已经没有意义。最有希望区域搜索的主要步骤如下。

第1步：计算希望表中所有解的目标函数值的平均值。

第2步：删除希望表中目标函数值高于平均值的解，即比较差的解。

第3步：将禁忌球半径和超方体邻域大小减半，对留下来的有希望解执行“产生邻域解，选出最优解”的操作过程。如果最优解优于产生它的那个有希望解，则使用该最优解替换当初的有希望解；否则不替换。如此对整个希望表扫描完毕。

第4步：如果还剩下多个有希望区域，转第1步继续搜索；否则结束。

3）集中搜索

集中搜索是针对“最有希望区域搜索”得到的最有希望区域进行的，是又一轮的搜索。集中搜索的步骤可以描述如下。

第1步：清空禁忌表，初始化迭代步数等参数。

第2步：对当前解执行“产生邻域解，选出最优非禁忌解，更新禁忌表”的操作。

第3步：如果目标函数值在规定迭代次数内得到了改善，转第2步反复搜索；否则继续以下步骤。

第4步：如果目标函数值在规定迭代次数内没有改善或者达到了规定的迭代步数，则算法停止；否则将超方体邻域大小和禁忌球半径减半，转第1步反复搜索。

可以看到，这只是一个非常简要的描述，其中一句话“产生邻域解，选出最优非禁忌解，更新禁忌表”几乎相当于标准禁忌搜索算法的全过程。因此，分散化搜索、最有希望区域搜索、集中搜索都是很复杂的禁忌搜索过程，而整个ECTS框架的复杂程度可想而知。

当然，ECTS框架中具有为数众多的参数，包括一些初始化参数和控制参数，而这些参数中有些需要用户给出、有些需要通过计算得到、有些参数需要根据问题规模设定等。关于这些参数的详细设置方法本书不展开讨论，有兴趣的读者可以查阅相关文献。

禁忌搜索算法用于实优化，可以是非常简单的基本禁忌搜索算法，也可以是很复杂的ECTS框架。对于特定的问题，读者需要根据具体情况灵活运用禁忌搜索算法来解决。

3.6.2 电子超市网站链接设计中的应用

禁忌搜索算法作为一种不依赖于问题的高效寻优算法，在工程实践中已经得到广泛的应用。下面给出一两个实际应用的举例，以加深读者对禁忌搜索算法的理解。

1. 电子超市网站链接结构的优化问题

电子超市是BtoC电子商务的一种表现形式，经营电子超市的公司主要通过网站进行产品的宣传和交易。为满足不断变化的需求，网站需要跟踪顾客的行为，并适时调整网站的链接结构，才能在竞争中保持有利地位。关于网站结构的设计已经有一些学者进行了研究，下面给出一个更新和优化网站结构的模型，并使用禁忌搜索算法进行求解。

电子超市网站中的链接主要分为两类：反映商品目录结构的链接，称为基本链接；方便顾客浏览的链接，称为附加链接。如果将网页和链接分别视为顶点和弧，则网站结构可以抽象为一个带标号的有向图。设网站中共有N个网页，标号为$0\sim N-1$，其中主页的标号为0。定义布尔矩阵$\boldsymbol{B}=\{b_{ij}\mid i、j=0,1,\cdots,N-1\}$，其

中 $b_{ij}=1$ 表示链接(i,j)为基本链接，$b_{ij}=0$ 表示其他情况。定义布尔矩阵 $\boldsymbol{X}=\{x_{ij} \mid i、j=0,1,\cdots,N-1\}$ 代表网站的一种链接结构，其中 $x_{ij}=1$ 代表链接(i,j)存在，$x_{ij}=0$ 代表链接(i,j)不存在。

链接不存在长短的差异，所以网站结构图为一个无权图。网页的层次定义为从主页到达网页经过的最少链接个数。

2. 相关的基本概念

1）链接的可达性

链接的可达性取决于其所在网页的情况，定义为顾客点击链接的可能性。在不对链接进行特殊处理且不考虑顾客偏好的情况下，某网页上各个链接被点击的可能性是相同的，这样链接(i,j)的可达性为

$$H_{ij}(\boldsymbol{X})=\frac{x_{ij}}{\sum\limits_{k=0}^{N-1} x_{ik}} \quad (i、j=0,1,\cdots,N-1) \tag{3.11}$$

2）网页可达性

网页的可达性定义为用户沿所有路径到达此网页的可能性之和。由于实际网站中网页和链接的数目众多，计算所有可能的路径几乎是不可能的，这里考虑主要的路径，即用户按照网页层次由浅入深的路径，这样的路径一定包含了由主页到达页面的最短路径。为得到这样定义的到达每个网页的所有路径，可以使用路径树生成算法生成路径树。

根据得到的路径树，可以计算下列物理量，即

$$N_i=f_i(\boldsymbol{X}) \quad (i=1,2,\cdots,N-1) \tag{3.12}$$

$$L_{il}=g_{il}(\boldsymbol{X}) \quad (i=1,2,\cdots,N-1;l=1,2,\cdots,N_i) \tag{3.13}$$

$$J_{il}=h_{ilj}(\boldsymbol{X}) \quad (i=1,2,\cdots,N-1;l=1,2,\cdots,N_i;j=1,2,\cdots,(L_{il}+1)) \tag{3.14}$$

式中：N_i 为用户可以到达网页 i 的路径条数；L_{il} 为到达网页 i 的第 l 条路径所需的步数；J_{ilj} 为到达网页 i 的第 l 条路径的第 j 个网页的标号。于是网页 i 的可达性计算公式为

$$P_i(\boldsymbol{X})=\sum_{l=1}^{N_i}\prod_{j=1}^{L_{il}} H_{J_{ilj}J_{ilj+1}}(\boldsymbol{X}) \quad (i=1,2,\cdots,N-1) \tag{3.15}$$

假设顾客都是首先到达网站主页，因此不定义主页的可达性。

3）平均载入时间

设 $\tau_i(i=0,1,\cdots,N-1)$ 为网页 i 的平均下载时间，它与网页大小和网络的平均传输速度有关。网页 i 的平均载入时间 T_i 与到达此网页的路径条数和路径上所有网页的载入时间有关，计算公式为

$$T_i(\boldsymbol{X})=\frac{1}{N_i}\sum_{l=1}^{N_i}\sum_{j=1}^{L_{il}+1}\tau_{J_{ilj}} \quad (i=1,2,\cdots,N-1) \tag{3.16}$$

4）网页访问率

根据网络服务器在过去一段时间内统计的每一网页被访问的次数，可以按下式计算网页访问率，即

$$Q_i = \frac{V_i}{\sum_{i=1}^{N-1} V_i} \quad (i = 1,2,\cdots,N-1) \tag{3.17}$$

式中：Q_i 为网页 i 的访问率；V_i 为过去一段时间内网页 i 被访问的次数。

3. 数学模型

1）模型的建立

按照方便顾客的原则，访问率高的网页应该具有较大的可达性和较小的载入时间，这里采用相关性来度量两组量 U_i 和 V_i（$i=1,2,\cdots,N-1$）的相关程度，即

$$\underset{i=1}{\overset{N-1}{\mathrm{Cov}}}(U_i,V_i) = \frac{\sum_{i=1}^{N-1}(U_i - \overline{U})(V_i - \overline{V})}{\sqrt{\sum_{i=1}^{N-1}(U_i - \overline{U})^2 \cdot \sum_{i=1}^{N-1}(V_i - \overline{V})^2}} \tag{3.18}$$

为保持网站整体结构的稳定性，在每个页面上增加或减少的链接个数不能太多，同时，应该避免新增加的链接过多地集中于某些网页，或者减少链接时将指向某些网页的链接过多地删除。另外，新增加的链接在内容上应该具有相关性。于是建立以下多目标数学模型，即

$$\max f_1(\boldsymbol{X}) = \underset{i=1}{\overset{N-1}{\mathrm{Cov}}}(Q_i, P_i(\boldsymbol{X})) \tag{3.19}$$

$$\max f_2(\boldsymbol{X}) = \underset{i=1}{\overset{N-1}{\mathrm{Cov}}}(Q_i, (T_i(\boldsymbol{X})^{-1})) \tag{3.20}$$

$$\text{s.t.} \sum_{j=0}^{N-1} |x_{ij} - a_{ij}| \leqslant R_i \quad (i = 0,1,\cdots,N-1) \tag{3.21}$$

$$\sum_{j=0}^{N-1} |x_{ji} - a_{ji}| \leqslant C_i \quad (i = 0,1,\cdots,N-1) \tag{3.22}$$

$$x_{ij} - b_{ij} \geqslant 0 \quad (i、j = 0,1,\cdots,N-1) \tag{3.23}$$

$$u_{ij} - x_{ij} \geqslant 0 \quad (i、j = 0,1,\cdots,N-1) \tag{3.24}$$

其中，式（3.19）表示最大化网页可达性与网页访问率的相关性，网页访问率 Q_i 为常数，调整后网站链接结构 $\boldsymbol{X}$ 为决策变量；式（3.20）表示最大化网页载入时间的倒数与网页访问率的相关性；式（3.21）表示增加或减少指向某个网页链接的个数约束，常数 a_{ij} 为网站的当前链接结构，R_i 为常数；式（3.22）表示某网页上增加或减少的链接个数约束，C_i 为常数；式（3.23）表示基本链接不可以删除，常数 b_{ij} 表示基本链接情况；式（3.24）表示增加的链接内容上应

该具有相关性，常数 $u_{ij}=1$ 表示网页 i 和 j 内容上相关，$u_{ij}=0$ 表示网页 i 和 j 内容上不相关。

2）转化为单目标问题

设多目标问题式（3.19）~（3.24）的理想点为 (f_1^*, f_2^*)，并设 $E(\boldsymbol{X})$ 为式（3.21）~（3.24）构成的可行域。采用处理多目标问题的极大模理想点法，上述问题可以转化为单目标问题，即

$$\min \lambda \tag{3.25}$$

$$\text{s.t.}\ \ \boldsymbol{X} \in E(\boldsymbol{X}) \tag{3.26}$$

$$f_1^* - f_1(\boldsymbol{X}) \leqslant \lambda \tag{3.27}$$

$$f_2^* - f_2(\boldsymbol{X}) \leqslant \lambda \tag{3.28}$$

$$\lambda \geqslant 0 \tag{3.29}$$

根据极大模法相关定理，问题式（3.25）~式（3.29）的最优解为原问题式（3.19）~式（3.24）的弱有效解。于是，求解原多目标问题变为求解其理想点和新的单目标问题。

4. 求解算法

网站链接结构优化问题的模型中，要用到路径树生成算法，使网页的可达性和载入时间无法用解析形式来表达，故难以用传统的优化方法求解。这里使用禁忌搜索算法来求解原多目标问题的理想点以及转化后的单目标问题。求解过程中的相关环节比较相似，集中说明如下。

（1）编码方式。决策变量为0-1变量，所以直接采用0-1编码方式。

（2）初始解。算法的初始解取网站的当前链接结构，即 $\boldsymbol{X}=\boldsymbol{A}=\{a_{ij}\}$。容易知道，这样的初始解是可行的。

（3）邻域结构。任意改变当前解 $\boldsymbol{X}$ 中的一个元素的值形成的解构成当前解的邻域，只保留满足约束条件的邻域解，即可行邻域解。

（4）禁忌表。以发生改变的元素 (i,j)，即增加或删除的链接为禁忌对象，禁忌长度取常数7。此外，引入中期表来记录修改（增加或删除）链接 (i,j) 的频数，并施加频数惩罚，$f'(\boldsymbol{X})=f(\boldsymbol{X})-w\cdot \text{penalty}(i,j)$。

（5）渴望水平。当优于历史最优解时，就认为达到了渴望水平。

（6）停止准则。设置最大迭代次数为停止准则。

当然，完全可以使用本章介绍的多目标禁忌搜索（Multi-Objective Tabu-search，MOTS）算法直接求解这个多目标问题。只是为了说明简单的禁忌搜索算法就能很好地求解如此复杂的优化问题。传统的优化方法只能求解特定类型的问题，如线性的、二次的等；而禁忌搜索算法能求解的问题没有这一限制，其中变量甚至可以不是解析的，只要能用程序得到变量的取值就可以了，充分显示出禁

忌搜索算法极大的灵活性。

5. 计算举例

图3.11所示为一个网站的基本链接结构，附加链接见表3.3。在过去一段时间内，每个网页的访问次数见表3.4，平均加载时间见表3.5。表3.6中给出了矩阵U中为0的元素集合，即不相关网页对。

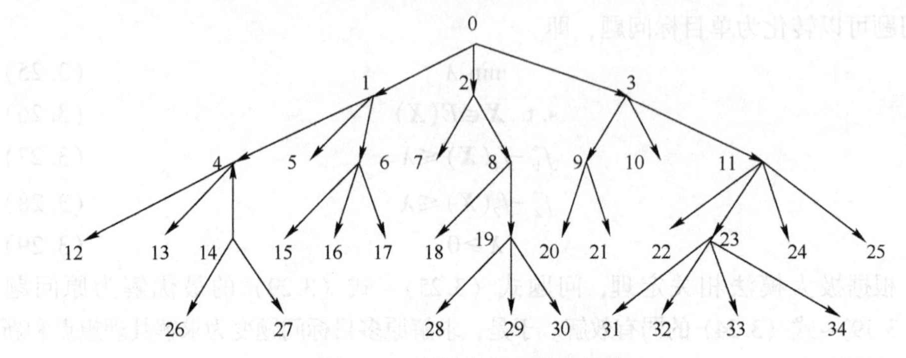

图3.11 网站的基本链接结构

表3.3 优化前网站的附加链接

(0,4)	(0,18)	(0,23)	(0,26)	(2,6)	(2,17)	(8,16)	(9,14)	(15,27)	(17,30)
(20,31)	(21,34)	(23,30)	(25,26)	(26,0)	(26,3)	(27,1)	(27,3)	(28,1)	(28,4)
(29,3)	(30,0)	(30,5)	(31,5)	(31,7)	(32,5)	(32,7)	(32,8)	(33,9)	(34,6)

表3.4 网页的访问次数

v_i	0	1	2	3	4	5	6	7	8	9
—	120	19	38	36	72	52	61	33	15	23
10+	23	13	55	63	34	43	15	16	7	12
20+	21	38	14	64	24	35	92	51	11	22
30+	62	41	32	22	36					

表3.5 网页的平均加载时间

τ_i/s	0	1	2	3	4	5	6	7	8	9
—	5.28	3.64	0.26	6.20	1.50	9.94	2.76	5.44	0.88	8.56
10+	1.24	16.04	4.14	0.78	0.74	0.78	7.26	0.88	27.64	0.54
20+	1.44	0.90	2.62	3.88	2.54	2.50	2.92	2.96	1.56	1.66
30+	2.18	2.90	1.72	3.20	2.14					

表3.6 不相关网页对

源网页	目标网页	源网页	目标网页
1	2,3,7,18,20,22,24,25,29,30,33	16	17,28,30
2	3,5,6,9,11,14,15,21,26,27,31,32	17	18,19,21,24,26,29,34
3	4,6,7,13,17,18,19,28,30	18	20,23,28,31
4	5,7,9,13,16,18,20,23,30,31,32,34	19	23,30,32
5	7,10,11,17,23,29,32,33	20	22,23,24,26,29,31
6	7,8,12,18,21,30,32	21	24,29,32
7	9,11,15,17,21,29,30,33	22	26,33,34
8	11,13,21,22,23,25,27	23	27
9	17,19,23,26,29,30,31,33,34	24	25,26,29
10	15,20,22,28,29,31,32	25	29,30,33
11	14,19,29,30	26	29,33,34
12	14,17,19,28	27	30,32,34
13	16,27	28	29,30,31,32
14	15,32	29	33,34
15	26,29,32	30	31,33,34

用Java语言实现了以上算法，在每个网页上最多增、减两个链接($R_i=C_i=2,i=0,1,\cdots,N-1$)的情况下进行了仿真试验，得到的仿真结果见表3.7。结构调整后目标函数值f_1由0.381增加到0.736，f_2由0.251增加到0.672，改进效果明显。

表3.7 理想点和弱有效解

	初始解	理想点	弱有效解	与理想点之差
$f_1(x)$	0.381	0.796	0.736	0.061
$f_2(x)$	0.251	0.757	0.672	0.085

对应于弱有效解，网页可达性、载入时间的倒数和网页访问率的对应关系分别如图3.12和图3.13所示。

优化前后附加链接的变化情况如表3.8所示，其中“+”和“-”分别表示增加和减少的链接。

以上算法的平均运行时间为88.4s，这在中、小型网站的优化中是可以接受的。考虑到Java的运行效率较低，而且网站的链接结构可以使用邻接表来存储，尚有提高算法运行效率的余地。

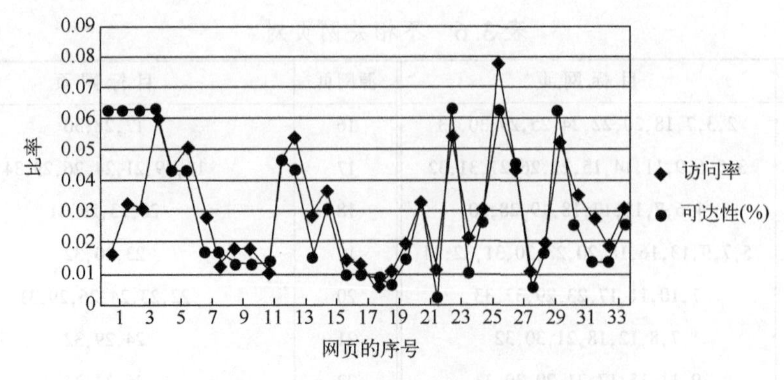

图 3.12 网页可达性与访问率的对应关系

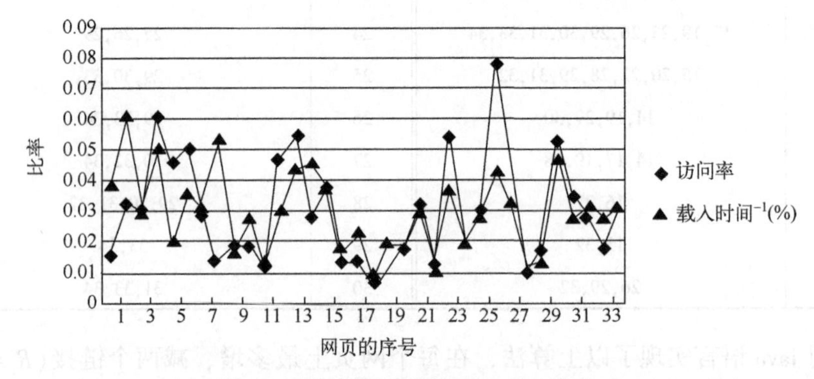

图 3.13 网页载入时间的倒数与访问率的对应关系（Cov=0.672）

表 3.8 优化前后附加链接的变化情况

+(0,30)	+(1,34)	+(2,13)	+(3,8)	+(3,21)	+(5,8)	+(6,1)	+(6,24)	+(7,12)
+(7,32)	+(8,0)	+(8,1)	+(10,9)	+(10,33)	+(11,17)	+(11,28)	+(12,2)	+(12,3)
+(13,25)	+(16,5)	+(16,6)	+(17,4)	+(17,6)	+(18,29)	+(20,5)	+(20,7)	+(21,4)
+(21,9)	+(22,29)	+(23,21)	+(24,7)	+(24,10)	+(25,11)	+(25,13)	+(26,12)	+(26,31)
+(27,11)	+(27,14)	+(28,15)	+(28,19)	+(29,16)	+(29,18)	+(30,15)	+(31,23)	+(31,26)
+(32,23)	+(32,26)	+(33,19)	+(33,24)	+(34,31)	+(34,32)	−(0,18)	−(2,17)	−(9,14)
−(23,30)	−(30,0)							

3.6.3 多盘刹车设计中的应用

1. 问题的描述

关于多盘刹车设计问题的详细描述参见本章参考文献[11]。这里直接给出以下多目标优化模型，即

$$\min f_1(x)=4.9\times10^{-5}(x_2^2-x_1^2)(x_4-1)$$

$$\min f_2(x)=\frac{9.82\times10^{-6}(x_2^2-x_1^2)}{x_3x_4(x_2^3-x_1^3)}$$

$$\min f_3(x)=x_3$$

$$\text{s. t. } x_2-x_1-20\geqslant0$$

$$30-2.5(x_4+1)\geqslant0$$

$$0.4-\frac{x_3}{3.14(x_2^2-x_1^2)}\geqslant0$$

$$1-\frac{2.22\times10^{-3}x_3(x_2^3-x_1^3)}{(x_2^2-x_1^2)^2}\geqslant0$$

$$\frac{2.66\times10^{-2}x_3x_4(x_2^3-x_1^3)}{x_2^2-x_1^2}-900\geqslant0$$

$$55\leqslant x_1\leqslant80$$

$$75\leqslant x_2\leqslant110$$

$$1000\leqslant x_3\leqslant3000$$

$$2\leqslant x_4\leqslant20$$

模型中包括4个决策变量，其中x_1、x_2和x_3这3个为连续型，x_4为离散型；3个目标函数，包括线性的和非线性的（高次）；除变量取值范围之外，包括5个约束条件，其中包括高次的，这是一个混合多目标规划模型。

2. MOTS参数设置及运行环境

Baykasoglu（2005）使用3.6.2节中介绍的多目标禁忌搜索MOTS算法对该多目标模型进行求解，参数设置如下。

（1）邻域大小：20。

（2）邻域移动策略：简单策略。

（3）禁忌表长度：20。

（4）连续型变量步长：0.01。

（5）整数变量步长：1。

（6）最大迭代步数：20000。

MOTS算法使用C++语言实现，运行环境为Pentium Ⅳ个人计算机，CPU为1.60GHz，内存为256MB。

3. MOTS算法计算结果

按以上配置参数和运行环境，MOTS算法运行了大约10min，求得5964个Pareto最优解。在此之前，Osyczka和Kundu也求解了这个模型，使用简单随机搜索（plain stochastic）得到了19个Pareto最优解，使用遗传算法迭代20000次得到了 133 个最优解。可见，相对于简单随机搜索和遗传算法，MOTS 算法得到了相当多的高质量 Pareto 最优解。

同时，使用这 3 种方法求得的极限（extreme）点，即单一目标函数的最优值，列出表 3.9 所示。可以看到，大部分情况下，MOTS 算法的结果比其他两种方法好得多，只是 $\min f_2(x)$ 对应情况稍差一点儿。

表 3.9　各方法求得极限点比较

求解方法	目标函数	$\boldsymbol{F}(\boldsymbol{X})=[f_1(x),f_2(x),f_3(x)]^{\mathrm{T}}$
一般随机搜索	$\min f_1(x)$	[1.79,2.77,2920.9]
	$\min f_2(x)$	[3.76,2.24,2948.4]
	$\min f_3(x)$	[3.25,2.80,2309.2]
遗传算法	$\min f_1(x)$	[1.66,2.87,2982.4]
	$\min f_2(x)$	[3.25,2.11,2988.3]
	$\min f_3(x)$	[3.91,2.86,2255.1]
MOTS 算法	$\min f_1(x)$	[0.131156,41.3532,1183.29]
	$\min f_2(x)$	[2.16656,2.15,2981.64]
	$\min f_3(x)$	[1.15309,10.8508,1000.03]

本节给出了两个禁忌搜索算法的应用实例，3.6.2 节的实例应用的是基本禁忌搜索算法，成功地求解了模型中有些变量不能解析化的模型，充分体现出禁忌搜索算法相对于传统算法的优越性。3.6.4 节的实例为扩展后的应用于多目标的禁忌搜索 MOTS 算法，模型中包括连续变量和离散变量，目标函数与约束都是非线性的，搜索到的结果从各方面均优于文献中的其他方法。体现出禁忌搜索算法不但能求解单目标的组合优化，而且完全能求解连续的、多目标的优化问题。

3.6.4　军事空运装载问题中的应用

1. 问题描述

军事空运装载问题主要研究在确保飞行安全的前提下，如何布局待装物资以实现装载效能的最大化。根据空运装载的特点和要求，问题作以下简化：①飞机货舱的可装载空间为长方体；②装载物资均为长方体，物资重心为其几何中心；③单件物资的体积不能大于飞机货舱可装载空间；④装载物资只能沿高度方向横放或竖放；⑤装载物资不得悬空放置，即物资必须完全放置在另一件物资的上面。

2. 数学模型

目标函数，即

$$\max Z = \lambda \sum_{i=1}^{n} \frac{\mu_i m_i}{M_{\max}} + (1-\lambda)\sum_{i=1}^{n} \frac{\mu_i v_i}{V_{\max}} \tag{3.30a}$$

约束条件，即

$$\sum_{i=1}^{n} \mu_i m_i \leqslant M_{\max} \tag{3.30b}$$

$$\sum_{i=1}^{n} \mu_i l_i \omega_i h_i \leqslant V_{\max} \tag{3.30c}$$

$$x_{\min} \leqslant \frac{M_e x_e + \sum_{i=1}^{n} \mu_i m_i x_i}{M_e + \sum_{i=1}^{n} \mu_i m_i} \leqslant x_{\max} \tag{3.30d}$$

$$y_{\min} \leqslant \frac{M_e x_e + \sum_{i=1}^{n} \mu_i m_i y_i}{M_e + \sum_{i=1}^{n} \mu_i m_i} \leqslant y_{\max} \tag{3.30e}$$

式中：n 为物资总数；m_i、v_i 为单位物资的重量和体积；l_i、ω_i、h_i 为物资的长、宽、高；$\lambda \in (0,1)$为权重系数；$\mu_i=0$ 或 1（1 表示物资装入飞机货舱中，0 表示物资未装入飞机货舱中）；$M_{\max}$为飞机货舱的最大装载质量；$V_{\max}$为飞机货舱的最大承载空间；M_e 表示飞机空机重量；(x_e, y_e, z_e)为飞机空机重心坐标位置；(x_i, y_i, z_i)为装入飞机货舱的物资 i 重心坐标，坐标的原点在飞机货舱的左下角；$x_{\max}$、$x_{\min}$为飞机纵向重心边界值；$y_{\max}$、$y_{\min}$为飞机横向重心边界值。式（3.30a）为目标函数，追求载重利用率和空间利用率同时最大化。式（3.30b）、式（3.30c）分别为飞机货舱装载重量约束和装载体积约束，式（3.30d）、式（3.30e）分别表示飞机纵向和横向重心约束。

3. 空间划分

飞机货舱的装载过程为物资从内向外、从下向上装入飞机货舱，因此应该从 yz 面起，沿着 x 正半轴装入物体。物资装入飞机货舱后的位置通过物资的左下角坐标及其在 x、y、z 这 3 个正半轴方向的三边长度来描述，飞机货舱的左下角为起点（坐标原点）。

在装载过程中对装载空间的分解过程采用三叉树的数据结构表示，初次装填的剩余空间是整个飞机货舱空间，此时整个飞机货舱空间为当前空间，对应三叉树的根结点。按规定的放置顺序装入一个矩形物资，将其定位于当前空间左后下角。这样当前物资的周围便产生了右（R）、上（U）、前（F）这 3 个剩余空间，分别对应于三叉树的左、中、右 3 个子结点（图 3.14），遍历三叉树，依次将右、上、前空间作为当前空间，对这 3 个空间重复上述分解过程，直至无矩形物资可再装入或无剩余空间可利用时停止。

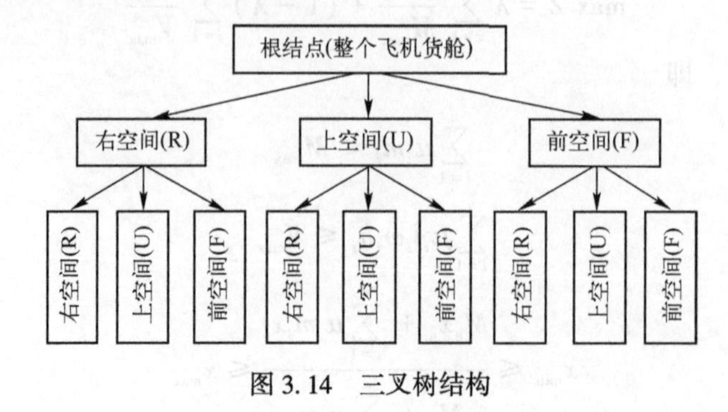

图 3.14　三叉树结构

剩余空间沿 x 轴或 y 轴可将其分割为 3 个子空间，分别如图 3.15 所示。

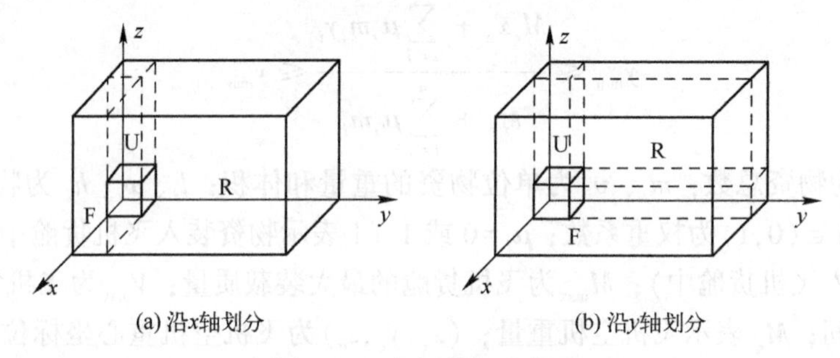

图 3.15　空间分解示意图

4. 算法设计

1）主要步骤

（1）设置算法各参数，包括邻域解个数、候选解个数、禁忌表长度和迭代次数 r 等，并置禁忌表为空。

（2）根据当前解和邻域操作，生成邻域解集；计算各邻域解，并对满足要求的装填结果计算其评价函数值。

（3）根据评价函数值设定范围，生成候选解集。

（4）依据候选解集及禁忌表，更新当前解、当前最优解和禁忌表。

（5）迭代计数器 t 加 1，判断终止条件，若 $t<r$，转（3）；若 $t>r$，则此刻的当前最优解作为最优解输出，终止计算。

2）个体编码及解码

用禁忌搜索算法求解空运装载问题，首先要将求解问题的可行解空间转化到禁忌搜索算法所能处理的搜索空间，编码就是这个抽象过程的实现步骤之一。在进行个体编码之前，做以下编码预处理。

（1）物资编号 p_i，p_i 按照公式数值大小按升序排列，公式为 $a \cdot l_i w_i h_i+(1-a)\cdot$

m_i，a 为 0~1 的常数。

（2）放置方向编号 a_i。若物资放置方向为 $l_i//L$、$\omega_i//W$、$h_i//H$，则编号为 1；若物资的放置方向为 $\omega_i//L$、$l_i//W$、$h_i//H$，则编号为 2。

（3）承压能力编号 b_i。若物资上方可以承载其他物资，则编号为 1；若物资上方不能承载其他物资，则编号为 2。

采用自然数进行编码，每一件物资由相应的自然数表示，将物资编号、放置方向编号和承压能力编号存入对应的解的结构体中，作为邻域操作的依据。

解的结构形式为 $p_i(a_i,b_i)$，即

$$P=p_1(a_1,b_1),p_2(a_2,b_2),\cdots,p_n(a_n,b_n)$$

3）评价函数

评价函数就是对解所代表的装载物资布局方案按照一定指标进行衡量的规则。建立以下评价函数，第 N 代中个体 P_q^N 的评价函数值 $E_N(q)$ 为

$$E_N(q)=Z(q)-\mathrm{pen}_N(q)=Z(q)-c_N\left\{\sum_{\gamma=1}^{6}\max[0,h_\gamma(q)]\right\} \tag{3.31a}$$

$$h_1(q)=\sum_{i=1}^{n}l_i\omega_i h_i\mu_i-V_{\max} \tag{3.31b}$$

$$h_2(q)=\sum_{i=1}^{n}m_i\mu_i-M_{\max} \tag{3.31c}$$

$$h_3(q)=X-x_{\min}=\frac{\left(M_e x_e+\sum_{i=1}^{n}\mu_i m_i x_i\right)}{\left(M_e+\sum_{i=1}^{n}\mu_i m_i\right)-x_{\min}} \tag{3.31d}$$

$$h_4(q)=x_{\min}-X=\frac{x_{\min}-\left(M_e x_e+\sum_{i=1}^{n}\mu_i m_i x_i\right)}{\left(M_e+\sum_{i=1}^{n}\mu_i m_i\right)} \tag{3.31e}$$

$$h_5(q)=Y-y_{\min}=\frac{\left(M_e y_e+\sum_{i=1}^{n}\mu_i m_i y_i\right)}{\left(M_e+\sum_{i=1}^{n}\mu_i m_i\right)-y_{\min}} \tag{3.31f}$$

$$h_6(q)=y_{\min}-Y=y_{\min}-\frac{\left(M_e y_e+\sum_{i=1}^{n}\mu_i m_i y_i\right)}{\left(M_e+\sum_{i=1}^{n}\mu_i m_i\right)} \tag{3.31g}$$

式中：$\mathrm{pen}_N(q)$ 为物资装载惩罚函数；(x,y,z) 为飞机装载后的重心坐标；c_N 为惩罚因子。式（3.31b）为物资装载总容积惩罚函数，式（3.31c）为物资装载总

质量惩罚函数，式（3.31d）~（3.31g）为物资装载重心惩罚函数。

4）邻域操作

空运装载问题中，基因是按自然数编码，邻域操作采用在串长范围内随机生成2个交换点（解内的2个交换点位置不同，且不同邻域解的交换点位置不同），将位于交换点上的2个小物体交换位置。

5）禁忌表的设计和终止准则

禁忌表中存储的内容包括禁忌对象（即最佳候选解的解向量）和禁忌长度。根据空运装载的规模，禁忌长度一般可取8~10。

终止准则：迭代次数达到规定次数，则终止禁忌搜索。

5. 计算结果分析

某型运输机货舱的尺寸为18m×3m×3m，最大装载质量为45t，飞机允许重心范围为（20%~40%）b_a（b_a为平均空气动力弦）。装载物资为油泵车，尺寸为4.94m×2.076m×2.13m，质量为4.295t（共5辆，V_1~V_5）。通过人工计算，可以很简单地确定物资装载布局方案。同时，利用本书程序也求解了本算例，对比情况如表3.10所示。

表3.10　计算结果

计算方式	装入情况	重心情况	空间利用率/%	载重利用率/%
人工计算	V_1、V_2、V_3	28.8%b_a	27.7	28.6
本书计算	V_1、V_3、V_4	36.4%b_a	27.7	28.6

可见，在满足军事空运装载对飞机重心特殊要求的约束下，禁忌搜索算法符合实际装载情况。

参考文献

[1] 郎茂祥，胡思继．车辆路径问题的禁忌搜索算法研究［J］．管理工程学报，2004，18（1）：81-84.

[2] 贺一，刘光远．禁忌搜索算法求解旅行商问题研究［J］．西南师范大学学报：自然科学版，2002，27（3）：341-345.

[3] 刘兴，贺国光．车辆路径问题的禁忌搜索算法研究［J］．计算机工程与应用，2007，43（24）：179-181.

[4] 郭崇慧，覃华勤．一种改进的禁忌搜索算法及其在选址问题中的应用［J］．运筹与管理，2008，17（1）：18-23.

[5] 宋晓宇，孟秋宏，曹阳．求解 Job Shop 调度问题的改进禁忌搜索算法［J］．系统工程与电子技术，2008，30（1）：93-96.

[6] GLOVER F. Tabu search：A tutorial [J]. Interfaces, 1990, 20 (4)：74-94.

[7] GLOVER F, LAGUNA M. Tabu search [M]. Boston, MA：Springer US, 1998.

[8] GENDREAU M. An introduction to tabu search [M] //Handbook of metaheuristics. Boston, MA：Springer US, 2003：37-54.

[9] GLOVER F, TAILLARD E. A user's guide to tabu search [J]. Annals of operations research, 1993, 41 (1)：1-28.

[10] GLOVER F. Tabu search fundamentals and uses [M]. Boulder：Graduate School of Business, University of Colorado, 1995.

[11] GLOVER F, LAGUNA M, MARTI R. Principles of tabu search [J]. Approximation algorithms and metaheuristics, 2007, 23：1-12.

[12] PIRIM H, EKSIOGLU B, BAYRAKTAR E. Tabu search：a comparative study [J]. Engineering Applications of Artifcial Intelligence, 2008, 12：10.

第4章

模拟退火算法

模拟退火（simulated annealing，SA）算法是一种通用的随机搜索算法，是对局部搜索算法的扩展。与一般局部搜索算法不同，SA 以一定的概率选择邻域中目标值相对较小的状态，是一种理论上的全局最优算法。模拟退火算法源于对热力学中退火过程的模拟，在某一给定初温下，通过缓慢下降温度参数，使算法能够在多项式时间内给出一个近似最优解。虽然早在 1953 年，Metropolis 就提出了模拟退火算法的思想，但直到 1983 年，Kirkpatrick 成功地将 SA 应用在组合最优化问题中，才真正创建了现代的模拟退火算法。本章将对模拟退火算法的基本思想、算法构造、实现技术、收敛性分析以及实际应用一一介绍。

4.1 导　　言

早在 1953 年，Metropolis 等就提出了原始的 SA 算法，但是并没有引起反响，直到 1983 年，Kirkpatrick 等提出了现代的 SA 算法，并成功利用它来解决大规模的组合最优化问题。由于现代 SA 算法能够有效地解决具有 NP 复杂性的问题，避免陷入局部最优，克服初值依赖性等优点，目前已在工程中得到广泛的应用，如物流配送、生产调度、控制工程、机器学习、神经网络、图像处理等领域。模拟退火算法的基本思想是源于热力学中的退火过程，因此首先介绍一下热力学中的退火过程。

4.1.1 热力学中的退火过程

金属物体被加热到一定温度后，它的所有分子在状态空间自由运动，随着温度的逐渐下降，分子停留在不同的状态，分子运动逐渐趋于有序，最后以一定的结构排列。这种由高温向低温逐渐降温的热处理过程就称为退火。退火是一种物理过程，在退火过程中系统的熵值不断减小，系统能量随温度的降低趋于最小值，也就是说，金属物体从高能状态转移到低能状态，变得较为柔韧。退火过程一般由以下3个部分组成。

1. 加温过程

其目的是增强分子的热运动，使其偏离平衡位置。当温度足够高时，固体将溶解为液体，分子的分布从有序的结晶态转变成无序的液态，从而消除系统原先可能存在的非均匀态，使随后进行的冷却过程以某一平衡态为起点。溶解过程与系统的熵增过程相联系，系统能量也随温度的升高而增大。

2. 等温过程

这个过程是为了保证系统在每一个温度下都达到平衡态，最终达到固体的基态。根据热平衡封闭系统的热力学定律——自由能减少定律：对于与周围环境交换热量而温度不变的封闭系统，系统状态的自发变化总是朝自由能减少的方向进行，当自由能达到最小时，系统就达到了平衡态。

3. 冷却过程

其目的是使分子的热运动减弱并渐趋有序，系统能量逐渐下降，当温度降至结晶温度后，分子运动变成了围绕晶体格点的微小振动，液体凝固成固体的晶态，从而得到低能的晶体结构。

金属物体被加热到一定温度后，若急剧降低温度，则物体只能冷凝为非均匀的亚稳态，这就是热处理过程中的淬火效应。淬火也是一种物理过程，由于物体在这个过程中并没有达到平衡态，所以系统能量并不会达到最小值，也就是说，金属依然保持在高能状态，虽然能提高其强度和硬度，但韧性会减弱。退火与淬火过程如图4.1所示。

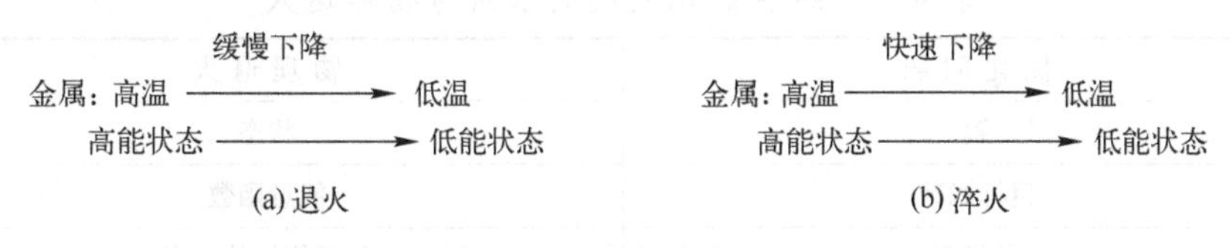

图4.1 退火与淬火过程

4.1.2 退火与模拟退火

金属物体的退火过程实际上就是随温度的缓慢降低，金属由高能无序的状态转变为低能有序的固体晶态的过程。在退火中，需要保证系统在每一个恒定温度下都要达到充分的热平衡，这个过程可以用蒙特卡罗的方法加以模拟，该方法虽然比较简单，但需要大量采样才能获得比较精确的结果，计算量较大。鉴于物理系统倾向于能量较低的状态，而热运动又妨碍它准确落到最低态的物理形态，采样时只需着重取那些有贡献作用的状态则可较快达到较好的结果。1953年，Metropolis等提出了一种重要性采样法，即以概率来接受新状态。具体而言，在

温度 t，由当前状态 i 产生新状态 j。两者的能量分别为 E_i 和 E_j，若 $E_i>E_j$，则接受新状态 j 为当前状态；否则，以一定的概率 $P_r=\exp\left[\frac{-(E_j-E_i)}{kt}\right]$ 来接受状态 j，其中 k 为玻耳兹曼常数。这里，$\exp[x]$ 即为指数函数 e^x。当这种过程多次重复，即经过大量迁移后，系统将趋于能量较低的平衡态，各状态的概率分布将趋于一定的正则分布。这种接受新状态的方法称为 Metropolis 准则，它能够大大减少采样的计算量。

对于一个典型的组合优化问题，其目标是寻找一个 x^*，使得对于 $\forall x_i \in \Omega$，存在 $c(x^*)=\min c(x_i)$，其中 $\Omega=\{x_1,x_2,\cdots,x_n\}$ 为由所有解构成的解空间，$c(x_i)$ 为解 x_i 对应的目标函数值。利用简单的爬山算法来求解这类优化问题时，在搜索过程中很容易陷入局部最优点，具有相当的初值依赖性。Kirkpatrick 等根据金属物体的退火过程与组合优化问题之间存在的相似性，并且在优化过程中采用 Metropolis 准则作为搜索策略，以避免陷入局部最优，并最终趋于问题的全局最优解。

在 SA 中，优化问题中的一个解 x_i 及其目标函数 $c(x_i)$ 分别可以看成物理退火中物体的一个状态和能量函数，而最优解 x^* 就是最低能量的状态。而设定一个初始高温、基于 Metropolis 准则的搜索和控制温度参数 t 的下降分别相当于物理退火的加温、等温和冷却过程。表 4.1 就描述了一个组合优化问题的求解过程与物理退火过程之间的对应关系。

表 4.1 组合优化问题的求解与物理退火

优化问题	物理退火
解	状态
目标函数	能量函数
最优解	最低能量的状态
设定初始高温	加温过程
基于 Metropolis 准则的搜索	等温过程
温度参数 t 的下降	冷却过程

4.2 退火过程的数学描述和玻耳兹曼方程

4.1 节指出，退火过程是一个变温物体缓慢降温从而达到分子间能量最低状态的过程。设热力学系统 S 中有 n 个状态，注意这里的状态数是有限且离散的，其中状态 i 的能量为 E_i。在温度 T_k 下，经过一段时间达到热平衡，这时处于状

态 i 的概率为

$$P_i(T_k)=C_k\exp\left(\frac{-E_i}{T_k}\right) \tag{4.1}$$

式中：C_k 为一个参数，能够根据已知条件计算获得。由于 S 中共存在 n 个状态，故在温度 T_k 下，S 必然处于其中的一个状态，也就是说

$$\sum_{j=1}^{n} P_j(T_k) = 1 \tag{4.2}$$

代入式（4.1）中，则

$$\sum_{j=1}^{n} C_k\exp\left(\frac{-E_j}{T_k}\right) = 1 \Rightarrow C_k \sum_{j=1}^{n} \exp\left(\frac{-E_j}{T_k}\right) = 1$$

由此得到待定系数为

$$C_k = \frac{1}{\sum_{j=1}^{n} \exp\left(\frac{-E_j}{T_k}\right)}$$

于是，式（4.1）可以表示为

$$P_i(T_k) = \frac{\exp\left(\frac{-E_i}{T_k}\right)}{\sum_{j=1}^{n} \exp\left(\frac{-E_j}{T_k}\right)} \tag{4.3}$$

根据式（4.1），对于任意两个能量状态 E_1 和 E_2，若存在 $E_1<E_2$，则在同一个温度 T_d 下，有

$$\frac{P_1(T_k)}{P_2(T_k)}=\frac{C_k\exp\left(\frac{-E_1}{T_k}\right)}{C_k\exp\left(\frac{-E_2}{T_k}\right)}=\exp\left(-\frac{E_2-E_1}{T_k}\right)$$

因为 $E_2-E_1>0$，有

$$\exp\left(-\frac{E_2-E_1}{T_k}\right)<1 \quad (\forall T_k>0)$$

所以必有

$$P_1(T_k)>P_2(T_k) \quad (\forall T_k>0) \tag{4.4}$$

这表明在同一温度下，式（4.4）表示 S 处于能量小的状态的概率比处于能量大的状态的概率要大，也就是说，在同一温度下，随着状态能量函数的减小，其概率将会增大，两者之间存在着反向变化的关系。

式（4.1）和式（4.3）又称为玻耳兹曼方程，用于描述系统 S 在给定温度下处于某一状态的概率分布。根据玻耳兹曼方程来分析状态概率随温度变化的规

律，对 $P_i(T_k)$ 求对温度的导数，得到

$$\frac{\partial P_i(T_k)}{\partial T_k}=\frac{\partial\left[\exp\left(\frac{-E_i}{T_k}\right)\bigg/\sum_{i=1}^{n}\exp\left(\frac{-E_i}{T_k}\right)\right]}{\partial T_k}$$

$$=\frac{\exp\left(\frac{-E_i}{T_k}\right)\cdot\frac{E_i}{T_k^2}\cdot\sum_{j=1}^{n}\exp\left(\frac{-E_j}{T_k}\right)-\exp\left(\frac{-E_i}{T_k}\right)\cdot\sum_{j=1}^{n}\exp\left(\frac{-E_j}{T_k}\right)\cdot\frac{E_j}{T_k^2}}{\left[\sum_{j=1}^{n}\exp\left(\frac{-E_j}{T_k}\right)\right]^2}$$

$$=\frac{\exp\left(\frac{-E_i}{T_k}\right)}{T_k^2\cdot\left[\sum_{j=1}^{n}\exp\left(\frac{-E_j}{T_k}\right)\right]^2}\left[\sum_{j=1}^{n}(E_i-E_j)\cdot\exp\left(\frac{-E_j}{T_k}\right)\right]\tag{4.5}$$

设 i^* 为 S 中最低能量的状态，则 $\forall j$，存在 $E_{i^*}-E_j\leqslant 0$，而

$$\frac{\exp\left(\frac{-E_i}{T_k}\right)}{T_k^2\cdot\left[\sum_{j=1}^{n}\exp\left(\frac{-E_j}{T_k}\right)\right]^2}>0,\quad \exp\left(\frac{-E_j}{T_k}\right)>0$$

故有

$$\frac{\partial P_{i^*}(T_k)}{\partial T_k}<0\quad(\forall T_k)$$

因此，$P_{i^*}(T_k)$ 关于温度 T_k 是单调递减的。又有

$$P_{i^*}(T_k)=\frac{\exp\left(\frac{-E_{i^*}}{T_k}\right)}{\sum_{j=1}^{n}\exp\left(\frac{-E_j}{T_k}\right)}$$

$$=\frac{1}{\sum_{j=1}^{n}\exp\left[\frac{-(E_j-E_{i^*})}{T_k}\right]}\tag{4.6}$$

接着，分两种情况来讨论当 $T_k\to 0$ 时，如何计算 $P_{i^*}(T_k)$。

（1）当 S 中仅存在一个最低能量状态 i^* 时，也就是说，在解空间中存在唯一的全局最优解时，则当 $T_k\to 0$ 时，对于 $\forall j\neq i^*$，存在

$$E_j-E_{i^*}>0\Rightarrow\frac{-(E_j-E_{i^*})}{T_k}\to-\infty\Rightarrow\exp\left[\frac{-(E_j-E_{i^*})}{T_k}\right]=0$$

所以

$$P_{i*}(T_k) = \frac{1}{\sum_{j=1}^{n} \exp\left[\frac{-(E_j - E_{i*})}{T_k}\right]}$$

$$= \frac{1}{\exp\left[\frac{-(E_{j*} - E_{i*})}{T_k}\right]} = 1 \tag{4.7}$$

（2）当 S 中存在 n_0 个最低能量状态时，假设 i^* 是其中一个状态，这相当于在解空间中存在若干个全局最优解。根据上面的推导，能够获得，当 $T_k \to 0$ 时，有

$$P_{i*}(T_k) = \frac{1}{\sum_{j=1}^{n} \exp\left[\frac{-(E_j - E_{i*})}{T_k}\right]} = \frac{1}{n_0} \tag{4.8}$$

可见，当 $T_k \to 0$ 时，S 处于 i^* 状态的概率是 $1/n_0$。由于 S 中存在 n_0 个最低能量状态，所以，当 $T_k \to 0$ 时，S 处于最低能量状态的概率趋向 1。

因此，根据式（4.7）和式（4.8）可知，当 $T_k \to 0$ 时 S 处于最低能量状态的概率趋向于 1。

用 $\overline{E}(T_k)$ 来表示温度 T_k 下的平均能量，则

$$\overline{E}(T_k) = \sum_{j=1}^{n} E_j \cdot P_j(T_k)$$

由式（4.7）和式（4.8）易知，当 $T_k \to 0$ 时，$\overline{E}(T_k) \to E_{i^*}$。

根据式（4.1）可知，当温度 T_k 很大时，$\frac{E_i}{T_k} \to 0$，此时 $P_i(T_k) \approx \frac{1}{n}$。也就是说，当温度很高时，$S$ 处于各状态的概率几乎相等。SA 开始做广域的随机搜索，随着温度的下降，状态概率 $P_i(T_k)$ 的差别开始扩大，当 $T_k \to 0$ 时，$\frac{E_i}{T_k} \to \infty$，此时 E_i 与 E_j 之间的微小差别将会引起 $P_i(T_k)$ 和 $P_j(T_k)$ 的剧烈变化。

例如，假设 $E_i = 90$、$E_j = 100$，当温度 $T_k = 100$ 时，有

$$\frac{P_i(T_k)}{P_j(T_k)} = \frac{C_k \cdot e^{-\frac{90}{100}}}{C_k \cdot e^{-\frac{100}{100}}} = \frac{0.406C_k}{0.367C_k} = \frac{0.406}{0.367} \approx 1$$

此时，$P_i(T_k) \approx P_j(T_k)$。

当温度 $T_k = 1$ 时，有

$$\frac{P_i(T_k)}{P_j(T_k)}=\frac{C_k\cdot e^{-\frac{90}{1}}}{C_k\cdot e^{-\frac{100}{1}}}=\frac{8.194\times10^{-40}C_k}{3.72\times10^{-44}C_k}\approx20000$$

此时，$P_i(T_k)+P_j(T_k)\approx P_i(T_k)$。

在上面的小例子中，当温度 $T_k=100$ 时，S 处于低能状态 E_i 和处于高能状态 E_j 的概率几乎相等；而当温度 T_k 减小到 1 的时候，S 处于低能状态 E_i 的概率比处于高能状态 E_j 的概率大约高 20000 倍。由此可以看出，在高温下，S 可以处于任何能量状态，此时 SA 可以看成在进行广域搜索，以避免陷入局部最优；在低温下，S 只能处于能量较小的状态，此时 SA 可以看成在做局域搜索，以便于将解精细化；当温度无限趋近于零时，S 只能处于最小能量的状态，此时 SA 就获得了全局最优解，同时这个小例子也进一步验证了当 $T_k\to0$ 时，S 会以概率 1 趋于最低能量状态。

4.3 模拟退火算法的构造及流程

SA 算法是一种启发式的随机寻优算法，它模拟了物理退火过程，由一个给定的初始高温开始，利用具有概率突跳特征的 Metropolis 抽样策略在解空间中随机进行搜索，伴随温度的不断下降重复抽样过程，最终得到问题的全局最优解，这就是 SA 算法的基本思想。

4.3.1 算法的要素构成

在 SA 算法执行过程中，算法的效果取决于一组控制参数的选择，关键技术的设计对算法性能影响很大。本节从算法使用的角度讨论算法实现中的一些要素，包括状态表达、邻域定义与移动、热平衡达到和降温函数等概念。

1. 状态表达

同禁忌搜索（TS）中的编码含义相同，状态表达是利用一种数学形式来描述系统所处的一种能量状态。在 SA 中，一个状态就是问题的一个解，而问题的目标函数就对应于状态的能量函数。常见的状态表达方式有适用于背包问题和指派问题的 0-1 编码表示法、适用于 TSP 问题和调度问题的自然数编码表示法以及适用于各种连续函数优化的实数编码表示法等。状态表达是 SA 的基础工作，直接决定着邻域的构造和大小，一个合理的状态表达方法会大大减小计算复杂性，改善算法的性能。

2. 邻域定义与移动

同 TS 一样，SA 也是基于邻域搜索的。邻域定义应该保证其中的解能尽量遍布整个解空间，其定义方式通常是由问题的性质决定的，在前面介绍的 TS 中已经对邻域的定义方法做了阐述，这里就不再对它加以讨论了。

给定一个解的邻域之后，接下来就要确定从当前解向其邻域中的一个新解进行移动的方法。SA 算法采用了一种特殊的 Metropolis 准则的邻域移动方法，也就是说，依据一定的概率来决定当前解是否移向新解。在 SA 中，邻域移动分为两种方式，即无条件移动和有条件移动。若新解的目标函数值小于当前解的目标函数值（新状态的能量小于当前状态的能量），则进行无条件移动；否则，依据一定的概率进行有条件移动。

设 i 为当前解，j 为其邻域中的一个解，它们的目标函数值分别为 $f(i)$ 和 $f(j)$，用 Δf 来表示它们的目标值增量，即 $\Delta f=f(j)-f(i)$。

若 $\Delta f<0$，则算法无条件从 i 移动到 j（此时 j 比 i 好）；若 $\Delta f>0$，则算法依据概率 p_{ij} 来决定是否从 i 移动到 j（此时 i 比 j 好），这里 $p_{ij}=\exp\left(\frac{-\Delta f}{T_k}\right)$，其中 T_k 是当前的温度。

这种邻域移动方式的引入是实现 SA 进行全局搜索的关键因素，能够保证算法具有跳出局部最小和趋向全局最优的能力。当 T_k 很大时，p_{ij} 趋近于 1，此时 SA 正在进行广域搜索，它会接受当前邻域中的任何解，即使这个解要比当前解差。而当 T_k 很小时，p_{ij} 趋近于 0，此时 SA 进行的是局域搜索，它仅会接受当前邻域中更好的解。

3. 热平衡达到

热平衡的达到相当于物理退火中的等温过程，是指在一个给定温度 T_k 下，SA 基于 Metropolis 准则进行随机搜索，最终达到一种平衡状态的过程。这是 SA 算法中的内循环过程，为了保证能够达到平衡状态，内循环次数要足够大才行。但是在实际应用中达到理论的平衡状态是不可能的，只能接近这一结果。最常见的方法就是将内循环次数设成一个常数，在每一温度，内循环迭代相同的次数。次数的选取同问题的实际规模有关，往往根据一些经验公式获得。此外，还有其他一些设置内循环次数的方法，比如根据温度 T_k 来计算内循环次数，当 T_k 较大时，内循环次数较少，当 T_k 减小时，内循环次数增加。

4. 降温函数

降温函数用来控制温度的下降方式，这是 SA 算法中的外循环过程。利用温度的下降来控制算法的迭代是 SA 的特点，从理论上说，SA 仅要求温度最终趋于 0，而对温度的下降速度并没有什么限制，但这并不意味着可以随意下降温度。由于温度的大小决定着 SA 进行广域搜索还是局域搜索，当温度很高时，当前邻域中几乎所有的解都会被接受，SA 进行广域搜索；当温度变低时，当前邻域中越来越多的解将被拒绝，SA 进行邻域搜索。若温度下降得过快，SA 将很快从广域搜索转变为局域搜索，这就很可能造成过早地陷入局部最优状态，为了跳出局优，只能通过增加内循环次数来实现，而这会大大增加算法进程的 CPU 时间。当然，如果温度下降得过慢，虽然可以减少内循环次数，但是由于外循环次数的增加，也会影响算法进程的 CPU 时间。可见，选择合理的降温函数有助于提高 SA 算法的性能。

常用的降温函数有以下两种。

（1）$T_{k+1}=T_k\cdot r$，其中 $r\in(0.95,0.99)$，r 越大温度下降得越慢。这种方法的优点是简单易行，温度每一步都以相同的比率下降。

（2）$T_{k+1}=T_k-\Delta T$，ΔT 是温度每一步下降的长度。这种方法的优点是易于操作，而且可以简单控制温度下降的总步数，温度每一步下降的大小都相等。

此外，初始温度和终止温度的选择对 SA 算法的性能也会有很大的影响。一般来说，初始温度 T_0 要足够大，也就是使

$$\frac{f_i}{T_0}\approx 0$$

以保证 SA 在开始时能够处在一种平衡状态。在实际应用中，要根据以往经验，通过反复试验来确定 T_0 的值。而终止温度 T_{f} 要足够小，以保证算法有足够的时间获得最优解。T_{f} 的大小可以根据降温函数的形式来确定，若降温函数为 $T_{k+1}=T_k\cdot r$，则可以将 T_{f} 设成一个很小的正数；若 $T_{k+1}=T_k-\Delta T$，则可以根据预先设定的外循环次数和初始温度 T_0 计算出终止温度 T_{f} 的值。

4.3.2 算法的计算步骤和流程图

一个优化问题可以描述为

$$\min f(i)\qquad(i\in S)$$

式中：S 为一个离散有限状态空间；i 代表状态。针对这样一个优化问题，SA 算法的计算步骤能够描述如下：

第 1 步：初始化，任选初始解 $i\in S$，给定初始温度 T_0 和终止温度 T_{f}，令迭代指标 $k=0, T_k=T_0$。

第 2 步：随机产生一个邻域解 $j\in N(i)$（$N(i)$ 表示 i 的邻域），计算目标函数值增量 $\Delta f=f(j)-f(i)$。

第 3 步：若 $\Delta f<0$，令 $i=j$ 转第 4 步；否则产生 $\xi=U(0,1)$，若 $\exp\left(-\dfrac{\Delta f}{T_k}\right)>\xi$，则令 $i=j$。

第 4 步：若达到热平衡（内循环次数大于 $n(T_k)$）转第 5 步；否则转第 2 步。

第 5 步：降低 T_k，$k=k+1$，若 $T_k<T_{\mathrm{f}}$，则算法停止，否则转第 2 步。

根据上述计算步骤，SA 的流程框图能够表示为图 4.2 所示。

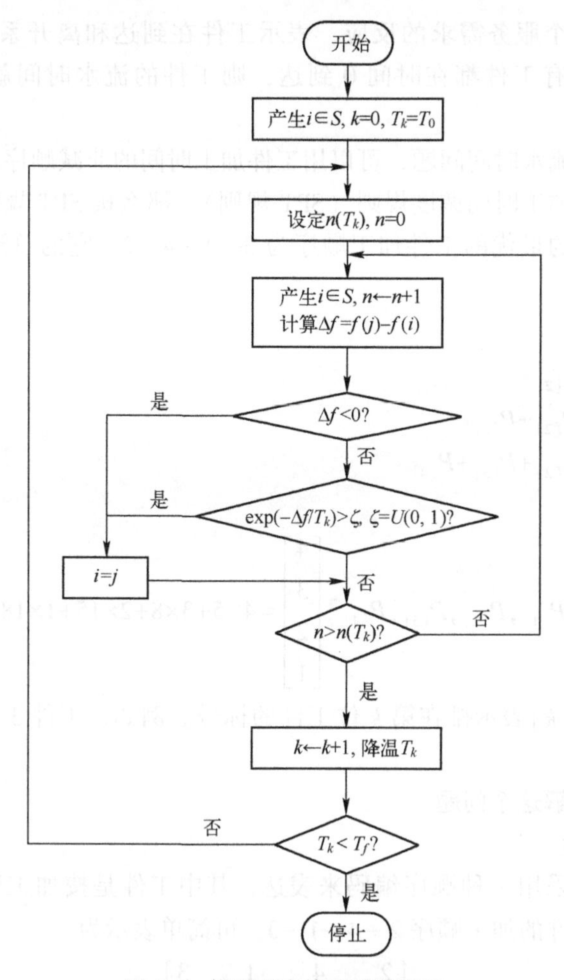

图 4.2 模拟退火算法流程框图

4.3.3 一个简单的算例

下面以一个简单的例子来说明 SA 是怎么工作的。

1. 问题提出

以一个简单的单机极小化总流水时间的排序问题为例：设有 4 个工件需要在一台机床上加工，$P_1 = 8$、$P_2 = 18$、$P_3 = 5$、$P_4 = 15$ 分别是这 4 个单道工序工件在机床上的加工时间，问应如何在这个机床上安排各工件加工的顺序，使工件加工的总流水时间最小?

2. 预备知识

工件的流水时间（flowtime）即工件在系统中的总逗留时间，流水时间用于度量系统对各个服务需求的反应，表示工件在到达和离开系统的时间长度。在本例中，令所有工件都在时间 0 到达，则工件的流水时间就等于它的完工时间。

对于这种总流水时间问题，可以用工件加工时间的非减顺序来调度工件，也就是著名的最短加工时间调度规则（SPT 规则）。那么按 SPT 规则，本例中保证总流水时间最小的最优的工件加工顺序为 3—1—4—2，它的总流水时间 F 可以计算如下：

$F_{[1]}=P_{[1]}$

$F_{[2]}=P_{[1]}+P_{[2]}$

$F_{[3]}=P_{[1]}+P_{[2]}+P_{[3]}$

$F_{[4]}=P_{[1]}+P_{[2]}+P_{[3]}+P_{[4]}$

于是

$$F=[P_{[1]},P_{[2]},P_{[3]},P_{[4]}]\begin{bmatrix}4\\3\\2\\1\end{bmatrix}=4\times5+3\times8+2\times15+1\times18=92$$

注释：式中 $[k]$ 表示排在第 k 位工件的标号。例如，工件 3 排在第 1 位，则 $[1]=3$。

3. 用 SA 求解这个问题

1）状态表达

本例中状态采用一种顺序编码来表达，其中工件是按加工顺序排列的。例如，对于一个工件的加工顺序 2—4—1—3，可简单表示为

$$[2\quad 4\quad 1\quad 3]$$

2）邻域定义

对于采用顺序编码的状态表达方法来说，最自然的邻域可以定义为工件顺序中两两换位的集合。例如，从一个当前状态，即

$$[2\quad 4\quad 1\quad 3]$$

对其中的两个工件进行换位（2 与 1 进行换位），则获得了一个新状态，即

$$[1\quad 4\quad 2\quad 3]$$

这样，就完成了一次邻域移动。

3）温度参数设置

设初始温度 $T_0=100$，终止温度 $T_f=60$。

降温函数定义为 $T_{k+1}=T_k-\Delta T$，其中 $\Delta T=20$

热平衡达到。

通过设置内循环的迭代次数 $n(T_k)$ 来实现热平衡，这里设 $n(T_k)=3$。

4. SA 的求解过程

随机产生一个初始解 $i=[1\ 4\ 2\ 3]$，其目标函数值 $f(i)=118$，SA 开始运行。

（1）当前温度 $T_k=100$，进入内循环，令内循环次数 $n=0$。

① 内循环次数 n 加 1，随机产生一个邻域解 $j=[1\ 3\ 2\ 4]$（此时 4 和 3 换位），其目标函数值 $f(j)=98$；计算目标函数值增量 $\Delta f=-20$，由于 $\Delta f<0$，故进行无条件转移，令 $i=j$。

② $n\leftarrow n+1$，$j=[4\ 3\ 2\ 1]$，$f(j)=119$；计算 $\Delta f=21$，由于 $\Delta f>0$，故进行有条件转移，计算

$$e^{-\frac{\Delta f}{T_k}}=0.8106$$

随机产生 $\xi=U(0,1)$，$\xi=0.7414$。因为

$$e^{-\frac{\Delta f}{T_k}}=0.8106>0.7414\ (\xi)$$

所以，进行邻域移动，令 $i=j$。

③ $n\leftarrow n+1$，$j=[4\ 2\ 3\ 1]$，$f(j)=132$。因为

$$e^{-\frac{\Delta f}{T_k}}=0.8781>0.3991\ (\xi)$$

所以，进行有条件转移，令 $i=j$。

注释：在②和③中，虽然目标值变大，但是搜索范围也变大。

（2）降低温度，$T_k=100-20=80, n=0$。

① $n\leftarrow n+1$，$j=[4\ 2\ 1\ 3]$，$f(j)=135$。因为

$$e^{-\frac{\Delta f}{T_k}}=0.9632>0.3413\ (\xi)$$

所以，进行邻域移动，令 $i=j$。

② $n\leftarrow n+1$，$j=[4\ 3\ 1\ 2]$，$f(j)=109$。因为

$$\Delta f=-26<0$$

所以，进行无条件转移，令 $i=j$。

③ $n\leftarrow n+1$，$j=[4\ 3\ 2\ 1]$，$f(j)=119$。因为

$$e^{-\frac{\Delta f}{T_k}}=0.8825>0.9286\ (\xi)$$

所以，不进行邻域移动，令 $i=i$。

注释：在③中，由于产生的伪随机数 ξ 大于转移概率 $e^{-\frac{\Delta f}{T_k}}$，所以系统会停留在 4—3—1—2 状态，目标值仍然为 109。

（3）降低温度，$T_k=80-20=60, n=0$

① $n\leftarrow n+1$，$j=[1\ 3\ 4\ 2]$，$f(j)=95$。因为

$$\Delta f=-24<0$$

所以，进行无条件转移，令 $i=j$。

② $n \leftarrow n+1$，$j=[3\ 1\ 4\ 2]$，$f(j)=92$。因为

$$\Delta f=-3<0$$

所以，进行无条件转移，令 $i=j$。

③ $n \leftarrow n+1$，$j=[2\ 1\ 4\ 3]$，$f(j)=131$。因为

$$e^{-\frac{\Delta f}{T_k}}=0.5220>0.7105(\xi)$$

所以，不进行邻域移动，令 $i=i$。

SA 停止运行，输出最终解 $i=[3\ 1\ 4\ 2]$，也就是说，终止于状态 3—1—4—2，目标函数值为 92。

虽然在这个简单的算例中，SA 终止于最优解，但是在实际应用过程中想做到这一点，就必须在算法设计时同时满足下列条件：

① 初始温度足够高；

② 热平衡时间足够长；

③ 终止温度足够低；

④ 降温过程足够慢。

以上条件在实际应用过程中很难同时得到满足，而且 SA 会接受性能较差的解，所以其最终解有可能比运算过程中遇到的最好解性能差。因此，在 SA 运行过程中常常要记录遇到的最好可行解（历史最优解），当算法停止时，输出这个历史最优解。

4.4 算法的收敛性分析

与前文介绍的遗传算法（GA）和禁忌搜索（TS）相比，SA 的一大优点是理论较为完善，下面就基于马尔可夫（Markov）过程来分析 SA 算法的收敛性。

4.4.1 马尔可夫过程

马尔可夫链最初是由马尔可夫于 1906 年研究而得名，至今它的理论已发展得较为深入和系统，在自然科学、工程技术及经济管理等各个领域得到广泛的应用，本节将利用马尔可夫链作为描述和分析 SA 算法的数学工具，首先介绍一些基本的概念。

1. 马尔可夫链

状态：表示每个时刻开始处于系统中的一种特定自然状况或客观条件的表达，它描述了研究问题过程的状况。描述状态的变量称为状态变量，可用一个数、一组数或一个向量（多维情况）来描述。

状态转移概率：表示在某一时刻从状态 i 转移到状态 j 的可能性。

无后效性：如果在某时刻状态给定后，则在该时刻以后过程的发展不受这一时刻以前各段状态的影响。换句话说，达到一个状态后，决策只与当前状态有关，而与以前的历史状态无关，当前状态是以往历史的一个总结。这个性质就称为无后效性。

根据以上概念，令离散参数 $T=\{0,1,2,\cdots\}=N_0$，状态空间 $S=\{0,1,2,\cdots\}$，如果随机序列 $\{X_n,n\geqslant 0\}$ 对于任意 $i_0,i_1,\cdots,i_n,i_{n+1}\in S,n\in N_0$ 及

$$P\{X_0=i_0,X_1=i_1,i_2,\cdots,X_n=i\}>0$$

存在

$$\begin{aligned}&P\{X_{n+1}=i_{n+1}\mid X_0=i_0,X_1=i_1,i_2,\cdots,X_n=i_n\}\\&=P\{X_{n+1}=i_{n+1}\mid X_n=i_n\}\end{aligned}\tag{4.9}$$

则称其为马尔可夫链。式（4.9）刻画了马尔可夫链的无后效性，若 S 有限，则称为有限状态马尔可夫链。

对于 $\forall i$、$j\in S$，称

$$P\{X_{n+1}=j\mid X_n=i\}\triangleq p_{ij}(n)\tag{4.10}$$

为 n 时刻的一步转移概率。

若对于 $\forall i$、$j\in S$，存在

$$p_{ij}(n)\equiv p_{ij}\tag{4.11}$$

即 p_{ij} 与 n 无关，则称 $\{X_n,n\geqslant 0\}$ 为齐次马尔可夫链。记 $\boldsymbol{P}=(p_{ij})$，称 $\boldsymbol{P}$ 为 $\{X_n,n\geqslant 0\}$ 的一步转移概率矩阵。记 $p_{ij}^{(n)}=\boldsymbol{P}\{X_n=j\mid X_0=i\}$ 为 n 步转移概率，$\boldsymbol{P}^{(n)}=(p_{ij}^{(n)})$ 为 n 步转移概率矩阵。

为了直观地了解马尔可夫过程中的无后效性，下面用一个青蛙在石头上随机跳动的例子来说明。用石头来表示状态，X_n 则表示青蛙在时刻 n 所处的石头，$(X_n=i)$ 表示青蛙在 n 时刻处在石头 i 上这一随机事件。如果把时刻 n 看作“现在”，时刻 0、1、…、$n-1$ 表示“过去”，时刻 $n+1$ 表示“将来”，那么式（4.9）表示在过去 $X_0=i_0,X_1=i_1,\cdots,X_{n-1}=i_{n-1}$ 及现在 $X_n=i_n$ 的条件下，青蛙在将来时刻 $n+1$ 跳到石头 i_{n+1} 的条件概率，只依赖于现在发生的事件（$X_n=i_n$），而与过去历史曾经发生过的事件无关。简而言之，在已知“现在”的条件下，“将来”与“过去”是独立的。$p_{ij}(n)$ 表示青蛙在时刻 n 由石头 i 出发，于时刻 $n+1$ 跳到石头 j 的条件概率，而齐次性 $p_{ij}(n)=p_{ij}$ 表示此转移概率与时刻 n 无关。

2. 以青蛙跳动为例说明状态转移概率

假设青蛙在 3 块石头上随机跳动（图 4.3），且跳动具有无记忆性的特点，也就是无后效性。状态转移概率矩阵 $\boldsymbol{P}$ 为

$$P=\begin{bmatrix}\frac{1}{3} & \frac{1}{3} & \frac{1}{3}\\ \frac{1}{2} & \frac{1}{4} & \frac{1}{4}\\ \frac{1}{4} & \frac{1}{2} & \frac{1}{4}\end{bmatrix}$$

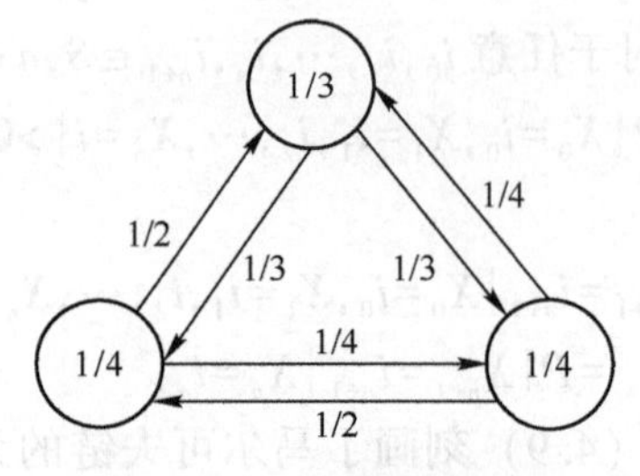

图 4.3　青蛙跳动图示

设 $\boldsymbol{\Pi}(t)=[\pi_1(t),\pi_2(t),\cdots,\pi_n(t)]$ 表示 t 时刻青蛙处在各石头上的概率分布向量，$\boldsymbol{\Pi}(t)$ 是一个行向量，则在 $t+1$ 时刻有

$$\boldsymbol{\Pi}(t+1)=\boldsymbol{\Pi}(t)\cdot \boldsymbol{P} \tag{4.12}$$

式中：$\pi_i(t)$ 表示 t 时刻青蛙处在石头 i 上的概率，$n=3$。

若青蛙 0 时刻处在第 1 块石头上，也即是在 0 时刻，有

$$\boldsymbol{\Pi}(0)=[1\quad 0\quad 0]$$

于是，根据状态转移概率矩阵 $\boldsymbol{P}$ 可计算青蛙在时刻 1、2、…处于各石头上的概率向量为

$$\boldsymbol{\Pi}(1)=\boldsymbol{\Pi}(0)\cdot P=\begin{bmatrix}\frac{1}{3} & \frac{1}{3} & \frac{1}{3}\end{bmatrix}$$

$$\boldsymbol{\Pi}(2)=\boldsymbol{\Pi}(1)\cdot \boldsymbol{P}=\cdots$$

假设系统在 $t+1$ 时刻达到稳态，则存在

$$\lim_{t\to\infty}\boldsymbol{\Pi}(t+1)=\lim_{t\to\infty}\boldsymbol{\Pi}(t)=\boldsymbol{\Pi}$$

式中：$\boldsymbol{\Pi}=[\pi_1,\pi_2,\cdots,\pi_n]$ 为系统达到稳态时的状态概率分布向量。根据式（4.12）可得

$$\boldsymbol{\Pi}(t+1)=\boldsymbol{\Pi}(t)\cdot T\Rightarrow\boldsymbol{\Pi}=\boldsymbol{\Pi}\cdot T$$

又

$$\sum_{i=1}^{n}\pi_i=1$$

故可得以下线性方程组，即

$$\begin{cases}[\pi_1,\pi_2,\cdots,\pi_n]\boldsymbol{P}=[\pi_1,\pi_2,\cdots,\pi_n]\\ \pi_1+\pi_2+\cdots+\pi_n=1\end{cases} \tag{4.13}$$

值得注意的是，由于状态转移矩阵 $\boldsymbol{P}$ 的秩 $R(\boldsymbol{P})=n-1$，故方程组（4.13）存在唯一的解。

在上面给出的小例子中，有

$$\begin{cases}\frac{1}{3}\cdot\pi_1+\frac{1}{2}\cdot\pi_2+\frac{1}{4}\cdot\pi_3=\pi_1\\ \frac{1}{3}\cdot\pi_1+\frac{1}{4}\cdot\pi_2+\frac{1}{2}\cdot\pi_3=\pi_2\\ \frac{1}{3}\cdot\pi_1+\frac{1}{4}\cdot\pi_2+\frac{1}{2}\cdot\pi_3=\pi_3\\ \pi_1+\pi_2+\pi_3=1\end{cases}$$

解这个线性方程组，求得

$$\boldsymbol{\Pi}=\begin{bmatrix}\frac{16}{57}\\ \frac{20}{57}\\ \frac{21}{57}\end{bmatrix}^{\mathrm{T}}$$

从计算结果可以看出，当系统达到稳态时，青蛙跳到第三块石头上的机会要多一些，而跳到第一块石头上的概率最小。

3. SA 算法的马尔可夫描述

下面考察模拟退火算法的搜索过程，算法从一个初始状态开始后，每一步状态转移均是在当前状态 i 的邻域 $N(i)$ 中随机产生一个新状态 j，然后以一定的概率进行接受的。可见，接受概率仅依赖于新状态和当前状态，并由温度加以控制。因此，SA 算法对应一个马尔可夫链。若固定每一温度 T_k，算法计算马尔可夫链的变化直至平稳分布，然后降低温度，则称这种 SA 算法是齐次的。若无需各温度下算法均达到平稳分布，但温度需按一定的速率下降，则这种 SA 算法是非齐次的或非平稳的。这里仅对齐次 SA 算法的收敛性进行分析。

马尔可夫链可以用一个有向图 $G(V,E)$ 表示，其中 V 为所有状态构成的顶点集，$E=\{(i,j)\mid i,j\in V,j\in N(i)\}$ 为边集。

记 a_{ij} 为当前状态 i 接受状态 j 的概率，按照 SA 的计算方法，接受概率如下：

当 $i>j$ 时，有 $f(i)>f(j)$，SA 进行无条件转移，$a_{ij}(t)=1$；

当 $i<j$ 时，有 $f(j)>f(i)$，SA 进行有条件转移，$0<a_{ij}(t)=\exp\left(-\frac{f(j)-f(i)}{t}\right)<1$，

其中，$f(\cdot)$为目标函数；t为温度参数。

以上讨论的仅仅是在状态 i 已经选择了状态 j 时接受状态 j 的概率，那么在状态 i 究竟有多大的概率选择状态 j 呢？这是下面要讨论的问题。

记 g_{ij}为由状态 i 选择状态的 j 概率，则

$$g_{ij}=\begin{cases}\dfrac{g(i,j)}{g(i)}, & j\in N(i)\\ 0, & j\notin N(i)\end{cases}$$

其中

$$g(i)=\sum_{j\in N(i)}g(i,j)$$

它通常与温度无关。若新状态在当前状态的邻域中以等同概率选择，则

$$\frac{g(i,j)}{g(i)}=\frac{1}{|N(i)|}$$

式中：$|N(i)|$为状态 i 的邻域中状态总数。

状态 i 到状态 j 的状态转移发生的条件是 i 选择 j 并接受 j，记 p_{ij}为由状态 i 到状态 j 的转移概率，则根据上面两个概率 p_{ij}和 a_{ij}就能够计算转移概率。对于任意 i、j，有以下概率。

（1）当 $j\neq i$ 且 $j\in N(i)$时，有

$$p_{ij}(t)=a_{ij}(t)\cdot g_{ij}$$

（2）当 $j\neq i$ 且 $j\notin N(i)$时，有

$$p_{ij}(t)=0$$

（3）当 $j=i$ 时，有

$$p_{ij}(t)=1-\sum_{k\neq i}a_{ik}(t)\cdot g_{ik}$$

因此，状态转移概率矩阵 $\boldsymbol{P}$ 为

$$\boldsymbol{P}=\begin{bmatrix}1-\sum\limits_{k\neq 1}a_{1k}g_{1k} & g_{12} & g_{13} & \cdots & g_{1N}\\ g_{21} & 1-\sum\limits_{k\neq 2}a_{2k}g_{2k} & g_{23} & \cdots & g_{2N}\\ \vdots & \vdots & \vdots & & \vdots\\ g_{N1} & g_{N2} & g_{N3} & \cdots & 1-\sum\limits_{k\neq N}a_{Nk}g_{Nk}\end{bmatrix}\tag{4.14}$$

若存在这样一个优化问题，即 $\min f(x)$，其中，$x\in S$，S 是有限集，设$|S|=N$ 表示 S 集中的元素个数为 N，在不失一般性的前提下，让状态按目标函数值进行升序编号，即

$$f(x_1)\leqslant f(x_2)\leqslant\cdots\leqslant f(x_N)$$

下面分两种情况来讨论状态转移概率矩阵 $\boldsymbol{P}$。

第一种情况：当 $t\to\infty$ 时，对于 $\forall j>i$，可做以下推导，即

$$\left.\begin{array}{c} j>i\Rightarrow f(j)\geqslant f(i) \\ t\to\infty \end{array}\right\}\Rightarrow -\frac{f(j)-f(i)}{t}\to 0\Rightarrow \mathrm{e}^{-\frac{f(j)-f(i)}{t}}\to 1$$

也就是

$$a_{ij}(t)\to 1$$

对于 $\forall j<i$，由于 $f(j)\leqslant f(i)$，所以进行无条件转移，也就是

$$a_{ij}(t)=1$$

因此

$$\lim_{T_k\to\infty} a_{ij}(t)=1\quad(\forall j\neq i)$$

根据上面的推导，易知当 $t\to\infty$ 时，从当前状态 i 向状态空间 S 内其他所有的状态进行转移的概率都相等且大于 0，故当前状态 i 的邻域中的状态总数为 $|N(i)|=N-1$，且

$$g_{ij}=\frac{1}{N-1}\quad(\forall j\neq i)$$

根据式（4.14）可知，当 $t\to\infty$ 时，有

$$p_{ij}(T_k)=\begin{cases} a_{ij}(T_k)g_{ij}=1\cdot\dfrac{1}{N-1}=\dfrac{1}{N-1} & (j\neq i) \\ 1-\sum\limits_{k\neq 1}a_{ik}(T_k)g_{ik}=1-(N-1)\cdot\dfrac{1}{N-1}=0 & (j=i) \end{cases}$$

因此，当 $t\to\infty$ 时，状态转移概率矩阵 $\boldsymbol{P}$ 为

$$\boldsymbol{P}=\begin{bmatrix} 0 & & \frac{1}{N-1} \\ & 0 & \\ & & \ddots & \\ \frac{1}{N-1} & & & 0 \end{bmatrix}$$

第二种情况：当 $t\to 0$ 时，对于 $\forall j>i$，可作以下推导，即

$$\left.\begin{array}{c} j>i\Rightarrow f(j)\geqslant f(i) \\ t\to 0 \end{array}\right\}\Rightarrow -\frac{f(j)-f(i)}{t}\to -\infty\Rightarrow \mathrm{e}^{-\frac{f(j)-f(i)}{t}}\to 0$$

也就是

$$a_{ij}(t)\to 0$$

对于 $\forall j<i$，由于 $j<i\Rightarrow f(j)\leqslant f(i)$，所以进行无条件转移，也就是

$$a_{ij}(t)=1$$

因此

$$\lim_{t\to 0} a_{ij}(t)=\begin{cases}0, j>i\\1, j<i\end{cases}$$

根据式（4.14）可知，当 $t\to 0$ 时，有

$$p_{ij}(t)=\begin{cases}a_{ij}(t)g_{ij}=0\cdot g_{ij}=0, j>i\\a_{ij}(t)g_{ij}=1\cdot g_{ij}=g_{ij}, j<i\\1-\sum_{k\neq i}a_{ik}(t)g_{ik}=1-\sum_{k=1}^{i-1}g_{ik}, j=i\end{cases}$$

因此，当 $t\to 0$ 时，状态转移概率矩阵 $\boldsymbol{P}$ 为

$$\boldsymbol{P}=\begin{bmatrix}1 & & & & \\ g_{21} & 1-\sum_{k=1}g_{2k} & 0 & & \\ g_{31} & g_{32} & 1-\sum_{k=1}^{2}g_{3k} & & \\ \vdots & \vdots & \vdots & & \\ g_{N1} & g_{N2} & g_{N3} & \cdots & 1-\sum_{k=1}^{N-1}g_{Nk}\end{bmatrix}$$

此时，$\boldsymbol{P}$ 为一个下三角矩阵，值得注意的是，$\boldsymbol{P}$ 的第一个行向量是[1 0 … 0]，可见当 $t\to 0$ 时，任何状态一旦到达状态 1 将无法转出，这种情况称为 1 是“捕捉的”。也就是说，当青蛙跳到第 1 块石头上后就无法跳出了。

无论从实际还是从直观上来看，模拟退火算法要实现全局收敛，必须满足以下条件：

（1）状态可达性，也就是说，无论起点如何，任何状态都是可以到达的；

（2）初值鲁棒性，由于初值的选择具有非常大的随机性，因此，算法达到全局最优应不依赖初值；

（3）极限分布的存在性，包含两个方面的内容：一是当温度不变时，其马尔可夫链的极限分布存在；二是当温度趋近于 0 时，其马尔可夫链也有极限分布，且最优状态的极限分布和为 1。

下面就从理论上分析 SA 算法的收敛性。

4.4.2 SA 的收敛性分析

引理 4.1 当 $T_k\to 0$ 时，系统达到稳态时的状态概率分布向量[1 0 … 0]。

证明：

设 $\boldsymbol{\Pi}=[\pi_1 \quad \pi_2 \quad \cdots \quad \pi_N]$ 为系统达到稳态时的状态概率分布向量，其中 π_i 是稳态时系统处于状态 i 的概率，$\pi_i\geqslant 0(i=1,2,\cdots,N)$。

因为系统达到稳态，所以有

$$\boldsymbol{\Pi}=\boldsymbol{\Pi}\cdot\boldsymbol{P}$$

当 $T_k\to0$ 时，有

$$\boldsymbol{P}=\begin{bmatrix}1 & & & & \\ g_{21} & 1-\sum_{k=1}^{1}g_{2k} & & & \\ g_{31} & g_{32} & 1-\sum_{k=1}^{2}g_{3k} & & \\ \vdots & \vdots & \vdots & \ddots & \\ g_{N1} & g_{N2} & g_{N3} & \cdots & 1-\sum_{k=1}^{N-1}g_{Nk}\end{bmatrix}$$

因此

$$[\pi_1\quad\pi_2\quad\cdots\quad\pi_N]=[\pi_1\quad\pi_2\quad\cdots\quad\pi_N]\cdot$$

$$\begin{bmatrix}1 & & & & \\ g_{21} & 1-\sum_{k=1}^{1}g_{2k} & & & \\ g_{31} & g_{32} & 1-\sum_{k=1}^{2}g_{3k} & & \\ \vdots & \vdots & \vdots & \ddots & \\ g_{N1} & g_{N2} & g_{N3} & \cdots & 1-\sum_{k=1}^{N-1}g_{Nk}\end{bmatrix}$$

$$\Rightarrow\pi_1=\pi_1+\pi_2\cdot g_{21}+\cdots+\pi_N\cdot g_{N1}$$

$$\Rightarrow\pi_1=\pi_1+\sum_{i=2}^{N}\pi_i\cdot g_{i1}$$

$$\Rightarrow\sum_{i=2}^{N}\pi_i\cdot g_{i1}=0$$

可见，当 $i>1$ 时，$\pi_i\geqslant0, g_{i1}\geqslant0\Rightarrow$若 $g_{i1}>0$，则 $\pi_i=0$。

因此，当 $T_k\to0$ 时，系统达到稳态时的状态概率分布向量 $\boldsymbol{\Pi}=[1\quad0\quad\cdots\quad0]$。

证毕。

定理 4.1 若选择概率矩阵对称，即对于 $\forall i\neq j$，存在 $g_{ij}=g_{ji}$，则当达到热平衡时，对所有 $T_k>0$ 存在

$$\boldsymbol{\Pi}(T_k)=\pi_1(T_k)[1\quad a_{12}(T_k)\quad a_{13}(T_k)\quad\cdots\quad a_{1N}(T_k)]$$

证明：

当在温度 T_k 下达到热平衡时，有

$$\pi_i(T_k)p_{ij}(T_k)=\pi_j(T_k)p_{ji}(T_k)$$

当 $i=1$ 时，有

$$\pi_1(T_k)p_{1j}(T_k)=\pi_j(T_k)p_{j1}(T_k)$$
$$\pi_1(T_k)g_{1j}a_{1j}(T_k)=\pi_j(T_k)g_{j1}a_{j1}(T_k)$$

由于

$$j>1\Rightarrow f(j)\geqslant f(1)\Rightarrow\forall T_k,\exists a_{j1}=1$$

又

$$g_{1j}=g_{j1}$$

所以

$$\pi_1(T_k)a_{1j}(T_k)=\pi_j(T_k)\quad(j=2,3,\cdots,N)$$

因此，对于所有 $T_k>0$，当达到热平衡时，有

$$\begin{aligned}\boldsymbol{\Pi}(T_k)&=[\pi_1(T_k)\quad\pi_2(T_k)\quad\pi_3(T_k)\quad\cdots\quad\pi_N(T_k)]\\&=[\pi_1(T_k)\quad\pi_1(T_k)a_{12}(T_k)\quad\pi_1(T_k)a_{13}(T_k)\quad\cdots\quad\pi_1(T_k)a_{1N}(T_k)]\\&=\pi_1(T_k)[1\quad a_{12}(T_k)\quad a_{13}(T_k)\quad\cdots\quad a_{1N}(T_k)]\end{aligned}$$

证毕。

由定理4.1可知，当 T_k 趋近于0时，对于所有状态 $i>1$，有 $a_{1i}(T_k)$ 趋近于0、$\pi_1(T_k)$ 趋近于1，即SA算法对应的马尔可夫过程将以概率1收敛于状态1，即目标值小的状态。

4.5 应用案例

4.5.1 成组技术中加工中心的组成问题

1. 问题描述

成组技术中加工中心的组成问题：设有 m 台机器，要组成若干个加工中心，每个加工中心最多可有 q 台机器，至少 p 台机器，有 n 种工件要在这些机器上加工，已知工件和机器的关系矩阵 $\boldsymbol{A}$，即

$$\boldsymbol{A}=[a_{ij}]_{m\times n},a_{ij}=\begin{cases}1, & \text{机器 } i \text{ 为工件 } j \text{ 所需}\\0, & \text{其他}\end{cases}$$

问如何组织加工中心才能使总的各中心的机器相似性最好？

用 k 表示可能的加工中心数，则存在

$$k_{\min}\leqslant k\leqslant k_{\max}$$

式中：$k_{\min}=\left[\frac{m}{q}\right]$；$k_{\max}=\left[\frac{m}{p}\right]$。$[V^{+}]$表示返回一个小于$V^{+}$的最大整数。

用S_{ij}表示机器i与机器j的相似系数，则

$$S_{ij}\in[0,1]，且\ S_{ij}=\begin{cases}\dfrac{n_{ij}}{n_i+n_j-n_{ij}}, & i\neq j\\ 0, & i=j\end{cases}$$

式中：n_{ij}为工件需在机器i和j上加工的数量；n_i为工件需在机器i上加工的数量。例如，假设8个工件在机器i和j上加工，工件和机器的关系矩阵$\boldsymbol{A}$为

$$\boldsymbol{A}=\begin{bmatrix}1\,1\,1\,0\,0\,0\,1\,1\\0\,0\,1\,1\,1\,0\,1\,0\end{bmatrix}\begin{matrix}i & n_i=5\\ j & n_j=3\end{matrix}\quad(n_{ij}=2)$$

于是

$$S_{ij}=\frac{2}{5+4-2}=\frac{2}{7}$$

2. 模型建立

决策变量有两个：x_{ik}用来表示机器i是否指定于加工中心k；y_k表示是否组成加工中心k，即

$$x_{ik}=\begin{cases}1, & 机器\ i\ 指定于中心\ k\\ 0, & 其他\end{cases}\quad\begin{matrix}i=1,2,\cdots,m\\ k=1,2,\cdots,k_{\max}\end{matrix}$$

$$y_k=\begin{cases}1, & 组成中心\ k\\ 0 & 不组成中心\ k\end{cases}\quad k=1,2,\cdots,k_{\max}$$

根据决策变量，建立加工中心成组优化的数学模型为

$$\max\sum_{k=1}^{k_{\max}}\sum_{i=1}^{m-1}\sum_{j=i+1}^{m}S_{ij}x_{ik}x_{jk}\tag{4.15}$$

$$\text{s.t.}\ \sum_{k=1}^{k_{\max}}x_{ik}=1\quad(i=1,2,\cdots,m)\tag{4.16}$$

$$\sum_{i=1}^{m}x_{ik}\leqslant qy_k\quad(k=1,2,\cdots,k_{\max})\tag{4.17}$$

$$\sum_{i=1}^{m}x_{ik}\leqslant py_k\quad(k=1,2,\cdots,k_{\max})\tag{4.18}$$

$$x_{ik}、y_k=0\ 或\ 1\ \forall\, i,k\tag{4.19}$$

目标函数是使成组的相似性极大化，也就是期望将所有相似的机器放在同一个中心；约束条件式（4.16）用于指定唯一性，以保证每个机器只能放在一个加工中心；约束条件式（4.17）保证每个中心的机器数要小于其最大容量p台；约束条件式（4.18）保证每个中心的机器数要大于其最大容量q台；式（4.19）为决策变量。

这是一个典型的二次指派问题，其中决策变量有 $m \cdot k_{max}+k_{max}$ 个，约束条件有 $m+2k_{max}+m \cdot k_{max}+k_{max}$ 个，用普通的二次 0-1 规划方法求解，由于变量数较多，处理起来比较困难，因此采用模拟退火算法对这个模型进行求解。

3. 模拟退火算法

状态表示：采用自然数编码作为状态表达方法，设 $x_i=k$ 表示机器 i 在中心 k，则 $\boldsymbol{x}=[x_1,x_2,\cdots,x_m]$ 就可以表示一个状态，利用这种编码方法就使原问题等价于一个 K 分图问题。

目标函数：由于该问题是一个有约束的优化问题，而 SA 用于求解无约束问题，故首先需要将上述模型转化为以下无约束模型，即

$$\max z = \sum_{v_k \in P_k}\sum_{i \in V_k}\sum_{j \in V_k} s_{ij} - \left(\frac{\alpha}{T_k}\right)\sum_{V_i \in P''_k}(p - |v_i|)^2 - \left(\frac{\beta}{T_k}\right)\sum_{V_j \in P'_k}(|v_j| - q)^2$$

式中：α 和 β 为罚因子；T_k 为温度参数，可见随着算法的运行（T_k 逐渐下降），罚因子会逐渐增大，这就保证了算法在开始阶段进行广域搜索，到了终止阶段进行局域搜索；$P_k=\{v_1,v_2,\cdots,v_k\}$ 表示集类，它是集合的集合；$v_k=\{i \mid v_i=k\}$ 为集合；$P'_k=\{v_i \in P_k \mid |v_k|>q\}$ 为机器数超标的中心集合；$P''_k=\{v_i \in P_k \mid |v_k|<p\}$ 为机器数不够的中心集合。

例如，对于这样一个问题，即

$$p=2, q=5, \boldsymbol{x}=[2\quad 1\quad 1\quad 2\quad 3\quad 3\quad 2\quad 2\quad 1\quad 3]$$

此时，有

$$v_1=\{2,3,9\}, |v_1|=3$$
$$v_2=\{1,4,7,8\}, |v_2|=4$$
$$v_3=\{5,6,10\}, |v_3|=3$$

邻域：从当前状态 $\boldsymbol{x}=[x_1,x_2,\cdots,x_m]$ 中随机选择一个 x_i，改变其位值，就产生了一个邻域点，故邻域的大小为 $m(k_{max}-1)$。

内循环次数：$n(T_k)=m(k-1)$，其中 k 为迭代指标。

降温函数：$T_{k+1}=\dfrac{T_k}{1+\alpha T_k}$，其中 $\alpha = \dfrac{\ln(1+\delta)}{3\delta_{f(x)}}, \delta_{f(x)} = \sqrt{\sum_{i=1}^{n(T_k)}(f_i - \bar{f})^2}$，$\delta$ 为一个控制参数。

可见，$\delta_{f(x)}\uparrow \Rightarrow \alpha \downarrow \Rightarrow T_k$ 下降慢，而当 T_k 很大时，温度下降的速度很快。

4.5.2 准时化生产计划问题

1. 准时化生产计划

20 世纪 70 年代末，准时化（just in time，JIT）生产技术在日本成功地提出。由于它能大幅度减少生产和存储费用，因此吸引了许多学者去研究 JIT 环境下提

前/拖期生产计划问题。半无限规划模型（semi-infinite programming，SIP）准确地描述了提前/拖期生产计划问题，只是模型中有无限多非凸约束，求解比较困难。目前求解该模型比较有效的方法是遗传算法，但是用遗传算法求解半无限规划模型存在一些缺点，如占用内存大、计算量大、运算时间长、不能保证解的最优性等。下面用模拟退火算法结合启发式算法和最速下降法求解半无限规划模型，此算法可以跳出局部最优解，并且以概率 1 收敛于全局最优解。

2. 半无限规划模型的建立

假设制造商在$[0,T]$计划生产时期内收到 n 个订货。在 JIT 环境下，决策者希望计划生产完成时间尽可能接近顾客要求的交货期。通过使用一个二次惩罚函数，可以得到提前/拖期生产的半无限规划模型，即

$$\min_{x}\sum_{i=1}^{n}\alpha_i(x_i-d_i)^2 \tag{4.20}$$

$$\text{s.t.}\ \sum_{i=1}^{n}R_i(t,x_i)\leqslant G(t)\quad (t\in[0,T]) \tag{4.21}$$

$$0\leqslant L_i\leqslant x_i\leqslant T\quad (i=1,2,\cdots,n) \tag{4.22}$$

式中：L_i 为订货 i 的生产周期；d_i 为顾客要求的交货期；x_i 为计划完成时间；$R_i(t,x_i)$，$t\in[0,T]$为资源需求函数；$G(t)$为 T 时刻可采用的资源；α_i 为惩罚系数。根据生产实际，假设资源需求函数是近似于正态分布的曲线，即

$$R_i(t,x_i)=a_i\exp\left[-\frac{(t-x_i+b_i)^2}{c_i}\right]\quad (i=1,2,\cdots,n) \tag{4.23}$$

其曲线如图 4.4 所示。式（4.23）只是实际资源需求函数的一个近似表达式。其中 $a_i=P_i\left(\frac{\sqrt{2\pi}L_i}{4}\right);b_i=\frac{L_i}{2};c_i=\frac{L_i^2}{8}$。

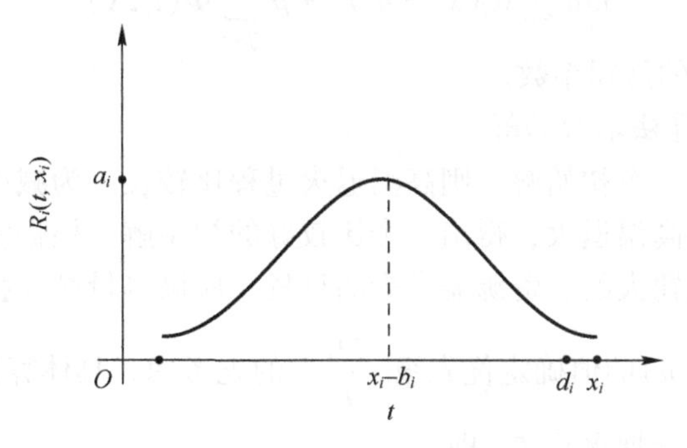

图 4.4　资源需求函数曲线

设开始可采用的资源是 g_0，它随时间的增加以速率 β 增长。假设在$[0,T]$内有 m 个遗留工作，其中每一个工作需要一定的资源，由下面的近似等式确定($j=$

$1,2,\cdots,m)$，即

$$Q_j(t)=q_j\exp\left[-\frac{(t-g_j)^2}{h_j}\right] \quad (t\in[0,T])$$

其中参数 q_j、g_j、h_j 与 a_i、b_i、c_i 用同样的方法求得。因此，可采用的资源函数变为

$$G(t)=g_0\exp(\beta t)-\sum_{j=1}^{m}Q_j(t) \quad (t\in[0,T])$$

3. 算法设计

这里采用模拟退化算法求解半无限规划模型。分 3 个阶段：先用启发式算法得出一个较好的初始解；再用模拟退火算法结合最速下降法对初始解中时间 x_i 的顺序进行优化；最后用模拟退火算法对第二阶段的结果进行微调，求最优解。由于模拟退火算法适用于无约束函数，这里采用一种非精确方法将约束通过惩罚项结合到目标函数中。

由于 $R_i(t,x_i)(i=1,2,\cdots,n)$ 是近似于正态分布的曲线，所以可以证明式（4.21）左侧最多有 n 个局部极大值，并且位于 $[x_i-L_i,x_i](i=1,2,\cdots,n)$ 内，设

$$t_j=\arg\max_t\left\{\sum_{i=1}^{n}R_i(t,x_i)-G(t)\mid x_j-L_j<t<x_j\right\}$$

$$\Phi(t_j,X)=\sum_{i=1}^{n}R_i(t_j,x_i)-G(t_j) \quad (j=1,2,\cdots,n)$$

那么 $\Phi(t_j,X)>0$ 就意味着违反（SIP）的约束式（4.21），对约束式（4.21）若给定一个允许误差 ε，则所有违反约束式（4.21）的点的集合为 $V=\{t_j|j=1,2,\cdots,n,\Phi(t_j,X)>\varepsilon\}$。那么，将约束结合到目标函数中，得到新的目标函数为

$$\min_x\sum_{i=1}^{n}\alpha_i(x_i-d_i)^2+\mu\sum_{t_j\in V}\Phi(t_j,X)$$

式中：μ 为足够大的惩罚系数。

1）*用启发式算法求初始解*

如果随机产生一个初始解，则高温退火过程比较长。为减少运算时间，用较快的启发式来代替高温退火，得出一个比较好的初始解。根据实际经验，为减少总的惩罚，对于惩罚大的、资源需求少的订货，应该尽量减少提前/拖期的时间，即以 $\frac{\alpha_i}{P_i}(i=1,2,\cdots,n)$ 的值确定优先级，$\frac{\alpha_i}{P_i}$ 大的先考虑。具体算法如下。

第 1 步：确定计划水平 T，即

$$T=\max\left\{\frac{\eta\left(\sum_{i=1}^{n}P_i+\sum_{j=1}^{m}q_j\right)}{g_0},\max[d_i\mid i=1,2,\cdots,n,]\right\}$$

第 2 步：计算 $u_i=\dfrac{\alpha_i}{P_i}(i=1,2,\cdots,n)$，并对 u_i 从大到小排序得 $u_1,u_2,\cdots,u_n$。

第 3 步：以 $u_1,u_2,\cdots,u_n$ 为优先级分别求各订货的生产完成时间 x_j。

（1）$x_j=d_j$，如果 $\Phi(t_j,X)>0(t_j\in[d_j-L_j,d_j])$，转（2）。

（2）对 $k=1,2,\cdots,d_j-L_j$，依次计算 $y_j=d_j-k$ 直到 $\Phi(t_j,X)<0$。计算提前惩罚 $a=\alpha_j(d_j-y_j)$，转（3）；否则 $a=M$（M 是大的数）；

（3）对 $k=1,2,\cdots,T-d_j$，依次求 $z_j=d_j+k$ 直到 $\Phi(t_j,Z)<0$，计算拖期惩罚 $b=\alpha_j(z_j-d_j)$；否则 $b=M$。

（4）比较 a、b，取最小惩罚的 x_j。如果 $a\leqslant b$，则 $x_j=y_j$；否则 $x_j=z_j$。

2）用模拟退火算法（SA1）调优 $x_i(i=1,2,\cdots,n)$ 顺序

由于模拟退火算法接受使目标值变坏的解，所以最终解有可能比计算过程中遇到的最好解坏。对模拟退火算法稍加改进，即保存遇到的最好可行解。对模拟退火算法中涉及的降温规则和热平衡条件做以下规定。

（1）降温规则：通过对 T_k 乘以一个接近于 1 的数 r 来减少 T_k。

（2）热平衡条件：在每种温度下，转换次数应该等于邻域的大小，本算法中，任意 x_i 与 x_j 交换一次作为邻域中的一个解，故至少应交换 C_n^2 次。

算法 SA1 如下。

第 1 步：由启发式算法得初始解 $\boldsymbol{X}_0=(x_1,x_2,\cdots,x_n)^{\mathrm{T}}$，计算点 $\boldsymbol{X}_0$ 目标函数 $f(\boldsymbol{X}_0)$，并将 $\boldsymbol{X}_0$ 作为最好解保存。

第 2 步：设定初始温度 T_0，终止温度 T_{f}，令 $k=0,T_k=T_0$。

第 3 步：产生随机解（任意交换 x_i 和 x_j）$\boldsymbol{X}_1$，$k=k+1$，计算 $\Delta f=f(0)-f(1)$。

第 4 步：如果 $\Delta f<0$，令 $\boldsymbol{X}_0=\boldsymbol{X}_1$，$f(\boldsymbol{X}_0)=f(\boldsymbol{X}_1)$，必要时更新最好解。转第 6 步。

第 5 步：产生 $\xi\in U(0,1)$，如果 $\exp\left(-\dfrac{\Delta f}{T_k}\right)>\xi$，则 $\boldsymbol{X}_0=\boldsymbol{X}_1$，$f(\boldsymbol{X}_0)=f(\boldsymbol{X}_1)$。

第 6 步：如果 $k=C_n^2$，则令 $k=0$ 转第 7 步；否则转第 3 步。

第 7 步：令 $T_k=rT_k$，如果 $T_k\leqslant T_{\mathrm{f}}$，停止；否则转第 3 步。

第 3 步交换 x_i 与 x_j 后，即使是最佳顺序，目标函数也可能产生惩罚，所以每得出一个顺序，如果 $\Delta f>0$，先用最速下降法求该顺序下的近优解，得出的结果作为 X_1，继续后面的步骤。

3）用模拟退火（SA2）求最优解

首先需要将连续问题离散化。因为模拟退火方法适用于解决离散问题，即自变量取离散的点。而半无限规划是连续型问题，其自变量 $x_i\in[0,T](i=1,2,\cdots,n)$，所以，在 x_i 的邻域$(x_i-\delta,x_i+\delta)(\delta\leqslant 1)$内取离散的点，从而将连续问题离散化，即 x_i 的邻域为

$$N(x_i)=\{y_i \mid y_i=x_i-\delta+2\delta\gamma,\quad (\gamma=0,0.1,0.2,\cdots,0.9\};i=1,2,\cdots,n)$$

由此得第3阶段模拟退火算法。

算法SA2如下

第1步：以SA1的计算结果作为初始解 $\boldsymbol{X}_0$，并作为最好解保存，计算 $f(\boldsymbol{X}_0)$。

第2步：设定 T_0 和 T_f，令 $k=0$，$T_k=T_0$。

第3步：在 $\boldsymbol{X}_0$ 邻域内产生随机解 $\boldsymbol{Y}=(y_1,y_2,\cdots,y_n)^{\mathrm{T}}$，计算 $\Delta f=f(\boldsymbol{Y})-f(\boldsymbol{X}_0)$，$k=k+1$。

第4步：与算法SA1的第4步至第7步相同。

4. 计算举例

考虑一个建筑公司收到10个建造楼房的订货问题，主要资源约束是人力。现有人力水平是100千时/周，并预计以 $\beta=0.005$ 的速率增加。有两个以前计划中遗留的工作A和B，对于A，人力需求是200千时，它必须在第40周完成，需要20周的加工时间；对于B，人力需求300千时，它必须在第70周完成，需要40周加工时间。建筑周期、人力需求、合同价格（即惩罚系数）及对每个订货顾客要求的交货期见表4.2。分别利用上面介绍的模拟退火算法（SA）和遗传算法进行计算，两种算法的运算结果在表4.2的后两列。用遗传算法计算的目标函数值是114779，用模拟退火（genetic algorithm，GA）算法计算的目标函数值是112797.6。对于6个订货的例子，其订货和计算结果见表4.3；用遗传算法求解的目标值是15154，用模拟退火算法求解的目标值是14354.9。

表4.2 10个订货的数据和计算结果

订货 i	生产周期 L_i	资源需求 P_i	合同价格 α_i	要求交货期 d_i	生产完成时间	
					x_i(GA)	x_i(SA)
1	20	400	10	25	30.74	32.63
2	20	900	18	30	20.76	20.43
3	30	800	12	35	41.88	38.08
4	40	800	15	40	40.79	42.03
5	25	1 000	28	40	52.50	54.68
6	20	1 200	20	40	86.77	86.06
7	50	2 000	30	50	84.38	83.35
8	10	300	18	15	10.00	10.00
9	20	400	9	50	74.75	42.67
10	60	1 500	30	60	87.28	90.34

表 4.3　6 个订货的数据和计算结果

订货 i	生产周期 L_i	资源需求 P_i	合同价格 α_i	要求交货期 d_i	生产完成时间	
					x_i(GA)	x_i(SA)
1	20	400	10	25	29.8	28.7
2	20	900	18	30	20.0	20.0
3	30	800	12	35	46.0	39.9
4	40	800	15	40	40.0	52.7
5	25	1 000	28	40	56.3	57.2
6	60	1 500	30	60	71.9	66.9

4.5.3　陆航部队兵力投送最优路径问题

1. 问题描述

兵力投送是指一个国家各个战区为了遂行多样化军事行动将作战人员、物资、装备，向指定地区快速移动的行动，是一种战略战役范围内的兵力机动，是保障军队快速反应、抢占先机的首要选择。

陆航部队兵力投送最优路径问题：以节点 1 为兵力补给站，假定执行任务单位 A 的行军计划是将兵力投送至 n 个观察站，要求确定一条最优路径进行兵力投送，最后返回出发节点 1，如图 4.5 所示。

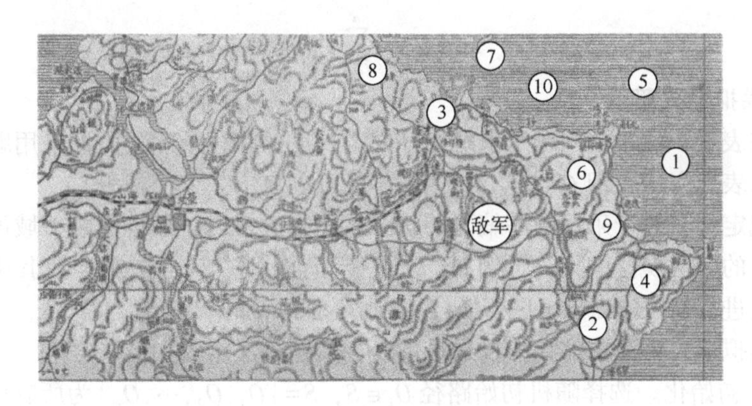

图 4.5　兵力投送示例

用 i 表示路径中的节点，每个节点由坐标(x_i,x_j)描述，则节点 i 与节点 j 之间的距离 $l_{ij}=\sqrt{(x_i-x_j)^2+(y_i-y_j)^2}$。本问题可以描述为给定图 $G=(V,A)$，其中 V 为顶点集，A 为各顶点相连的边集 $A=(l_{ij})$，求解最佳兵力投送顺序 $O=[o_1,o_2,\cdots,o_n]$，且投送工具后需回到起点，即 $o_1=o_{n+1}$。

2. 模型建立

1）陆航部队兵力投送最优路径模型

根据上文分析，陆航部队兵力投送最优路径模型可用下式表示，即

$$\min L = \sum_{i=1}^{n} l_{o_i o_{i+1}}$$

2）考虑风险系数的兵力投送最优路径模型

由于在兵力投送中可能会遇到防空火力打击，将选择路径时的风险系数考虑在内。假设侦察点的坐标为 $r_0(x_0, y_0)$，针对作战区域内的任一点 $r(x,y)$，则被探测概率 P_d 与节点距敌侦察点距离 l_0 有关，即

$$P_d(x,y)=f_1(l_0)$$

式中：$P_d \in (0,1)$；$l_0=\sqrt{(x-x_0)^2+(y-y_0)^2}$。即当节点距敌无限远时被探测概率为 0，当节点距敌趋近于 0 时，被检测概率为 1，危险达到最大。

不同的危险系数在路径选择上体现为不同的加权系数 $w(x,y)$，即

$$w(x,y)=f_2(P_d)$$

式中：$w \in [1,\infty)$，即当被探测概率为 0 时加权系数为 1，而当被探测概率为 1 时加权系数趋于无穷，默认兵力投送设备被敌军击落。加权后的节点距离由下式求得，即

$$l'_{o_i o_{i+1}} = \int_l w(x,y)\,\mathrm{d}l$$

基于危险系数的最优路径模型为

$$\min L' = \sum_{i=1}^{n} l'_{o_i o_{i+1}}$$

3. 模拟退火算法

状态表示：由于本问题所求解为一固定长度的路径顺序，因此采用顺序编码作为状态表达方法，即 $O=[o_1,o_2,\cdots,o_n]$就可以表示一个状态。

邻域定义：对于采用顺序编码的状态表达方法来说，最自然的邻域可以定义为顺序中的两两换位的集合。例如，从一个当前状态［2 4 1 3］，对其中的两个途经节点进行换位（2 与 1 进行换位），则可获得新的状态［1 4 2 3］。

用模拟退火算法求解兵力投送最优路径问题算法步骤如下。

（1）初始化。选择随机初始路径 $O_i \in S$，$S=\{O_1,O_2,\cdots,O_m\}$为所有可能路径组成的集合，即本问题解空间。给定初始温度 T_0、退温系数 α 和终止温度 T_f。

（2）在每次算法迭代中按照事先设计的邻域操作算子随机产生新路径 $O_j \in N(O_i)$（其中 $N(O_i)$表示 O_i 的邻域），计算路径增量 $\Delta L=L(O_j)-L(O_i)$。

（3）若 $\Delta L<0$，令 $O_i=O_j$，转（4）；否则产生随机数 $\xi \in (0,1)$，根据 Metropolis 准则，若 $\exp\left(-\frac{\Delta L}{T_k}\right)>\xi$，则令 $O_i=O_j$；反之放弃当前路径，转（2）。

(4) 若达到热平衡（内循环次数大于设定）转（5），否则转（2）。

(5) 降低 $T_k = T_{k-1} \cdot \alpha$，$k=k+1$，若 $T_k<T_f$，算法终止，否则转（2）。

兵力投送的模拟退火算法流程如图4.6所示。

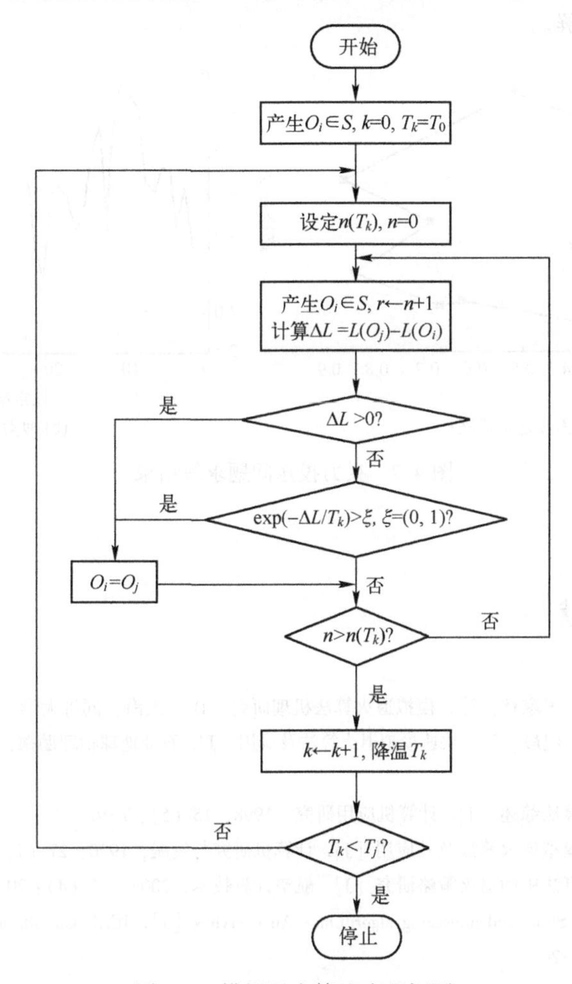

图4.6　模拟退火算法流程框图

以一个10节点的兵力投送问题为例，表4.4所列为该问题已知的10个观察站坐标。

表4.4　观察站坐标

序号	1	2	3	4	5	6	7	8	9	10
X坐标	0.4	0.2439	0.1707	0.2293	0.5171	0.8732	0.6878	0.8488	0.6683	0.6195
Y坐标	0.4439	0.1463	0.2293	0.7610	0.9414	0.6536	0.5219	0.3609	0.2536	0.2634

采用模拟退火算法求解该问题，可得图 4.7 所示结果，其中图 4.7（a）所示为模拟退火算法求得该问题的最佳兵力投送路径，图 4.7（b）所示为算法随迭代次数的收敛效果。可以看出，在迭代 40 次后算法趋于稳定，此时已求得本问题的最优路径解。

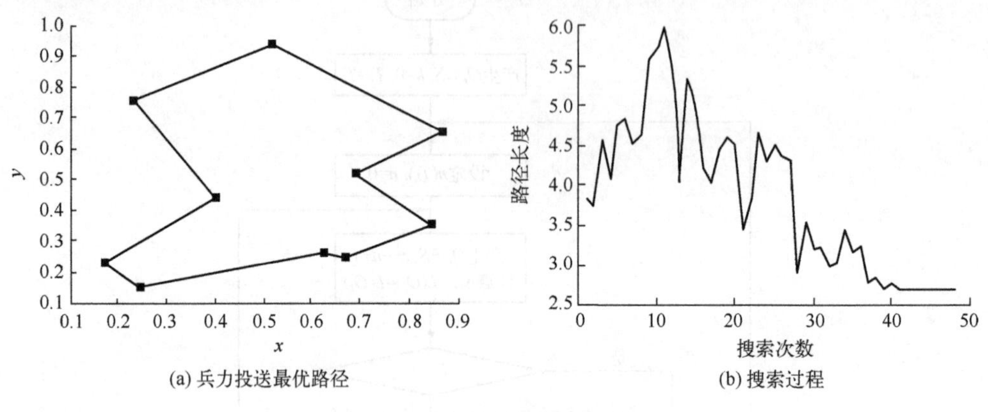

图 4.7　兵力投送问题求解结果

参考文献

[1] 陈华根，吴健生，王家林，等．模拟退火算法机理研究［D］．上海：同济大学，2004.

[2] 张霖斌，姚振兴，纪晨，等．快速模拟退火算法及应用［J］．石油地球物理勘探，1997，32（5）：654-660.

[3] 谢云．模拟退火算法综述［J］．计算机应用研究，1998，15（5）：7-9.

[4] 姚新，陈国良．模拟退火算法及其应用［J］．计算机研究与发展，1990，27（7）：1-6.

[5] 高尚．模拟退火算法中的退火策略研究［J］．航空计算技术，2002，32（4）：20-22.

[6] RUTENBAR R A. Simulated annealing algorithms：An overview［J］. IEEE Circuits and Devices magazine，1989，5（1）：19-26.

[7] VAN LAARHOVEN P J M，AARTS E H L，VAN LAARHOVEN P J M，et al. Simulated annealing［M］. Berlin：Springer Netherlands，1987.

[8] KIRKPATRICK S，GELATT JR C D，VECCHI M P. Optimization by simulated annealing［J］. Science，1983，220（4598）：671-680.

[9] HENDERSON D，JACOBSON S H，JOHNSON A W. The theory and practice of simulated annealing［J］. Handbook of metaheuristics，2003：287-319.

[10] WANG K，LI X，GAO L，et al. A genetic simulated annealing algorithm for parallel partial disassembly line balancing problem［J］. Applied Soft Computing，2021，107：107404.

[11] GUILMEAU T，CHOUZENOUX E，ELVIRA V. Simulated annealing：A review and a new scheme［C］// 2021 IEEE Statistical Signal Processing Workshop（SSP）. IEEE，2021：101-105.

[12] FONTES D B M M, HOMAYOUNI S M, GONÇALVES J F. A hybrid particle swarm optimization and simulated annealing algorithm for the job shop scheduling problem with transport resources [J]. European Journal of Operational Research, 2023, 306 (3): 1140-1157.

[13] DEFERSHA F M, OBIMUYIWA D, YIMER A D. Mathematical model and simulated annealing algorithm for setup operator constrained flexible job shop scheduling problem [J]. Computers & Industrial Engineering, 2022, 171: 108487.

[14] NAYERI S, TAVAKKOLI-MOGHADDAM R, SAZVAR Z, et al. A heuristic-based simulated annealing algorithm for the scheduling of relief teams in natural disasters [J]. Soft Computing, 2022: 1-19.

第5章 遗传算法

遗传算法（genetic algorithms，GA）是现代优化算法中应用最广泛的方法之一，该方法最早由美国密歇根大学（University of Michigan）的 John Holland 教授及其学生在 20 世纪 60 年代提出。1975 年，第一本系统介绍遗传算法的专著《自然与人工系统中的自适应性（Adaptation in Natural and Artificial Systems)》出版，Holland 在其中阐述了遗传算法的基本理论和方法，提出了对遗传算法理论发展极为重要的模板理论（schema theorem)。后来 De Jong、Goldberg、Davis、Koza 等做了大量工作，丰富和完善了遗传算法的理论体系，为遗传算法的应用和发展做出了贡献。近年来，遗传算法由于其在解决复杂优化问题中表现出的巨大潜力，被广泛应用于函数优化、组合优化、机器学习、规划设计、自适应控制等领域。

本章首先从遗传算法的基本理论开始，其次介绍其基本流程与要素，以及影响遗传算法表现的重要参数，接下来通过一个军事应用了解算法实现过程，最后介绍两种遗传算法的改进与变形。

5.1 生物的遗传和进化

从最初宇宙中的尘埃，到出现最早的原核生物，地球经过数十亿年的演化，形成了如今物种繁多、形态各异、姿态万千的生态系统。生物在其延续生存的过程中，通过生命物质自身的遗传继承亲代性状，并通过变异产生新的性状，由于自然界环境和资源的限制使不具备适应环境性状的生物被淘汰，而对自然环境适应的生物品质不断得到改良，这种生命现象就称为生物的进化（evolution)。

俗话说“种瓜得瓜，种豆得豆”，反映了生物亲代和子代之间在形态、结构和生理功能上的相似性，这就是遗传现象。构成生物的基本结构和功能单位的是细胞（cell)。细胞中含有一种微小的丝状、容易被碱性染料染成深色的化合物，称为染色体（chromosome)，它是遗传物质的载体，由 DNA 和蛋白质组成；DNA

全称为脱氧核糖核酸，其作用是携带和传递亲代的遗传信息。生物体每种可遗传的功能和性状都涉及 DNA 链上的一个节段，现代分子遗传学将这样的节段称为基因（gene）。细胞在分裂时，遗传物质 DNA 通过复制（reproduction）转移到新产生的细胞中，新细胞就继承了旧细胞的基因。有性生物在繁殖下一代时，两个同源染色体之间通过交叉（crossover）而重组，即两个染色体的某一相同位置的 DNA 被切断，其前后两串分别交叉组合而形成两个相同长度的新染色体。但是，作为遗传物质的基因，在复制时会有很小的概率产生某些差错而生出新的基因，致使基因发生性质上的变化，这种基因结构的变化称为变异（mutation）。亲代表达相应性状的基因通过无性繁殖或有性繁殖传递给后代，从而使子代获得亲代遗传信息的现象，称为遗传。

杂交水稻的成功培育，就是通过同一物种内不同品种的相互杂交，对后代进行筛选，利用遗传现象获得具有父本和母本的优良性状，而又不包含父本和母本不良性状的优良个体。假设最初有高杆抗病（基因片段 DDTT）和矮杆不抗病（基因片段 ddtt）两种亲代个体，其中高杆、矮杆为一对相对性状，高杆性状由显性基因 D 控制，矮杆性状则由隐性基因 d 控制，由于矮杆具有抗倒伏、节约养分的特性，被认为是一种优良性状；抗病、不抗病为另一对相对性状，抗病由显性基因 T 控制，不抗病则由隐性基因 t 控制。我们希望通过两个亲代个体的杂交，获得具有优良性状的“矮抗”个体。其育种过程如图 5.1 所示。

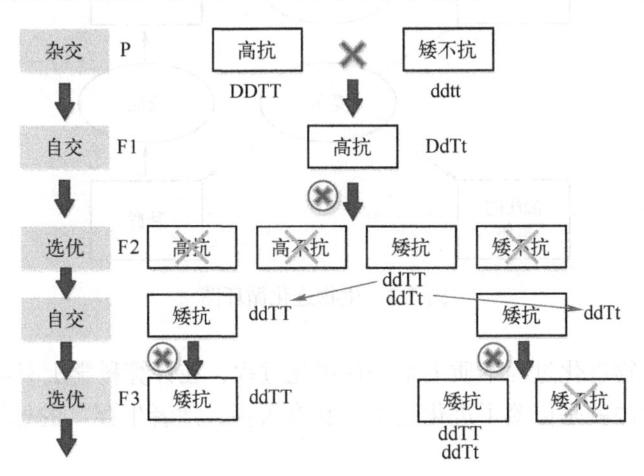

图 5.1 一种杂交水稻育种方案

步骤 1：通过高抗个体（DDTT）和矮不抗个体（ddtt）杂交，获得高抗个体（DdTt）。

步骤 2：高抗个体（DdTt）自交，获得 4 种个体，即高抗（DDTT、DdTT、DDTt、DdTt）、高不抗（DDtt、Ddtt）、矮抗（ddTT、ddTt）、矮不抗（ddtt）。保

留其中具有优良性状的矮抗个体。

步骤 3：矮抗个体（ddTT、ddTt）进一步自交，其中具有 ddTT 基因的个体在不考虑变异的情况下一定会产生具有相同基因的矮抗后代，具有 ddTt 基因则会产生具有 ddTT 和 ddTt 的矮抗后代和 ddtt 的矮不抗后代，保留其中具有优良性状的矮抗个体，并通过不断选优，提高优良基因在种群中的比例。

生物进化的本质体现在染色体的改变和改进上，生物体自身形态和对环境适应能力的变化是染色体结构变化的表现形式。自然界的生物进化是一个不断循环的过程。在这一过程中，由于部分生存能力弱的群体被环境淘汰，生物群体也就不断地完善和发展。这一循环过程可以用图 5.2 表示：以这个循环圈的群体为起点，经过竞争后，一部分群体被淘汰而无法再进入这个循环圈，而另一部分则成为种群。优胜劣汰在这个过程中起着非常重要的作用，这在自然界显得更加突出。因为自然天气的恶劣和天敌的侵害，大自然中很多动物的成活率是非常低的。即使在成活群体中，还要通过竞争产生种群。种群通过交配产生子代群体。进化的过程中，可能会因为变异而产生新的个体。综合变异的作用，子代群体成长为新的群体而取代旧群体。在一个新的循环过程中，新的群体将替代旧的群体而成为循环的开始。

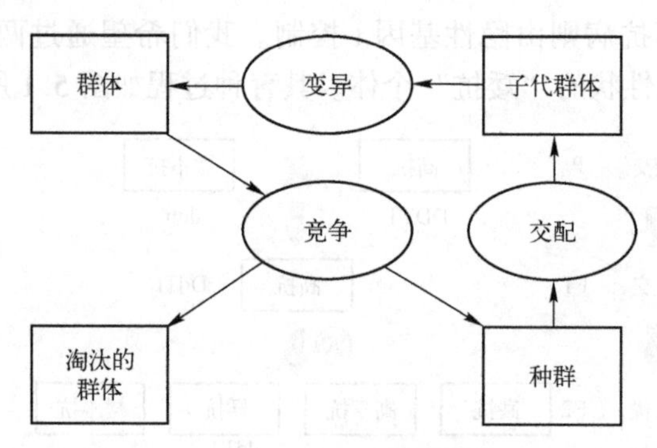

图 5.2　生物进化循环图

可见，生物进化过程本质上是一种优化过程，在计算科学上具有直接的借鉴意义。遗传算法就是借鉴了进化论中“物竞天择，适者生存”的思想。

5.2　遗传算法的基本原理

5.2.1　基本思想

遗传算法根据问题的目标函数构造一个适值函数（fitness function），对一个由多个解（每个解对应一个染色体）构成的种群进行评估、遗传运算、选择，经多代繁殖，获得适应值最好的个体作为问题的最优解。具体可以描述如下。

1. 产生一个初始种群

遗传算法是一种基于群体寻优的方法，该算法运行时以一个种群在搜索空间进行搜索。一般是采用随机方法产生一个初始种群。也可以使用其他方法构造一个初始种群。

2. 根据问题的目标函数构造适值函数

在遗传算法中使用适值函数来表征种群中每个个体对其生存环境的适应能力，每个个体具有一个适应值（fitness value）。适应值是群体中个体生存机会的唯一确定性指标。适值函数的形式直接决定着群体的进化行为。适值函数基本上依据优化的目标函数来确定。为了能够直接将适值函数与群体中的个体优劣相联系，在标准遗传算法中适应值规定为非负，并且在任何情况下总是希望越大越好。

3. 根据适应值的好坏不断选择和繁殖

在遗传算法中自然选择规律的体现就是以适应值的大小决定的概率分布来进行选择。个体的适应值越大，该个体被遗传到下一代的概率越大；反之，个体的适应值越小，该个体被遗传到下一代的概率也越小。被选择的个体两两进行繁殖。繁殖产生的个体组成新的种群。这样的选择和繁殖的过程不断重复。

4. 若干代后得到适应值最好的个体即为最优解

在若干代后，得到的适应值最好的个体所对应的解即被认为是问题的最优解。

5.2.2　遗传算法的基本流程

遗传算法的基本流程如图 5.3 所示。

（1）解的编码：将问题域中的解表示为遗传算法中的染色体，实现从问题域向遗传算法空间的转换。

（2）群体的初始化：生成大量初始解，构成初始种群，为遗传算法提供进化的起点。

（3）个体适应值评价：利用适值函数对种群中的每个个体对环境的适应能力进行评价，适值函数通常与优化问题的目标函数有关，适值函数的形式决定着种群的进化行为。

（4）选择：根据适应值选择偶数个个体，组成亲代进行交叉、变异。

（5）交叉：通过亲代个体染色体的基因片段拼接，将亲代遗传信息传递给子代。

(6) 变异：在交叉后的个体上引入新基因，增加解的多样性。

(7) 群体更新：对原种群、经过交叉、变异产生的群体，按照一定规则，保留与原种群规模相同的个体组成新的群体，淘汰不适应环境的个体。

(8) 停止条件：满足一定的终止条件后，算法停止运行并输出找到的最优解，常见的停止条件包括最大迭代次数、最优值连续未改进次数、最大计算时间等。

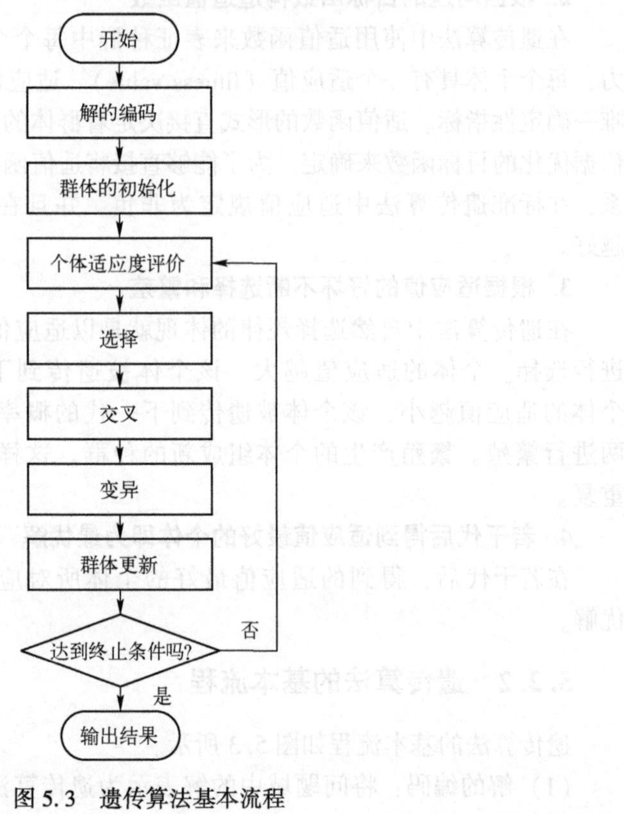

图 5.3　遗传算法基本流程

5.2.3　遗传算法的基本要素

这里对遗传算法的构成要素进行简要说明，其具体的技术实现细节将在后面详细进行讨论。

下面以经典的旅行商问题（TSP）为例，依次介绍遗传算法重要的基本要素，包括编码、群体初始化、适值函数、选择、交叉、变异。

1. 编码

编码方法也称为基因表达方法。在遗传算法中，种群中的每个个体，即染色体，是由基因构成的。所以，染色体与要优化问题的解需进行对应，并通过基因来表示，即对染色体进行正确的编码。正确地对染色体进行编码来表示问题的解是遗传算法的基础工作，也是最重要的工作。

一个染色体可以表示为

$$\boldsymbol{X}=(x_1,x_2,\cdots,x_n)\quad(1\leqslant i\leqslant n)$$

式中：染色体的每一位 x_i 表示一个基因；n 为染色体的长度。

常用的编码方式包括二进制编码和实数编码。实数即指解的分量用实数表示，而二进制编码指解的分量使用 0、1 二进制字符表示。现分别以 TSP 问题与函数优化问题为例，介绍两种编码方式。

1）TSP 问题

（1）实数编码。对于 TSP 问题，使用实数编码能够很自然地表达一个解。例如，图 5.4 中的解可以用实数编码表示为

$$\boldsymbol{X}=(0,1,2,3,4,5,6,7,8,9)$$

（2）二进制编码。一个 TSP 解的基因 x_{ij} 可以使用二进制编码表示为

$$x_{ij}=\begin{cases}1,\text{旅行商经过城市 } i \text{ 到城市 } j \text{ 的路径}\\0,\text{其他}\end{cases}$$

若要使用二进制编码表示图 5.4 的解，则可以使用图 5.5 中的 10×10 矩阵表示。

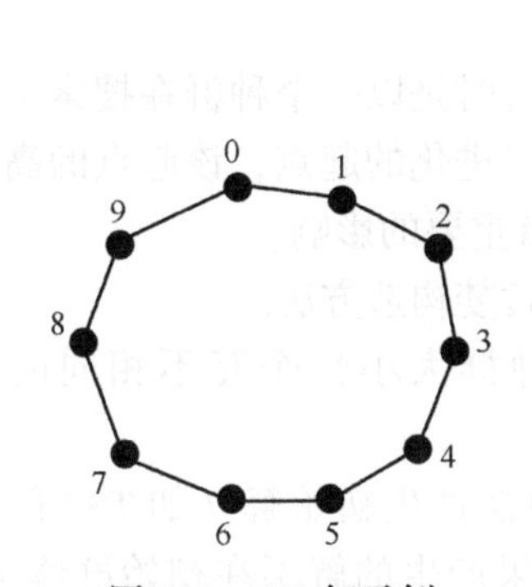

图 5.4　TSP 解示例

	0	1	2	3	4	5	6	7	8	9
0	0	1	0	0	0	0	0	0	0	0
1	0	0	1	0	0	0	0	0	0	0
2	0	0	0	1	0	0	0	0	0	0
3	0	0	0	0	1	0	0	0	0	0
4	0	0	0	0	0	1	0	0	0	0
5	0	0	0	0	0	0	1	0	0	0
6	0	0	0	0	0	0	0	1	0	0
7	0	0	0	0	0	0	0	0	1	0
8	0	0	0	0	0	0	0	0	0	1
9	1	0	0	0	0	0	0	0	0	0

图 5.5　使用二进制编码表示 TSP 问题的一个解

由此可见，对于 TSP 问题，使用二进制编码方式表示一个解并不直观，且解的长度过长，需要的存储量大。

2）函数优化问题

假设一个函数优化问题为

$$\begin{cases}\max z = \sum_{i=1}^{7} c_i x_i \\ \text{s. t.} \quad \sum_{i=1}^{7} b_i x_i \leqslant B \\ x_1 + x_2 + x_3 \leqslant 2 \\ x_4 + x_5 \geqslant 1 \\ x_6 + x_7 \geqslant 1 \\ x_i = 0 \text{ 或 } 1 \end{cases}$$

假设一个解中 $x_1=1$、$x_2=1$、$x_3=0$、$x_4=1$、$x_5=0$、$x_6=0$、$x_7=1$，则这个解可以使用二进制编码和实数编码分别表示如下。

（1）二进制编码。可以使用一个长度为 7 的一维数组表达，数组中每个元素的取值为 0 或者 1，上面的解可以表示为

$$\boldsymbol{X}=(1,1,0,1,0,0,1)$$

（2）实数编码。可以使用取值为 1 的变量序号的集合表示，如上面的解可以表示为

$$\boldsymbol{X}=(1,2,4,7)$$

由此可见，对于此函数优化问题，由于解的取值范围限定了 0 或 1，使用二进制编码方式表示一个解更直观。而使用实数编码方式则不直观，且由于编码长度不确定，不利于设计交叉变异算符。

因此，不同编码方式各有利弊，需要根据问题的特点设计合适的编码方案。

2. 群体初始化

遗传算法是一种基于群体寻优的方法，算法运行时是以一个种群在搜索空间进行搜索。因此，群体的初始化能够为遗传算法提供进化的起点，该起点的高低（即初始种群中解的质量）通常对算法的最终表现有重要的影响。

常见的群体初始化方法包括随机初始化方法和贪婪构造方法。

（1）随机初始化方法指随机产生 N（N 指种群大小）个互不相同的初始解。

（2）贪婪构造方法指通过（随机）贪婪构造算法产生初始解（如 TSP 问题中每次选择距离当前城市最近的城市构造解），如果产生的解不在初始群体中，则将它加进群体中；这个过程不断迭代，直到初始群体中个体个数达到 N。

初始化种群时，通常为可行解，但对于某些问题，若可行解的构造方式较为复杂，也可以先生成违反约束的不可行解，后期再对不可行解进行修复。

3. 适值函数

在遗传算法中使用适值函数来表征种群中每个个体对其生存环境的适应能

力，每个个体具有一个适应值。适应值是群体中个体生存机会的唯一确定性指标。适值函数的形式直接决定着群体的进化行为。标准遗传算法在优化搜索过程中不依赖于外部信息，仅用适值函数为寻优依据。

适值函数基本上依据优化的目标函数来确定。为了能够直接将适值函数与群体中的个体优劣相联系，在标准遗传算法中适应值规定为非负，并且在任何情况下总是希望越大越好。适应值在进化过程中不断增大。表5.1中展示了两种典型的目标函数到适值函数的变换。

表5.1 目标函数到适值函数的变换

目标函数$f(x)$	适值函数$\mathrm{Fit}(x)$
$\max f(x), f(x)\geqslant 0$	$\mathrm{Fit}(x)=f(x)$
$\min f(x), f(x)>0$	$\mathrm{Fit}(x)=\dfrac{1}{f(x)}$

4. 选择

在遗传算法中自然选择规律的体现就是以适应值的大小决定的概率分布来进行选择。个体的适应值越大，该个体携带的基因被遗传到下一代的概率越大；反之，个体的适应值越小，该个体携带的基因被遗传到下一代的概率也越小。选择的过程是保留优良基因、淘汰不适应环境的基因的过程。

常用的选择策略包括轮盘赌选择法、锦标赛选择法等。

1）轮盘赌选择法

轮盘赌选择法（roulette selection）也称比例选择法，其主要思想是每个个体被选中的概率与个体适应值的大小成正比。设种群规模为N，对于个体i，设其适应值为F_i，则该个体的选择概率可以表示为

$$P_i=\frac{F_i}{\sum_{i=1}^{N}F_i}$$

得到选择概率后，令$PP_0=0$，$PP_i=\sum_{j=0}^{i}PP_j$。每次选择时，产生一个随机数$r\in[0,1]$，当$PP_{i-1}\leqslant r\leqslant PP_i$时，则选择个体$i$。重复上述过程，直到选择选出$N/2$对个体作为父代，用于交叉和变异。

轮盘赌选择法的物理意义是按照每个个体适应值占全部个体适应值总和的比例大小将轮盘分割为几个扇形。选择个体时，转动轮盘，假设轮盘最终落到扇形i中，则选择个体i。图5.6展示了待选个体数为4时的轮盘示意图。可见，个体的适应值越高，其扇形面积越大，其基因被遗传给子代的概率也就越大。

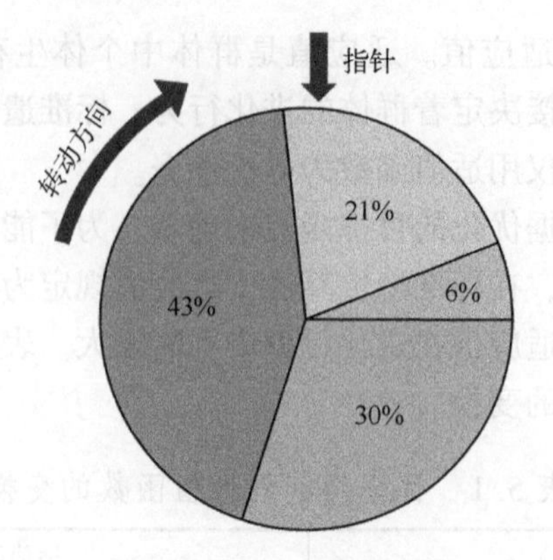

图 5.6　待选个体数为 4 时轮盘赌选择法示意

2）锦标赛选择法

锦标赛选择法（tournament selection）指每次从群体中随机挑选一定数量的个体构成一个子群体，这个子群体中最好的个体被选中作为父代；上述过程反复迭代，直到有足够的个体被选中。假设种群规模为 N，锦标赛选择法的具体流程如下。

步骤 1：从当前种群 N 个个体中随机选择 k 个个体。

步骤 2：从这 k 个个体中选择最大的一个个体，作为父代个体中的一个个体。

步骤 3：重复步骤 1 和步骤 2，直至得到 $N/2$ 对（即 N 个）个体组成父代，用于交叉和变异。

5. 交叉

交叉（crossover）是亲代向子代传递遗传信息的重要遗传操作，它同时对两个染色体进行操作，利用交叉算符组合两者的特性产生新的后代。遗传算法的性能在很大程度上取决于所采用交叉运算的性能。双亲的染色体是否进行交叉由交叉率来进行控制。

常用的交叉算符包括单点交叉、双点交叉、多点交叉、部分映射交叉、顺序交叉等。

1）单点交叉

在个体的编码序列中，随机选择一个断点，两个个体在该点前（后）的部分片段进行互换，从而形成两个新的后代，如图 5.7 所示。

单点交叉操作的信息量比较小，交叉点位置的选择可能带来较大偏差，并且染色体的末尾基因总是被交换。在实际应用中采用较多的是双点交叉。

2）双点交叉

在个体的编码序列中，随机选择两个断点，两个个体在所选择两个断点之间的部分片段进行互换，从而形成两个新的后代，如图 5.8 所示。

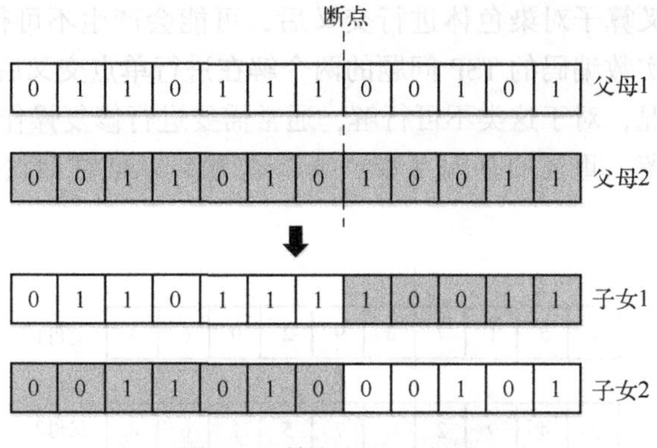

图 5.7 单点交叉示意图

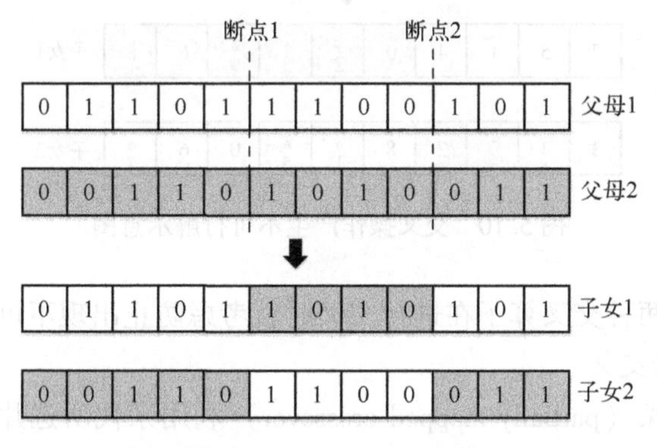

图 5.8 双点交叉示意图

3) 多点交叉

在个体的编码序列中，随机选择 M 个断点，两个个体在所选择相邻两个断点之间的部分片段进行互换，从而形成两个新的后代，如图 5.9 所示。

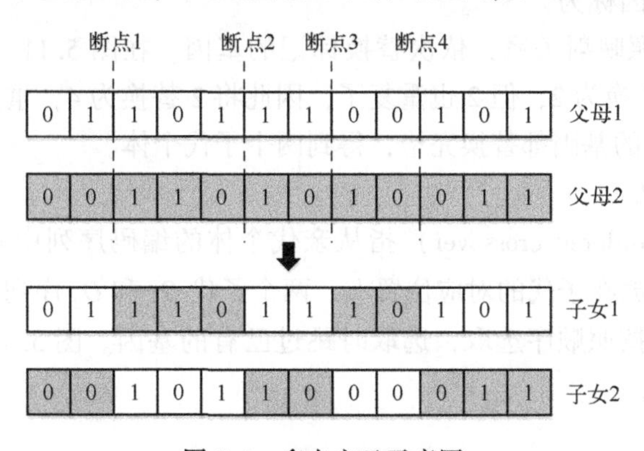

图 5.9 多点交叉示意图

使用以上交叉算子对染色体进行交叉后，可能会产生不可行解，图 5. 10 中展示了一种使用实数编码的 TSP 问题的两个解在进行单点交叉后由于基因重复产生不可行解的情况，对于这类不可行解，通常需要进行修复操作，可以将个体内不重复的基因保留，重复的基因（带“ * ”位置）从前往后按从小到大的顺序填入缺失的基因。

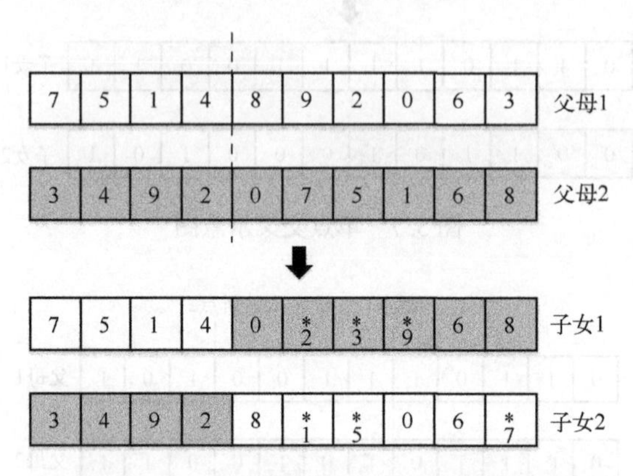

图 5. 10　交叉操作产生不可行解示意图

以下介绍的两种交叉算子在进行交叉时就考虑防止出现不可行解：

4）部分映射交叉

部分映射交叉（partially mapped crossover）利用亲代所选片段内的对应基因来定义子代，并利用选定中间段的对应关系进行映射来消除冲突。以图 5. 11 中的情况为例，步骤如下。

步骤 1：随机选择两个交叉点，交换两个个体交叉点中段基因。

步骤 2：记录交叉点中段映射关系，即 4-2、8-0、9-7、2-5、0-1，同时将中段外重复的基因标为“ * ”。

步骤 3：依照映射关系，依次替换标记的基因。在图 5. 11（3）中，7 替换为 9，5 先尝试替换为 2，但 2 也重复了，因此将 2 替换为 4，重复上面过程直到所有标为“ * ”的基因都替换完毕，得到两个子代个体。

5）顺序交叉

顺序交叉（ordered crossover）指从亲代个体的编码序列中随机选取一个片段，将这个片段放在子代的对应位置上。两个子代 O_1 和 O_2 序列中空余的部分从亲代 P_2 和 P_1 中按照顺序选取，选取时跳过已有的基因。图 5. 12 中展示了顺序交叉的一个例子。

6. 变异

变异（mutation）是指在遗传算法中染色体上自发地产生随机变化。在遗传

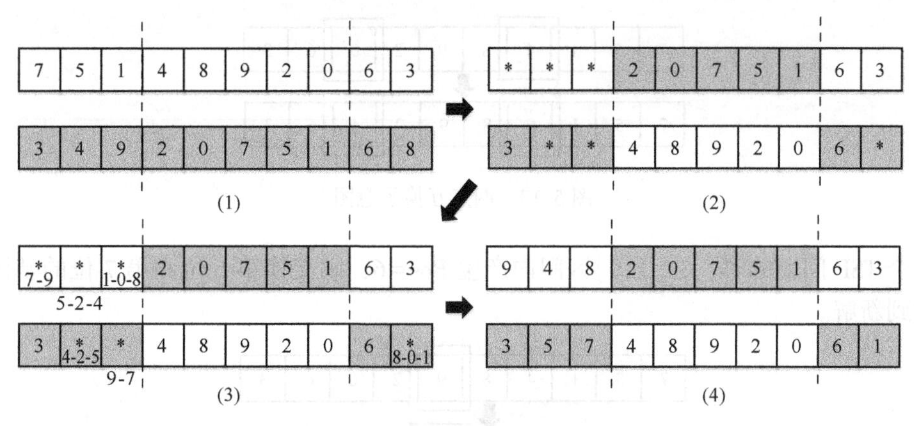

图 5.11　部分映射交叉示意图

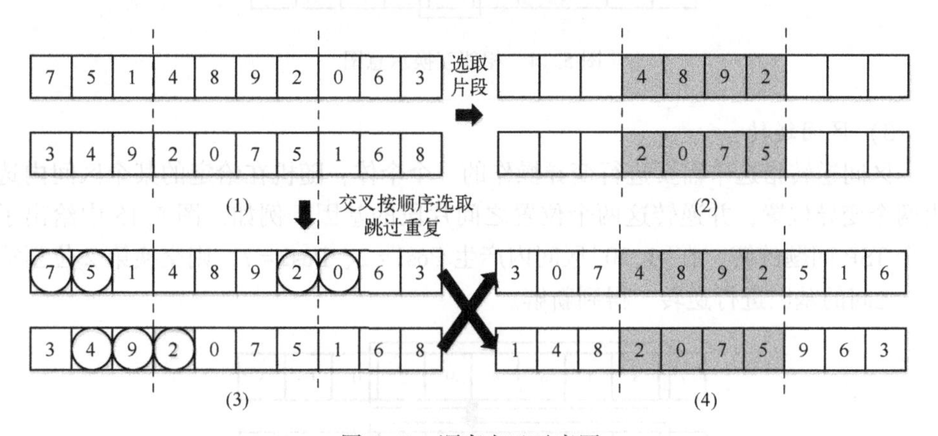

图 5.12　顺序交叉示意图

算法中，变异可以提供初始种群中不含有的基因，或者找到选择过程中丢失的基因，为种群提供新的内容。变异是增加遗传算法搜索多样性的重要手段。

常见的变异算子包括两点互换、相邻互换、区间逆转、单点移动、单点变异等。

1）**两点互换**

两点互换指选中需要进行变异操作的一个个体，随机在给定的某个区间内选出两个变异位置，并交换两个位置上的基因。例如，图 5.13 中给出了一个 TSP 问题的解，在[1,10]的区间内产生 Pos1 = 4、Pos2 = 8，则交换第 4 位和第 8 位的基因得到新解。

2）**相邻互换**

相邻互换指选中需要进行变异操作的一个个体，随机在给定的某个区间内选出一个变异位置，并交换这个位置和其后位置的基因。例如，图 5.14 中给出了

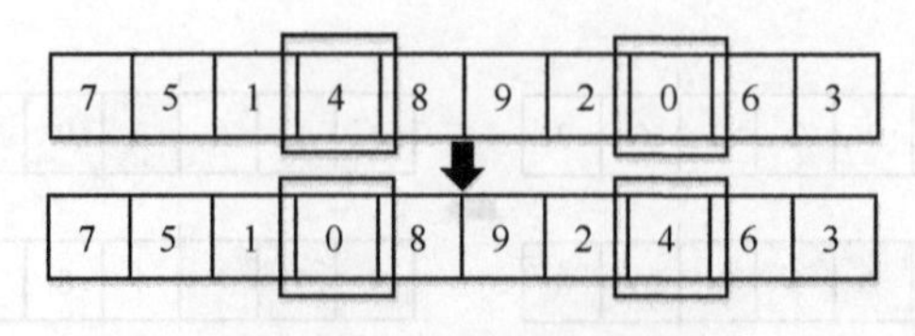

图 5.13　两点互换示意图

一个 TSP 问题的解，在[1,9]区间内产生 Pos=6，则交换第 6 位和第 7 位的基因得到新解。

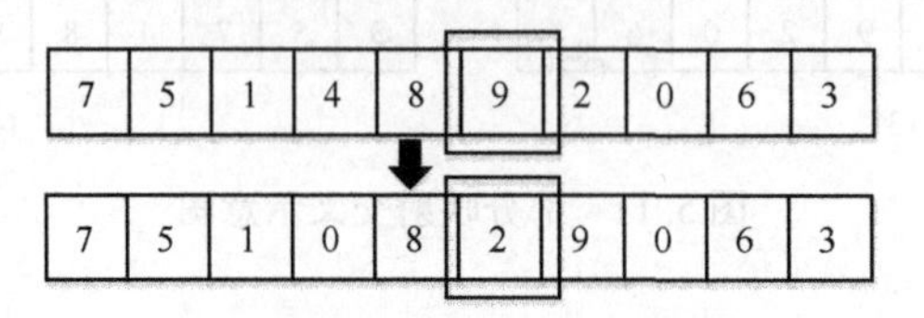

图 5.14　相邻互换示意图

3）区间逆转

区间逆转指选中需要进行变异操作的一个个体，随机在给定的某个区间内选出两个变异位置，并逆转这两个位置之间片段的基因。例如，图 5.15 中给出了一个 TSP 问题的解，在[1,10]区间内产生 Pos1=2、Pos2=7，则交换第 2 位至第 7 位之间的基因进行逆转，得到新解。

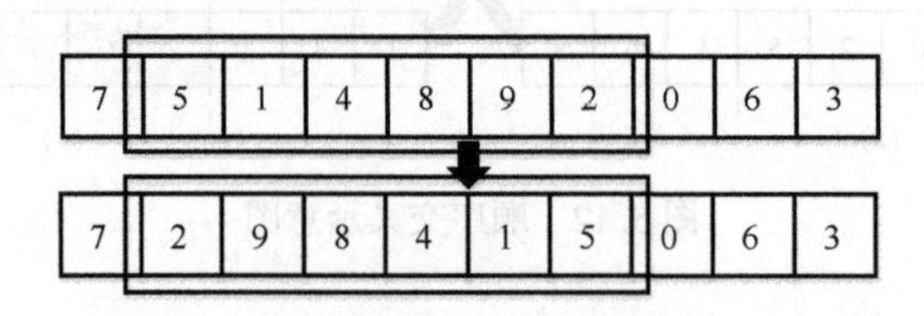

图 5.15　区间逆转示意图

4）单点移动

单点移动指选中需要进行变异操作的一个个体，随机在给定的某个区间内选出两个变异位置 Pos1 和 Pos2，将 Pos1 位置的基因移动到 Pos2，并将 Pos1 与 Pos2 之间的基因片段（包括 Pos2，不包括 Pos1）整体前移至 Pos1。例如，图 5.16 中给出了一个 TSP 问题的解，在[1,10]区间内产生 Pos1=3、Pos2=7，将 3 号位基因移动到 7 号位置，并将原本 4~7 号位基因片段迁移至 3~6 号位置得到新解。

5）单点变异

单点变异常见于二进制编码，指在待变异个体随机选择一个变异位置，改变其基因。例如，图 5.17 中给出了一个示例，在[1,10]区间内产生 Pos=3，将 3

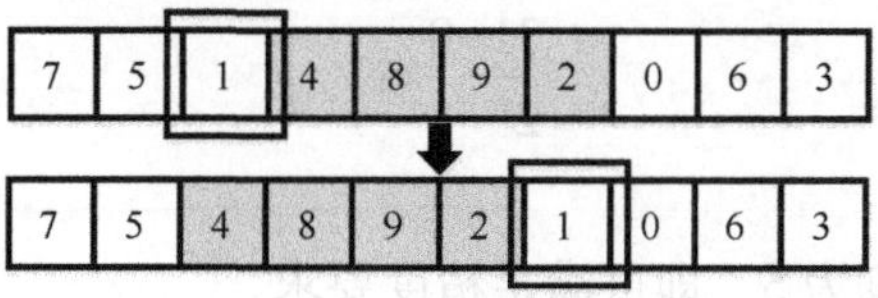

图 5.16　单点移动示意图

号位基因由 0 变为 1 得到新解。

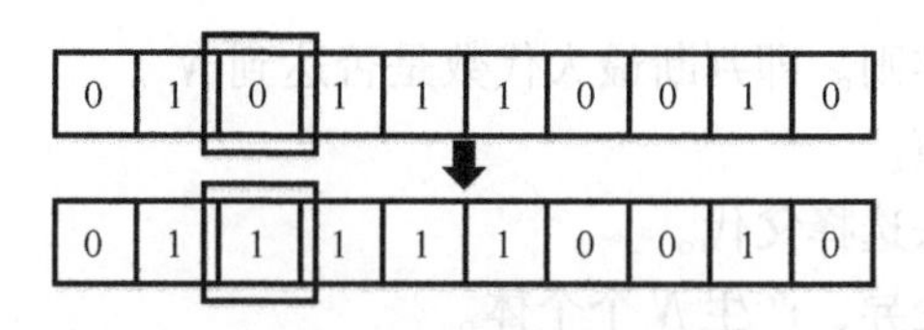

图 5.17　单点变异示意图

7. 种群更新

种群更新指对原种群、经过交叉、变异产生的群体，按照一定规则，保留与原种群规模相同的个体组成新的群体，淘汰不适应环境的个体。常见的种群更新规则包括基于适应值更新和基于年龄更新。

（1）基于适应值。将原种群和经交叉、变异产生的子代种群进行排名，选择前 N 个个体进入下一次迭代。

（2）基于年龄。尽可能删除迭代次数较高的个体，令年龄较小的个体进入下一次迭代。

5.2.4　计算举例

下面以一个简单的例子来说明遗传算法是如何工作的。

1. 最优化问题

求解以下的优化问题

$$\begin{cases}\max f(x)=x^2\\ x\in[0,31], \quad x\ \text{为整数}\end{cases}$$

2. 简单分析

首先要将决策变量编码为二进制串形式的染色体。染色体的长度取决于编码精度。设染色体长度为 L，问题的定义域为 $[a,b]$，则编码精度 C 可以表示为

$$C=\frac{b-a}{2^L-1}$$

对于本例题，x 为整数，则编码精度为 1。可计算染色体长度为

$$\frac{31-0}{2^L-1}\leqslant 1$$

从而得到 $L\geqslant 5$。

所以取染色体长度为5，即可满足精度要求。

3. 步骤

（1）产生初始种群。设定参数：种群规模 $N=4$，最大代数 $N_G=10$，初始时刻 $t=0$。

（2）判断停止准则。即判断最大代数是否达到 N_G。

（3）计算适应值。

（4）用轮盘赌法选择父代。

（5）进行交叉变异，产生 N 个个体。

（6）进行种群更新，返回步骤（2）。

4. 计算生成的列表

在表5.2中列出了随机产生的初始种群及相关计算结果。

表5.2　初始种群及相关计算结果

编号	x	编码	适应值	选择概率	累积概率
1	13	01101	169	169/1187=0.14	0.14
2	24	11000	576	576/1187=0.49	0.63
3	9	01001	81	81/1187=0.07	0.70
4	19	10011	361	361/1187=0.30	1
总和			1187		

用轮盘赌法进行选择，假设产生的4次随机数分别是0.12、0.50、0.44和0.72，则1和2、2和4分别进行交叉操作。

对初始种群中挑选出的染色体进行遗传运算时，交叉运算采用单点交叉，变异操作采用单点变异操作。相关参数设置如下。

交叉概率为 $P_c=0.9$。

变异概率为 $P_m=0.02$。

产生随机数0.43，$0.43<0.9$，则对编号1和2的父代进行单点交叉，假设交换第5位，结果如表5.3所列。

表5.3　父代1和2交叉结果

编号	父代	目标函数值	交换位置	新个体编码	x	目标函数值
1	01101	169	5	01100	12	144
2	11000	576	5	11001	25	625

产生随机数 0.29，0.29<0.9，则对编号 2 和 4 的父代进行单点交叉，假设交换第 5 位，结果如表 5.4 所列。

表 5.4　父代 2 和 4 交叉结果

编号	父代	目标函数值	交换位置	新个体编码	x	目标函数值
2	11000	576	5	11001	25	625
4	10011	361	5	10010	18	324

进行变异操作：假设产生的 4 次随机数分别是 0.23、0.31、0.75、0.01，由于变异概率是 0.02，只对子代 4 进行基本位变异操作，假设变异位置为第 2 位，则子代 4 变为 11010。结果如表 5.5 所列。

表 5.5　子代 4 变异结果

编号	子代	目标函数值	变异位置	变异后编码	x	目标函数值
4	10010	324	2	11010	26	676

则得到的子代种群如表 5.6 所列。

表 5.6　第一次迭代子代种群

编号	新子代编码	x	目标函数值
1	01100	12	144
2	11001	25	625
3	11001	25	625
4	11010	26	676

则经过一次迭代后，得到的新的最优解为 $x=26$，最优目标值为 676。

5. 观察结果

从上述计算结果可以看到以下几点。

(1) 整个种群在改善。种群中所有个体的平均适应值从 296.75 增长到 517.5。

(2) 以 1 开始的编码较好，而以 0 开始的编码较差。

(3) “好坏”编码数量的变化。如果将以 1 开始编码的个体称为好的个体，用 S_1 表示，而以 0 开始编码的个体称为差的个体，用 S_2 表示，那么好坏编码的数量变化是

S_1：从 2 个增长到 3 个；

S_2：从 2 个减少为 1 个。

这一好坏个体的数量变化可以由表 5.2 中的数据推导得到。

$$\frac{f(S_1)}{\bar{f}}=\frac{\frac{f(x_2)+f(x_4)}{2}}{\bar{f}}=\frac{576+361}{2\times296.75}\approx1.5788$$

$$1.5788\times2\approx3$$

同理

$$\frac{f(S_2)}{\bar{f}}=\frac{\frac{f(x_1)+f(x_3)}{2}}{\bar{f}}=\frac{169+81}{2\times296.75}\approx0.4212$$

$$0.4212\times2\approx1$$

可见，好坏个体数量的变化是由其适应值在整个种群中所占比例决定的。这一计算结果符合适者生存的规律。

5.3 遗传算法参数分析

遗传算法的性能受到多种参数的影响，下面介绍遗传算法最重要的 4 个参数，包括种群规模、交叉概率、变异概率、终止代数。

5.3.1 种群规模

种群规模 N 也可称为种群大小，指遗传算法任意一代种群中个体的总数。当 N 增大时，算法搜索的多样性增加，搜索能力增加，更容易找到全局解，但同时计算量会上升，导致运行效率下降，运行时间较长，个别的较优解不容易主导全体解的进化方向，导致收敛速度下降；当 N 减小时，由于计算量减小，算法的运行效率上升，收敛速度加快，但算法的搜索多样性下降，容易早熟，陷入局部最优解，搜索能力下降。通常 N 建议的取值范围是 20~100，但具体的取值应当与问题规模及复杂程度相关。

为了使用更小的种群大小获得更高的搜索效率，可以尝试提高种群个体之间的差异性，提高搜索的多样性。

5.3.2 交叉概率

交叉概率 P_c（$P_c\in[0,1]$）指通过操作选择的一对父代进行交叉的概率，若交叉，则父代通过交叉操作生成一对子代，若不交叉，则父代直接进入子代。显然，较高的交叉率将加大新个体产生的速度，达到更大的解空间，增加群体多样性，从而减小停滞在非最优解上的机会；但是交叉率太高，会因过多搜索不必要的解空间而耗费大量的计算时间。例如，如果交叉概率为 1，交叉的后代全部替换旧群体，无法保证最优解遗传到下一代。交叉概率较小时，利于保留优良基因片段，但降低了群体的多样性，容易引起早熟现象。

一般建议交叉概率的取值范围是 0.4~0.99。

5.3.3　变异概率

变异概率 P_m 指子代种群每个个体发生变异的概率。变异概率控制着新基因导入种群的比例。若变异概率较低，利于保留优良的基因片段，但算法多样性较低，一些有用的基因难以进入选择，变异概率过小容易导致早熟；变异概率较高时，算法搜索的多样性提高，但变异概率若太高，则随机变化太多，那么子代就可能失去从亲代继承下来的好特性，这样算法就会失去从过去的搜索中学习的能力。

一般建议变异概率的取值范围是 0.0001~0.1。

5.3.4　终止代数

终止代数又称迭代次数，算法达到终止代数后，即返回已经找到的最好解，算法结束。终止代数的确定与问题规模以及复杂度有关，终止代数过低算法过早退出运行，难以搜索到较优解；终止代数过高，则算法收敛后继续计算，造成过多无效计算，运行时间较长。

通常判定出当群体已经进化成熟且不再有进化趋势时就可以终止算法的运行过程。常用的判定准则包括以下几个。

① 连续几代个体平均适应值的差异小于某一个极小的阈值。

② 群体中所有个体的适应值的方差小于某一个极小的阈值。

上面依据经验介绍了 4 种参数对遗传算法性能的影响，但参数优化本身就是一个很困难的组合优化问题，在进行参数优化时，通常采用固定其他参数取值，优化某一特定参数取值的局部寻优方法。

5.4　遗传算法应用实例

本节介绍遗传算法的一些应用实例。主要包括 3 个经典的运筹学问题，即背包问题、最小生成树问题和二次指派问题，以及一个实际的军事应用问题：定向越野问题。解决背包问题，主要是说明遗传算法如何来处理约束；对于最小生成树问题，主要是说明遗传算法中合适的编码方法对于问题表达的重要性；而遗传算法对二次指派问题的处理可以看到合适的编码方法能够有效地消除数学模型中的约束；最后详细介绍定向越野问题模型，给出了模型简化与编码方案，并给出了计算过程的详细数据。

5.4.1 背包问题

1. 问题的提出

背包问题（knapsacks problem）可以描述如下：n 个物品，对物品 i，价值为 p_i，质量为 w_i，背包容量为 W。如何选取物品装入背包，使背包中物品的总价值最大。

从实践的角度看，该问题可以表述成许多工业场合的应用，如资本预算、货物装载和存储分配等问题。背包问题是 NP 难题，适合于用遗传算法来求解。

2. 数学模型

背包问题可以用数学模型描述为

$$\begin{cases} \max \ \sum_{i=1}^{n} p_i x_i \\ \text{s.t.} \ \sum_{i=1}^{n} w_i x_i \leqslant W \\ x_i = 0,1 \quad 1 \leqslant i \leqslant n \end{cases}$$

上面的模型中采用了二进制编码方法。定义为

$$x_i = \begin{cases} 1, \text{装入物品 } i \\ 0, \text{不装入物品 } i \end{cases}$$

3. 约束的处理

对于这样的编码方法来说，必须要面对如何保持可行性的问题。例如，对于一个 7 个项目的背包问题，背包容量为 $W=100$，具体数据见表 5.7。考察以下编码，即

$$\boldsymbol{X} = (1\ 1\ 0\ 0\ 1\ 1\ 0)$$

表 5.7 背包问题示例

物品编号 i	物品重量 w_i	物品价值 p_i	单位重量价值 p_i/w_i
1	40	40	1
2	50	60	1.2
3	30	10	0.33
4	10	10	1
5	10	3	0.3
6	40	20	0.5
7	30	60	2

这表示项目1、2、5和6被装入了背包，经过计算可知产生的解不可行。

当出现以上情况时，应该采取适当的策略进行处理。下面将分别采用惩罚策略、解码法和顺序编码的方法来处理上面的背包问题。

1）罚函数法

定义适值函数为

$$F(x)=f(x)P(x)$$

式中：$f(x)$为目标函数；$P(x)$为罚函数。

令

$$P(x)=1-\frac{\left|\sum_{i=1}^{n}w_ix_i-W\right|}{\delta}$$

其中

$$\delta=\max\left\{W,\left|\sum_{i=1}^{n}w_ix_i-W\right|\right\}$$

显然，当$\boldsymbol{X}=(0\ 0\ \cdots\ 0)$时，$\delta=W$；当$\boldsymbol{X}=(1\ 1\ \cdots\ 1)$且$\sum_{i=1}^{n}w_i\geqslant 2W$时，$\delta=\left|\sum_{i=1}^{n}w_i-W\right|$。即$W$和$\left|\sum_{i=1}^{n}w_i-W\right|$是$\left|\sum_{i=1}^{n}w_ix_i-W\right|$的两个端点。所以，上述适值函数设置的意义如下：

（1）δ的作用是为了使$0\leqslant\left|\sum_{i=1}^{n}w_ix_i-W\right|\leqslant\delta$成立，保证了$0\leqslant P(x)\leqslant 1$；

（2）$P(x)$可行也惩罚，只有当$\left|\sum w_ix_i-W\right|=0$时不惩罚；

（3）罚函数的目的是将解拉向边界，尽量装满。

2）解码法

解码法是一段修复程序，将不合法的编码修复为合法编码。其具体步骤如下：

（1）将选上的物品按照$\frac{p_i}{w_i}$降序排列；

（2）按照优先适合启发式（first fit heuristic）选择物品装入背包，即选前k个物品，使得$\sum_{i=1}^{k}w_ix_i\leqslant W\leqslant\sum_{i=1}^{k+1}w_ix_i$。

例如，对于表5.7所示背包问题，有以下编码

$$\boldsymbol{X}=(1\ 1\ 0\ 0\ 1\ 1\ 0)$$

不可行。

考察该编码，被选上的物品为1、2、5、6。

将这些物品降序排列为 2、1、6、5。

因为 $w_2+w_1<W<w_2+w_1+w_6$，所以，修复为

$$X=(1\ 1\ 0\ 0\ 0\ 0\ 0)$$

3）顺序编码方法

使用顺序编码也可以解决背包问题，即对于 n 个问题的背包问题，使用 n 个不同的正整数代表 n 个项目。其编码步骤如下：

（1）随机产生一个项目顺序$(x_1,x_2,\cdots,x_n)$；

（2）按照优先适合启发式来选择项目，即保留项目顺序的前 n 位，使 $\sum_{i=1}^{k} w_i x_i \leqslant W \leqslant \sum_{i=1}^{k+1} w_i x_i$，从而得到可行解。

例如，对于表 5.7 所示背包问题，随机产生以下项目顺序(3,2,5,1,4,6,7)。

因为 $w_3+w_2+w_5<W<w_3+w_2+w_5+w_1$，所以得到的可行解为(3,2,5)。

显然，顺序编码的染色体，顺序不同的时候，染色体长度也可能是不同的，那么对于编码长度可变的染色体如何进行遗传运算呢？

（1）交叉运算。

可以使用插入交叉来进行交叉运算。其步骤如下：

① 在第一个父代 P_1 上随机选择一个断点；

② 在第二个父代 P_2 上随机选择一个基因片段插入 P_1 的断点处；

③ 删去 P_1 上的重复基因；

④ 按优先适合启发式得到可行解。

图 5.18 所示为插入交叉的示意图。

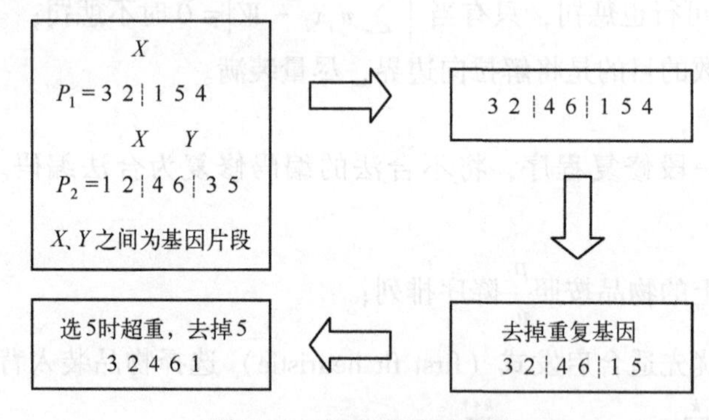

图 5.18 插入交叉示意图

（2）变异运算。

对变长的顺序编码进行变异操作可以采用以下步骤：

① 随机删除一个基因；

② 在染色体中随机插入一个没有的基因；

③ 对于以上原始后代用优先适合启发式方法产生一个可行解。

对于二进制编码来说，7 个项目的背包问题共有编码 $2^7=128$ 个，这与解空间是一一对应的，但是不能保证解的可行性；对于变长顺序编码来说，其初始编码（即随机产生的项目顺序）共有 $7!=5040$ 个，与解空间不是一一对应的，但是能够保证解的可行性。

5.4.2 最小生成树问题

最小生成树（minimum spanning tree）问题是一个经典的组合优化问题，这里首先描述最小生成树问题，然后介绍传统的编码方法，最后重点介绍 Prüfer 数编码的遗传算法来求解最小生成树问题。

1. 问题的提出

为描述最小生成树问题，首先来说明相关的基本概念。

定义 5.1 一个图示由点集 $V=\{v_i\}$ 和 V 中元素的无序对的一个集合 $E=\{e_k\}$ 所构成的二元组，记为 $G=(V,E)$，V 中的元素 v_i 称为节点或端点，E 中的元素 e_k 称为边。

定义 5.2 连通且不含有回路的图称为树。

定义 5.3 若图 G 的生成子图是一棵树，则称该树为 G 的生成树。节点的度是和该节点相连的边的数量。只有一条边相连的节点称为叶子。显然，叶子的度数为 1。

树是图论中结构最简单但又十分重要的图，在自然科学和社会科学的许多领域都有广泛的应用。

定义 5.4 连通图 $G=(V,E)$，每条边上有非负权，一棵生成树所有边上权的和称为这个生成树的权，具有最小权的生成树称为最小生成树。

图 5.19 就是一个图和树的示意图。所有的节点和边构成了一个图。图 5.19 中粗体的数字为节点，细体的数字为边。其中粗线所示的边及其所连接的节点构成了图的一棵生成树。对于这棵生成树来说，叶子节点为 1、3、4 和 5。为了找到图的最小生成树，首先需要对树进行编码。

2. 传统的编码方法

首先介绍传统的编码方法，包括节点编码方法和边编码方法。

1）节点编码

使用树的节点的编码来表示树。例如，对于图 5.19 所示的树，可以表示为

$$\{(1,2),(2,3)(2,5),(2,6),(4,6)\}$$

2）边编码

使用边的编码来表示树。例如，对于图 5.19 所示的树，可以表示为

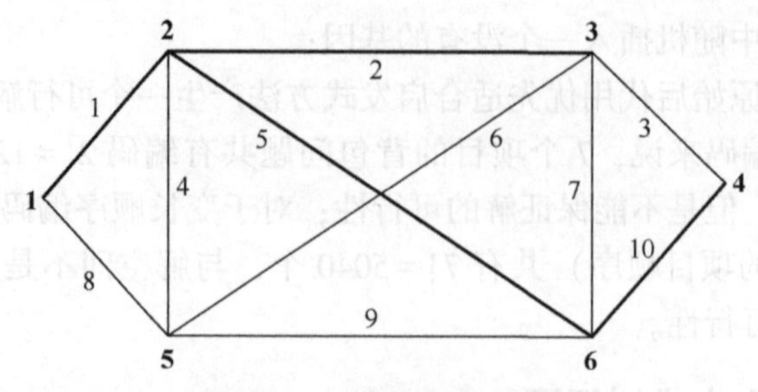

图 5.19　图和树的示意图

$$\{1,2,4,5,10\}$$

以上两种表示方法本质上都是直观地用边来表示一棵生成树（第一种方法是用节点来表示树的边，进而表示树）。对于一个 n 节点的图，树是连接这 n 个节点的无回路的具有 $n-1$ 条边的子图，而上面的编码方法很难避免回路，并且很难做遗传运算。

3. Prüfer 数编码

为了解决以上问题，有人提出了 Prüfer 数的编码方法。

1）定义

用 $n-2$ 位自然数唯一地表达出一棵 n 个节点的生成树，其中每个数字在 $1\sim n$ 之间。这样的一个排列称为 Prüfer 数。使用 Prüfer 数表示一棵树，交叉变异后还是一棵树。Prüfer 数编码本质上也是节点编码的一种。

2）应用条件

用 Prüfer 数表达生成树能够满足生成树的以下要求：

① 覆盖所有节点；

② 所有节点是连通的；

③ 没有回路。

3）编码步骤

① 设节点 i 是标号最小的叶子。

② 若边 (i,j) 在树上，则令 j 是编码中的第一个数字（编码顺序从左到右）。

③ 删去边 (i,j)。

④ 跳转到①，直到剩下一条边为止。

对于图 5.19 中粗线所表示的生成树，可以使用上述步骤进行编码，过程如图 5.20 所示，得到的 Prüfer 数编码为 $(2,2,6,2)$。

4）解码步骤

① 令 Prüfer 数中的节点集为 P，不包含在 P 中的节点集为 $\overline{P}$。

② 若 i 为 $\overline{P}$ 中最小标号的节点，j 为 P 中最左边的数字，连接边 (i,j)，并从 $\overline{P}$

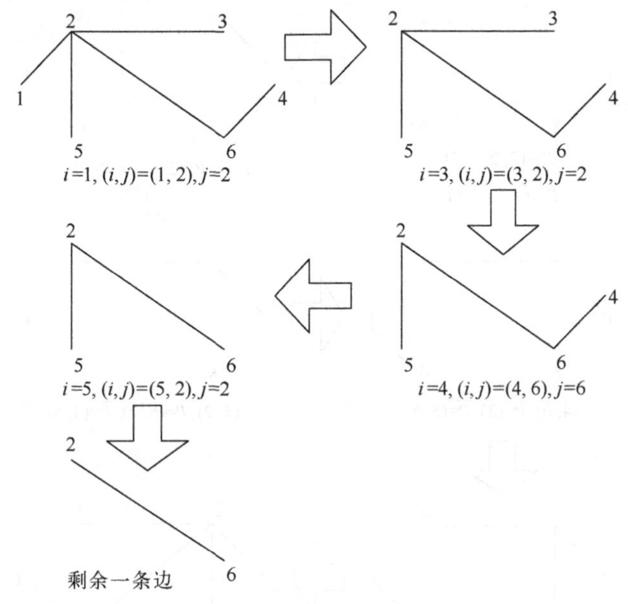

图 5.20 Prüfer 数编码示意图

中去掉 i，从 P 中去掉 j，若 j 不再在 P 中，将 j 加入 $\bar{P}$ 中。

③ 重复②，直到 P 中没有节点（即 P 为空），$\bar{P}$ 中正好剩下 (s,r) 两个元素。

④ 连接 (s,r)。

图 5.21 所示为上述 Prüfer 数的解码过程示意图，以刚才得到的编码(2,2,6,2)为例。

5）优点

Prüfer 数本质上也是一种节点编码方法，它是最小生成树问题的最合适编码方法。因为对于 n 个节点的图来说，其生成树的个数为 n^{n-2}，而 Prüfer 数的个数为 n^{n-2}。Prüfer 数编码实现了解空间和编码空间的一一对应，并且交叉和变异运算不破坏编码的合法性。从此例可以看到，一个好的编码对于遗传算法至关重要。

Prüfer 数编码的遗传算法可以使用前述的交叉和变异方法，如简单的单点交叉和随机变异即可，这里不再详述。

5.4.3 二次指派问题

首先介绍二次指派问题（quadratic assignment problem，QAP）及其遗传算法的求解。

1. 问题的提出

最早是将机器布局（facility layout）问题建模为二次指派问题，所以在描述二次指派问题时，常常以机器布局问题为例。该问题可描述如下：n 台机器要布

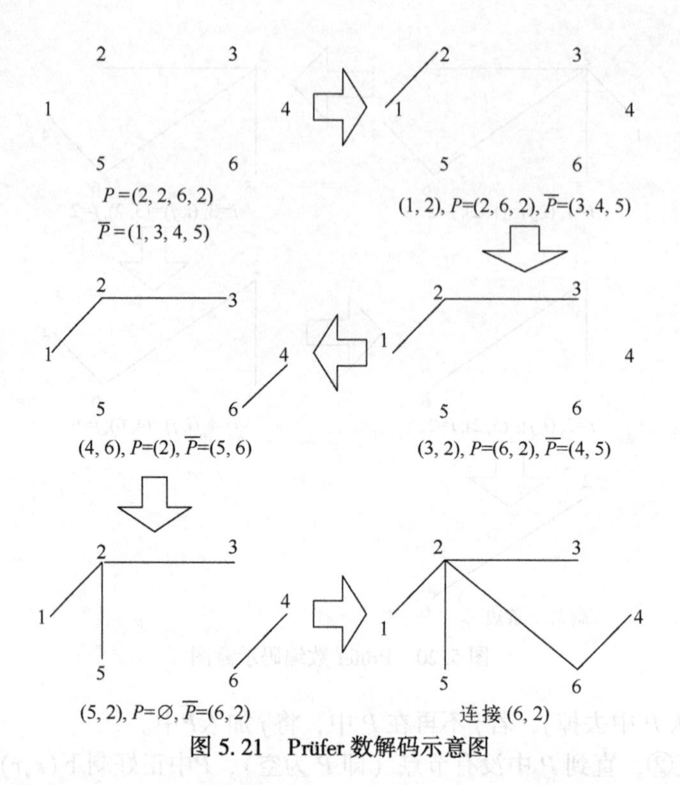

图 5.21 Prüfer 数解码示意图

置在 n 个地方，机器 i 与 k 之间的物流量为 f_{ik}，位置 j 和 l 之间的距离为 d_{jl}，如何布置使费用最小。

二次指派问题也可以被用作许多其他不同的实际问题的模型，如大学校园中建筑物的布局、医院中科室的安排、电子电路中最短布线问题以及磁带中相关数据的排序问题等。

2. 数学模型

用 0-1 编码的变量 x_{ij} 来表达机器与位置的关系为

$$x_{ij}=\begin{cases}1,\text{机器 } i \text{ 布置在位置 } j \text{ 上}\\0,\text{其他}\end{cases}$$

同理表示 x_{kl}。则该问题可建立二次 0-1 规划模型，即

$$\begin{cases}\min\ \sum\limits_{i=1}^{n}\sum\limits_{j=1}^{n}\sum\limits_{k=1}^{n}\sum\limits_{l=1}^{n}x_{ij}x_{kl}f_{ik}d_{jl}\\ \text{s. t.}\ \sum\limits_{i=1}^{n}x_{ij}=1,\ \forall j, j=1,2,\cdots,n\\ \sum\limits_{j=1}^{n}x_{ij}=1,\ \forall i, i=1,2,\cdots,n\\ x_{i,j}=0\text{ 或 }1,\ \forall i,j\end{cases}$$

二次指派问题是 TSP 问题的一般化，也是一个 NP 完全问题。

3. 遗传算法求解

1）编码

可以使用顺序编码：$X=(x_1,x_2,\cdots,x_i,\cdots,x_n)$（$1\leqslant i\leqslant n$），其中，$x_i$ 表示机器 x_i 放在位置 i，x_i 为 $1\sim n$ 的整数。如编码 $X=(4,3,1,2,5)$ 表示机器 4 放在位置 1，机器 3 放在位置 2，机器 1 放在位置 3，机器 2 放在位置 4，机器 5 放在位置 5。

该编码的优点是没有重复，保证了编码的合法性。

2）目标函数表达式

使用上面的编码方式，可将目标函数简化为

$$\min \sum_{i=1}^{n}\sum_{k=1}^{n} f_{ik} d_{x_i x_k}$$

显然，目标函数变得更加简洁，更加便于计算。但是，也导致变量出现在下标，任何数学规划不可用，而这正适合于使用遗传算法来求解。

3）适值标定与遗传运算

可以采用下面的动态线性标定方式，即

$$F(x)=k[f(x)]^{-\ln[f(x)]}$$

式中：k 取 10^{12}。

选择策略使用轮盘赌选择。遗传运算可以使用循环交叉操作，变异采用换位变异。

5.4.4 定向越野问题

1. 问题的提出

定向越野是一种借助地图、指北针或其他导航工具，在一个设定的范围内，通过途中的各种障碍，快速到达各个目标点位，并且完成各个点位任务，最后到达终点的运动。定向越野最早是一项军事体育运动，起源于瑞典，最早的定向越野比赛于 1895 年在瑞典斯德哥尔摩和挪威奥斯陆的军营区举行，标志着定向运动作为一种体育比赛项目的诞生。

定向越野问题，或称定向问题（orienteering problem）、有选择的旅行商问题（selective travelling salesman problem），是运筹学研究中的经典组合优化问题。该问题可以描述为：给定一系列点集及其相应的收益值，每个点有相应的访问时间，问题的目标是在有限的时间范围内，找到一条从起点到终点的路径，使总收益最大。每个节点至多被访问一次。因此，与 TSP 问题不同。TSP 问题要求全部城市都被访问，使访问的总路径最短；而定向问题则指在有限的时间范围内尽可能多访问节点，而有的节点可能不会被访问。同时，本节介绍的定向越野问题还有一个特性，即时间依赖（time-dependent），主要体现在每个节点的收益依赖于节点的结束时间，节点结束的时间越早，则节点的收益越高。下面就来介绍该时间依赖定向问题的数学模型。

（1）变量。

① x_i：$x_i \in \{0,1\}\ (i \in \{1,2,\cdots,n+1\})$，决策变量，代表节点 i 是否被选择，$i=n+1$ 为一个虚拟节点，代表整个解序列最后一个节点，整个序列的起点必须从节点 1 开始，结束的节点则不做要求，因此这里需要引入一个虚拟结束节点。

② p_i：决策变量，到达节点 i 的时间。

③ y_{ij}：$y_{ij} \in \{0,1\}$，辅助变量，代表节点 i 是否是节点 j 的直接前驱节点。

（2）参数。

① n：节点总数。

② d_i：节点 i 的访问时间。

③ r_i：节点 i 的收益。

④ s_{ij}：节点 i 到节点 j 的转换时间，通常与两个节点之间的距离有关。

⑤ $T_{\max}$：最晚结束时间，即限定的时间范围。

（3）目标函数，即

$$\text{Maximize} \sum_{i=1}^{n} \frac{T_{\max} - p_i - d_i}{T_{\max}} r_i$$

（4）约束条件，即

$$p_i+d_i+s_{ij}+(y_{ij}-1)M \leqslant p_j \quad (\forall i \in \{1,2,\cdots,n\}, j \in \{2,3,\cdots,n+1\}, i \neq j) \tag{5.1a}$$

$$\sum_{j=2, i\neq j}^{n+1} y_{ij} = x_i \quad (\forall i \in \{1,2,\cdots,n\}) \tag{5.1b}$$

$$\sum_{j=1, i\neq j}^{n} y_{ji} = x_i \quad (\forall i \in \{2,3,\cdots,n+1\}) \tag{5.1c}$$

$$p_{n+1} \leqslant T_{\max} \tag{5.1d}$$

$$p_i+d_i \leqslant T_{\max}+x_i M \tag{5.1e}$$

$$x_i M+p_i+d_i \geqslant T_{\max} \tag{5.1f}$$

$$x_1=1, x_{n+1}=1 \tag{5.1g}$$

$$x_i \in \{0,1\} \quad (\forall i \in \{1,2,\cdots,n\}) \tag{5.1h}$$

$$y_{ij} \in \{0,1\} \quad (\forall i \in \{1,2,\cdots,n\}, j \in \{2,3,\cdots,n+1\}, i \neq j) \tag{5.1i}$$

约束条件式（5.1a）中，M 为一个极大的常数，该约束代表相邻的两个节点，后一节点的开始时间必须晚于前一节点结束时间加两个节点之间的转换时间；约束条件式（5.1b）和约束条件式（5.1c）表示每个被选中的任务一定有一个直接前驱和一个直接后继；约束条件式（5.1d）表示序列中最后一个虚拟节点的开始时间（即最后一个实际节点的访问结束时间）不能超过限定的时间范围；约束条件式（5.1e）与约束条件式（5.1f）表示若节点未被选择（即 $x_i=0$），则该节点的结束时间等于 T_{max}，即收益为 0；约束条件式（5.1g）表示每个解一定有一个起点和一个终点，其中起点为节点 1，终点不确定，由虚拟节点 $n+1$ 表示；约束条件式（5.1h）和约束条件式（5.1i）表示变量的取值范围。

2. 遗传算法求解

针对定向越野问题特性，遗传算法各要素的设计如下。

1）编码

编码方式采用实数编码，染色体中的每个基因代表一个节点，基因的编排顺序表示节点的插入顺序，解码时，按照此顺序依照紧前原则（后一任务的开始时间为前一任务的结束时间加转换时间）依次插入节点至当前解序列的最后，直到某个节点的结束时间超过限定时间 T_{max} 无法插入，即生成一个解。与传统 TSP 问题中不同，定向越野问题的解中的节点数量不固定，但由于采用了以上编码方式，确保了不同染色体中的基因数量相同。

2）适值函数

适值函数与目标函数相同，即

$$\max \sum_{i=1}^{n} \frac{T_{max} - p_i - d_i}{T_{max}} r_i$$

3）种群初始化

采用随机的方式生成初始种群。即每次从尚未选择的节点中随机选择一个节点插入到当前解序列的最后，即生成了一个解，形成了一个个体，循环以上过程 N 次，就生成了种群规模为 N 的初始种群。

4）选择

采用轮盘赌法选择 $N/2$ 对个体组成父代。

5）交叉

采用顺序交叉法。具体步骤如下。

步骤 1：选择一对亲代个体。

步骤 2：生成随机数 $r\in[0,1]$，若 r 小于交叉概率，从亲代 P_1 个体的编码序列中选择前半段基因序列，将这个片段放在子代 1 的对应位置上，从亲代 P_2 个体的编码序列中依次选择基因插入子代 1，并跳过已有的基因，从亲代 P_2 个体的编码序列中选择前半段基因序列，将这个片段放在子代 2 的对应位置上，从亲代 P_1 个体的编码序列中依次选择基因插入子代 2，并跳过已有的基因，生成一对子代；否则，亲代 P_1 和 P_2 直接进入子代。

步骤 3：循环执行步骤 1 和步骤 2，直到子代个体数达到 N。

6）变异

采用两点互换方式进行变异操作，针对每个交叉操作产生的子代个体，执行以下步骤：生成随机数 $r\in[0,1]$，若 r 小于变异概率，则随机选择两个基因，交换基因位置，得到一个新的个体；否则该个体不发生变异。

7）种群更新

采用基于适应值的方式更新种群。将原种群和经交叉、变异产生的子代种群进行排名，选择前 N 个个体进入下一次迭代。

8）终止条件

连续 50 代最优解无改进。

3. 定向越野问题试验结果

1）时间依赖定向越野问题算例

本试验算例包含 8 个节点，节点参数如表 5.8 所列。

表 5.8 节点参数表

节点编号	节点执行时间/s	节点收益	备注
节点 1	200	10	序列唯一起点
节点 2	150	20	
节点 3	130	15	
节点 4	150	20	
节点 5	200	25	
节点 6	150	30	
节点 7	250	10	
节点 8	200	20	

节点之间的间距如表 5.9 所列。

表 5.9 节点间距表

项目	节点 1	节点 2	节点 3	节点 4	节点 5	节点 6	节点 7	节点 8
节点 1	0	340	200	360	50	120	170	360
节点 2	340	0	290	210	380	440	220	230
节点 3	200	290	0	420	200	220	260	380
节点 4	360	210	420	0	420	480	190	120
节点 5	50	380	300	420	0	70	230	430
节点 6	120	440	220	480	70	0	290	510
节点 7	170	220	260	190	230	290	0	120
节点 8	360	230	380	120	430	510	120	0

节点间移动速度：0.3 单位/s。

截止时间 T_{max}：5000s。

2）算法参数设定

遗传算法的各类参数设定如下。

① 种群规模：100。

② 交叉概率：0.9。

③ 变异概率：0.01。

④ 终止条件：连续 50 代最优解无改进。

3）算法求解结果

使用以上遗传算法对该时间依赖定向越野问题求解，求得的最优路径如图 5.22 所示，染色体基因排序为 15632487（节点 7 由于超时，无法抵达），总迭代次数为 57 次，最后一个节点结束的时间为 4380s，收益为 81.27。

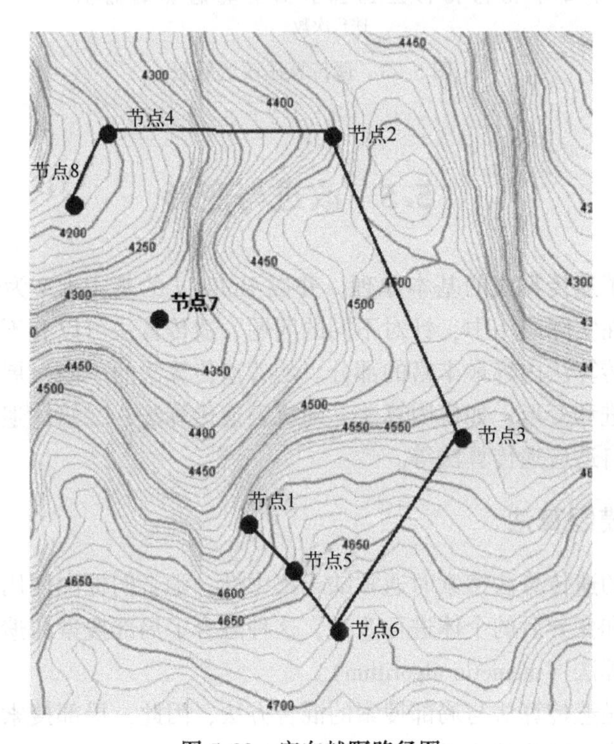

图 5.22　定向越野路径图

遗传算法改进效果如图 5.23 所示。

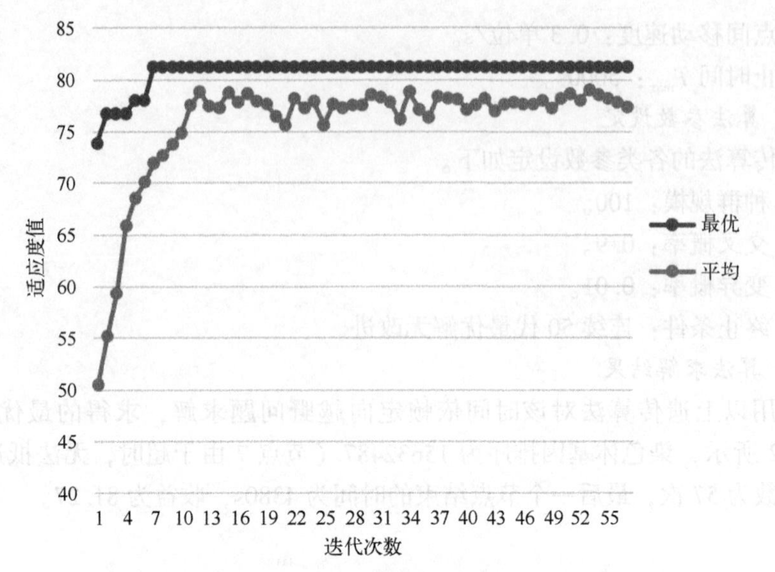

图 5.23　遗传算法改进效果

5.5　改进与变形

前面介绍了遗传算法的基本原理，并以 Holland 的基本 GA 为例说明了算法的具体实现。在实际应用中，针对不同的问题，遗传算法可以有不同的改进和变形。这也是遗传算法内容最丰富的部分。随着遗传算法的不断发展，学者们对其提出了多种改进和变形，如模因算法、随机键遗传算法、二倍体遗传算法、多种群遗传算法、自适应遗传算法等。

5.5.1　模因算法

由于标准的遗传算法搜索时通常缺乏集中性，学者们提出使用局部搜索对初始群体、交叉和变异后的个体进行改进，这种融合了局部搜索与遗传算法的混合算法称为模因算法（memetic algorithm）。

模因算法是遗传算法与局部搜索的混合方法，因此，局部搜索是模因算法的关键组件，对模因算法的表现起到关键性作用。

1. 局部搜索策略选择

（1）使用一种局部搜索策略，如爬山算法、变邻域爬山、模拟退火、禁忌搜索、与具体问题相关的特殊局部搜索策略等。

（2）使用多种局部搜索策略。

2. 局部搜索位置

（1）在选择操作时进行。

（2）在生成子代后进行。

3. 局部搜索的方式

（1）Lamarckian 式：由局部搜索改进得到的个体将参加进化操作。

（2）Baldwinian 式：由局部搜索改进得到的个体不参加进化操作。

4. 局部搜索的对象

（1）作用于整个群体。

（2）作用于部分个体。

5. 局部搜索与全局搜索的平衡

（1）局部搜索的强度：每次局部搜索的计算量。

（2）局部搜索的频率：每隔多久进行一次局部搜索。

6. 局部搜索其他参数

（1）邻域结构。

（2）移动步长。

（3）邻域大小等。

模因算法的流程如下。

步骤 1：生成初始种群 SP。

步骤 2：针对种群 SP 中的个体进行局部搜索改进操作。

步骤 3：未达到终止条件时，执行以下操作。

步骤 3.1：通过交叉产生新种群 SPC。

步骤 3.2：针对种群 SPC 中的个体进行局部搜索改进操作。

步骤 3.3：通过变异产生新种群 SPM。

步骤 3.4：针对种群 SPM 中的个体进行局部搜索改进操作。

步骤 3.5：从 SP、SPC、SPM 中选择新个体，形成新的种群 SP，未达到终止条件时，重复步骤 2 至步骤 3。

以 TSP 问题为例，下面给出了一种求解 TSP 问题的模因算法的要素。

① 编码：采用实数编码。

② 适值函数：取为目标函数的倒数，即路径总长度的倒数。

③ 选择：基于轮盘赌从群体中选择父代个体。

④ 交叉：部分映射交叉或者顺序交叉。

⑤ 局部搜索：基于 2-OPT 的爬山算法。

⑥ 终止条件：连续 100 代最优解无改进。

5.5.2 随机键遗传算法

随机键遗传算法（random-key genetic algorithm，RKGA）最早由 Bean 于 1994 年提出，主要用于求解带有排序的组合优化问题。

RKGA 算法的特点在于，其编码采用由随机键（random key）组成的序列表示。随机键是一个[0,1)区间的随机数。在进行解码时，首先对基因位上的随机键按照从小到大进行排序，排序出的序列即为最终任务执行的序列。

在进行交叉操作时，令 P_1 和 P_2 为两个亲代个体，则子代的第 i 个基因以 ρ_1 的概率取 $P_1[i]$的随机键值，以 $\rho_2=1-\rho_1$ 的概率取 $P_2[i]$的随机键值。

RKGA 特殊的编码方式保证了不同染色体基因位的一致性，进行交叉操作时不会产生不可行解，因此无需进行复杂的修复操作。同时，即使面向定向问题等过度订阅优化问题，解序列中的任务数量不同时，RKGA 算法的染色体基因个数仍然相同，因此 RKGA 算法很适合求解此类过度订阅问题。

在 RKGA 的基础上，有学者进一步提出了有偏随机键遗传算法（biased random-key genetic algorithm，BRKGA），BRKGA 在进行交叉和变异选择时，更偏向于选择当前种群中较优的个体，因此相比 RKGA 具有更快的收敛速度。

5.5.3 二倍体遗传算法

二倍体遗传算法的原理主要参考自然界中染色体的二倍体现象。自然界中高等动植物的染色体大多为二倍体形式，即含有两个同源基因组。例如，人的染色体就是 23 对二倍体构成的一种复杂的结构形式。二倍体结构中各个基因有显性基因和隐性基因之分。这两类基因使个体所呈现出的表现型由下述规则决定：在每个基因座上，当两个同源染色体的基因之一是显性时，则该基因所对应的性状表现为显性；而仅当两个同源染色体中对应基因全部为隐性时，该基因对应性状才表现为隐性。二倍体记忆了以前有用的基因及基因组合。显性提供了一种算子，它保护所记忆的基因免受有害选择运算的破坏。

二倍体的应用意义在于记忆能力和显性操作的鲁棒性。前者使基于二倍体结构的遗传算法能够解决动态环境下复杂系统的优化问题，易于跟踪环境的动态变化过程；后者使得即使随机选择了适应值不高的个体，而显性操作可以利用另一同源染色体对其进行校正，从而提高运算效率，保持好的种群。

这里介绍由 Holland 等提出的一种基于二倍体 0-1 编码的单基因座显性映射方法。在这种方法中，0-1 为二进制的基因取值，而基因取值为 1 时，分为 M 和 m，分别表示显性的 1 和隐性的 1，用于确定基因的显、隐性。二倍体显性映射表如表 5.10 所示。

表 5.10 单基因座显性映射方法

基　因	0	1m	1M
0	0	0	1
1m	0	1	1
1M	1	1	1

应用二倍体遗传算法时，需要先参考映射表将二倍体基因转化为单倍体，再进行解码操作，因此二倍体遗传算法比单倍体遗传算法的计算量大，但其在求解高维函数优化问题上的表现远优于单倍体遗传算法。

另一种常见的二倍体遗传算法中，每个个体具有两条染色体（第一条默认为显性染色体，第二条为隐性染色体），每条染色体的编码解码方式与标准的遗传算法相同。进行遗传操作时，两个个体的显性染色体进行交叉操作，隐性染色体进行交叉操作，显性交叉率和隐性交叉率相同；显性染色体和隐性染色体的变异概率可不同，一般隐性染色体变异概率更大。同时，引入了重排算子的概念，重排算子将个体中适应值较大的作为线性染色体，较小的作为隐性染色体。这样做的好处是，隐性基因可以采取更高的变异概率，增加解的多样性，同时又能防止变异产生的较差基因影响种群表现。

5.5.4 多种群遗传算法

由于标准遗传算法容易出现早熟收敛问题，同时算法的参数对算法性能具有较大影响，学者们进一步提出了多种群遗传算法（multi-population genetic algorithm，MPGA）。MPGA 算法的结构如图 5.24 所示，其改进主要体现在以下方面。

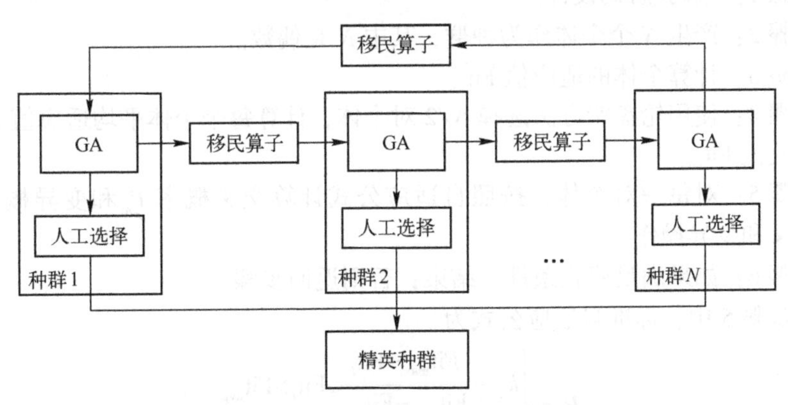

图 5.24 MPGA 算法多种群协同进化示意图

（1）采用多个种群同时进行进化搜索操作，各个种群内部采用标准遗传算法（GA）进行演化，不同的种群能够采用不同的算法参数，如交叉概率、变异概率等。

（2）引入一种移民算子概念，该类算子能够定期将不同种群中的最优个体转移到其他种群中，同时淘汰种群中最差的个体，实现种群间的信息交换与协同进化。

（3）各个种群进化过程中，通过人工选择机制保留精英个体组成精英种群，精英种群中个体的保持代数可以作为算法的终止条件。

与标准遗传算法相比，由于不同种群能够设定不同的参数，MPGA具有更强的全局搜索能力和多样性，同时对于参数的敏感性较弱。

5.5.5 自适应遗传算法

自适应遗传算法是指交叉概率 p_c 和变异概率 p_m 会随种群适应值自动改变的遗传算法，主要包括根据进化阶段调整交叉概率和变异概率和根据个体适应值调整交叉变异概率。

（1）根据进化阶段调整交叉变异概率。当种群个体适应值趋于一致或者趋于局部最优时，增加交叉和变异概率；当群体适应值比较分散时，减小交叉和变异概率，有利于优良个体生存。

（2）根据个体适应值调整交叉概率和变异概率。对于适应值高于群体平均值的个体，选择较低的交叉和变异概率，使该个体得以保护进入下一代；对于适应值低于平均值的个体，选择较高的交叉概率和变异概率，使该个体被淘汰。

下面以根据个体适应值调整交叉概率和变异概率的自适应遗传算法为例，介绍其主要步骤如下。

步骤1：编码/解码设计。

步骤2：产生 N 个个体作为种群，其中 N 是偶数。

步骤3：计算个体的适应值 Fit_i。

步骤4：使用轮盘赌方法选择 $N/2$ 对个体，计算每个个体平均适应值 $\mathrm{Fit}_{\mathrm{avg}}$ 和最大适应值 $\mathrm{Fit}_{\max}$。

步骤5：对每一对个体，按照自适应公式计算交叉概率 P_c 和变异概率 P_m，进行交叉和变异操作。

步骤6：如果满足停止条件，结束；否则返回步骤3。

在步骤5中，标准自适应公式为

$$P_c=\begin{cases} k_1\cdot\dfrac{\mathrm{Fit}_{\max}-\mathrm{Fit}_i}{\mathrm{Fit}_{\max}-\mathrm{Fit}_{\mathrm{avg}}}, \mathrm{Fit}_i>\mathrm{Fit}_{\mathrm{avg}} \\ k_2, \mathrm{Fit}_i\leqslant \mathrm{Fit}_{\mathrm{avg}} \end{cases}$$

$$P_{\mathrm{m}}=\begin{cases}k_3\cdot\dfrac{\mathrm{Fit}_{\max}-\mathrm{Fit}_i}{\mathrm{Fit}_{\max}-\mathrm{Fit}_{\mathrm{avg}}},\mathrm{Fit}_i>\mathrm{Fit}_{\mathrm{avg}}\\ k_4,\mathrm{Fit}_i\leqslant\mathrm{Fit}_{\mathrm{avg}}\end{cases}$$

可见，在标准自适应公式中，个体适应值越接近最大适应值时，交叉概率和变异概率就越小。同时，当等于最大适应值时，交叉概率和变异概率为 0，这就会使最好的个体不与其他个体杂交就被复制到下一代，使其优秀的基因得不到充分利用。为了避免这种情况出现，F-自适应遗传算法被提出，其自适应更新公式为

$$P_{\mathrm{c}}=\begin{cases}P_{\mathrm{c1}}-\dfrac{(P_{\mathrm{c1}}-P_{\mathrm{c2}})*(\mathrm{Fit}_i-\mathrm{Fit}_{\mathrm{avg}})}{\mathrm{Fit}_{\max}-\mathrm{Fit}_{\mathrm{avg}}},\mathrm{Fit}_i>\mathrm{Fit}_{\mathrm{avg}}\\ P_{\mathrm{c1}},\mathrm{Fit}_i\leqslant\mathrm{Fit}_{\mathrm{avg}}\end{cases}$$

$$P_{\mathrm{m}}=\begin{cases}P_{\mathrm{m1}}-\dfrac{(P_{\mathrm{m1}}-P_{\mathrm{m2}})*(\mathrm{Fit}_i-\mathrm{Fit}_{\mathrm{avg}})}{\mathrm{Fit}_{\max}-\mathrm{Fit}_{\mathrm{avg}}},\mathrm{Fit}_i>\mathrm{Fit}_{\mathrm{avg}}\\ P_{\mathrm{m1}},\mathrm{Fit}_i\leqslant\mathrm{Fit}_{\mathrm{avg}}\end{cases}$$

可见，在 F-自适应公式中，当个体适应值等于最大适应值时，其交叉概率和变异概率 P_{c2} 和 P_{m2} 可以设置为一个较小但不为 0 的数值。

参考文献

[1] HOLLAND J H. Adaptation in Natural and Artificial Systems [M]. Michigan: University of Michigan Press, 1975.

[2] 贺毅朝，王熙照，李文斌，等．基于遗传算法求解折扣｛0-1｝背包问题的研究［J］．计算机学报，2016，39（12）：2614-2630.

[3] 曲志坚，张先伟，曹雁锋，等．基于自适应机制的遗传算法研究［J］．计算机应用研究，2015，32（11）：3222-3225+3229.

[4] 欧丽珍，杨旭，李新梦，等．基于 Dijkstra 改进遗传算法的定向越野赛道设计［J］．火力与指挥控制，2022，47（04）：29-33.

[5] MIRJALILI S, MIRJALILI S. Genetic algorithm [J]. Evolutionary algorithms and neural networks: Theory and Applications, 2019: 43-55.

[6] KATOCH S, CHAUHAN S S, KUMAR V. A review on genetic algorithm: past, present, and future [J]. Multimedia Tools and Applications, 2021, 80: 8091-8126.

[7] 陈可嘉，杨晓倩．协同时隙二次指派的改进自适应单亲遗传算法［J］．计算机仿真，2023，40（01）：66-72.

[8] 李瑞，王凌，龚文引．知识驱动的模因算法求解分布式绿色柔性调度［J］．华中科技大学学报（自然

科学版)，2022，50（06)：55-60.

[9] 周小飞，赵瑞莲，李征．基于多种群遗传算法的可扩展有限状态机测试数据自动生成［J].计算机应用与软件，2015，32（11)：1-6+52.

[10] 张超群，郑建国，钱洁．遗传算法编码方案比较［J].计算机应用研究，2011，28（3)：819-822.

[11] 张京钊，江涛．改进的自适应遗传算法［J].计算机工程与应用，2010，46（11)：53-55.

[12] 李书全，孙雪，孙德辉，等．遗传算法中的交叉算子的述评［J].计算机工程与应用，2012，48（1)：36-39.

[13] 王瑞琪，张承慧，李珂．基于改进混沌优化的多目标遗传算法［J].控制与决策，2011，26（9)：1391-1397.

第 6 章

蚁群算法

蚁群算法是20世纪90年代发展起来的一种模仿蚂蚁群体行为的智能化算法。该算法引入正反馈并行机制，具有较强的鲁棒性、优良的分布式计算机制、易于与其他方法结合等优点。目前蚁群算法已经渗透到多个应用领域，从一维静态优化问题到多维动态优化问题，从离散问题到连续问题。蚁群算法都展现出优异的性能和广阔的发展前景，成为国内外学者竞相关注的研究热点和课题。本章将系统地介绍蚁群算法的理论、方法和应用，基本的蚁群算法，包括分析基本蚁群算法的机制和原理，介绍基本蚁群算法的数学模型、实现方法；介绍改进的蚁群算法，概括性介绍蚁群算法收敛性研究的成果；在分析蚁群算法与其他仿生优化算法异同的基础上，介绍蚁群算法与遗传算法的融合；最后是蚁群算法的典型应用，总结蚁群算法在各个领域的应用，重点介绍蚁群算法在车辆路径问题和车间调度作业问题中的应用。

6.1 导　　言

人类在自然界获得启示，发明了许多试图通过模拟自然生态系统机制来求解复杂优化问题的仿生优化方法，如本书中提到的遗传算法、蚁群算法、粒子群算法、捕食搜索算法等。这些与经典的数学规划截然不同的仿生优化算法的相继出现，大大丰富了优化技术，使许多在人类看来高度复杂的优化问题得到更好的解决。

研究群居性昆虫行为的科学家发现，昆虫在群落一级上的合作基本上是自组织的，在许多场合中尽管这些合作很简单，但它们却可以解决许多复杂的问题。每只蚂蚁的智能并不高，看起来没有集中的指挥，但它们却能协同工作寻找食物。据此，意大利学者 Dorigo M 等提出一种模拟昆虫王国中蚂蚁群体觅食行为方式的仿生优化算法——蚁群算法（ant colony algorithm，ACA）。该算法引入正反馈并行机制，具有较强的鲁棒性、优良的分布式计算机制、易于与其他方法结合等优点。目前蚁群算法已经渗透到各个应用邻域，从一维静态优化问题到多维动态优化问题，从离散问题到连续问题。蚁群算法解决了许多复杂优化和经典 NP-C 问题，展现出优异的性能和广阔的发展前景，成为国内外学者竞相关注的研究热点和前沿性课题。

6.1.1 蚁群觅食的特征

那么在自然界中蚂蚁是如何觅食的呢？为什么蚁群总能找到一条从蚁巢到食物源的最短路径？原来蚂蚁会分泌一种叫信息素（pheromone）的化学物质，蚂蚁的许多行为受信息素的调控，蚂蚁在运动过程中，能够在其经过的路径上留下信息素，而且能感知这种物质的存在及其浓度，以此指导自己的运动方向。蚂蚁倾向于朝着信息素浓度高的方向移动。

例如，蚁巢在 *A* 点，蚁群发现食物源在 *D* 点，它们总是会选择最短的直径 *AD* 来搬运食物，如图 6.1（a）所示。如果搬运路线上突然出现障碍物，不管路径长短，蚂蚁按相同的概率选择在图中 *B* 点 *C* 点绕过障碍物，如图 6.1（b）所示。由于路径 *ABD* 的长度小于路径 *ACD* 的长度，单位时间内通过路径 *ABD* 的蚂蚁数量大于通过路径 *ACD* 的蚂蚁数量，则在路径 *ABD* 上面遗留的信息素浓度比较高，因为蚂蚁倾向于朝着信息素浓度高的方向移动，所以选择路径 *ABD* 的蚂蚁随之增多，如图 6.1（c）所示。于是，蚁群的集体行为表现出一种信息正反馈现象，即最短路径上走过的蚂蚁越多，则后来的蚂蚁选择该路径的概率就越大，蚂蚁个体之间就是通过这种信息的交流达到寻优食物和蚁穴之间最短路径的目的，如图 6.1（d）所示。

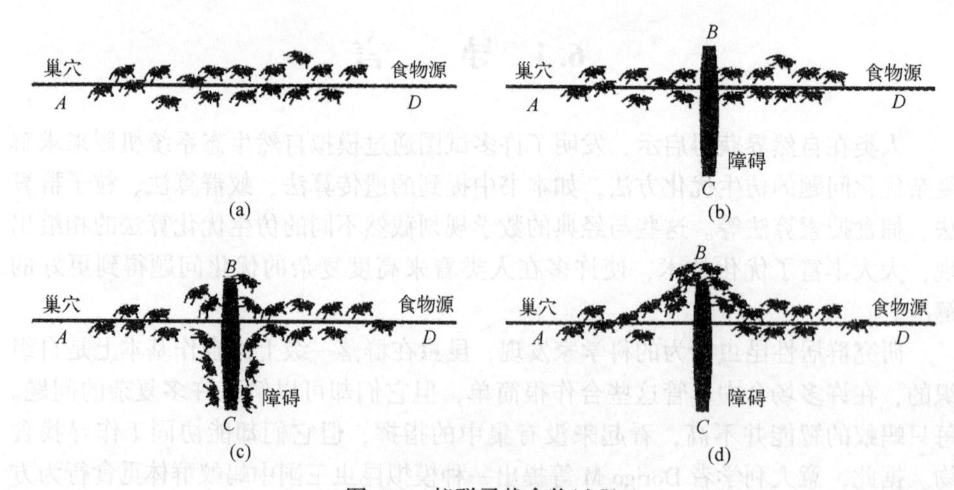

图 6.1 蚁群寻找食物过程

6.1.2 人工蚂蚁与真实蚂蚁的异同

蚁群算法是利用蚁群觅食的群体智能解决复杂优化问题的典型例子。为了使蚁群算法有令人满意的性能，要在真实的蚁群基础上继承些什么？摒弃些什么？下面介绍人工蚂蚁与真实蚂蚁的异同。

1. 相同点

(1) 两个群体中都存在个体相互交流的通信机制。真实蚂蚁在经过的路径上留下信息素，用以影响蚁群中的其他个体，且信息素随着时间推移逐渐挥发，减轻历史遗留信息对蚁群的影响。同样，人工蚂蚁改变其所经过路径上存储的数字化信息素，该信息素记录了人工蚂蚁当前解和历史解的性能状态，而且可被后继人工蚂蚁读写。数字化的信息素同样具有挥发特征，它像真实的信息量挥发一样，使人工蚂蚁逐渐忘却历史遗留信息，在选择路径时不局限于以前人工蚂蚁所存留的经验。

(2) 都要完成寻找最短路径的任务。真实蚂蚁要寻找一条从巢穴到食物源的最短路径。人工蚂蚁要寻找一条从源节点到目的节点间的最短路径。两种蚂蚁都只能在相邻节点间一步步移动，直至遍历完所有节点。

(3) 都采用根据当前信息进行路径选择的随机选择策略。真实蚂蚁和人工蚂蚁从某一节点到下一节点的移动都是利用概率选择策略实现的。这里概率选择策略是基于当前信息来预测未来情况的一种方法。

2. 不同点

(1) 人工蚂蚁具有记忆能力，而真实蚂蚁没有。人工蚂蚁可以记住曾经走过的路径或访问过的节点，可提高算法的效率。

(2) 人工蚂蚁选择路径的时候并不是完全盲目的，受到问题空间特征的启发，按一定算法规律有意识地寻找最短路径（如在旅行商问题中，可以预先知道下一个目标的距离）。

(3) 人工蚂蚁生活在离散时间的环境中，即问题的求解规划空间是离散的，而真实蚂蚁生活在连续时间的环境中。

6.1.3 蚁群算法的研究进展

1991年，意大利学者 Dorigo M 等在法国巴黎召开的第一届欧洲人工生命会议（European conference on artificial life，ECAL）上首次提出了蚁群算法，之后的5年中并没有受到国际学术界的广泛关注。1996年，Dorigo M 等在《IEEE Transactions on Systems，Man，and Cybernetics-Part B》上发表了“Ant system：optimization by a colony of cooperation agents”一文，奠定了蚁群算法的基础。而这之后的5年里，蚁群算法逐渐引起了国际学术界的广泛关注。1998年，Dorigo M 组织

在比利时布鲁塞尔召开了第一届蚁群算法国际研讨会（ANTS'98），随后每隔两年都要在布鲁塞尔召开一次蚁群算法国际研讨会。2000 年，Gutjahr W J 发表了题为“A graph-based ant system and its convergence”的学术论文，对蚁群算法的收敛性进行了证明。同年，Dorigo M 和 Bonabeau E 等在国际顶级学术杂志《Nature》上发表了蚁群算法研究综述，将这一研究推向国际学术界的前沿。

最近几年，国际顶级学术杂志《Nature》曾多次对蚁群算法的研究成果进行了报道，《Future Generation Computer Systems》（Vol. 16，No. 8）和《IEEE Transactions on Evolutionary Computation》（Vol. 6，No. 4）分别于 2000 年和 2002 年出版了蚁群算法特刊。

我国对蚁群算法的研究起步较晚，从公开发表论文的时间来看，国内最先研究蚁群算法的是东北大学的张记会和徐心和。尔后，高尚、汪镭、李艳君、段海滨、陈峻、张勇德和杨勇等都有不俗的工作。段海滨的《蚁群算法原理及其应用》一书则为国内第一本系统介绍研究蚁群算法的学术著作。目前，蚁群算法的研究已经由单一的 TSP 领域渗透到多个应用领域。从一维静态优化问题到多维动态优化问题，从离散问题到连续问题。同时蚁群算法在模型改进及与其他仿生优化算法的融合方面也取得了相当丰富的研究成果，展现出广阔的发展前景。

6.2 基本蚁群算法

本节首先从深层次上对基本蚁群算法的机理进行研究，从 TSP 的角度对基本蚁群算法的数学模型进行分析，并给出具体实现步骤和程序结构框架。然后在引入复杂度概念的基础上，对基本蚁群算法进行复杂度分析。最后讨论参数选择对蚁群算法性能的影响。本节内容是蚁群算法的理论分析部分，也是深入理解蚁群算法、改进蚁群算法、应用蚁群算法的基础。

6.2.1 基本蚁群算法的原理

基本蚁群算法（ant system，AS）是采用人工蚂蚁的行走路线来表示待求解问题可行解的一种方法。每只人工蚂蚁在解空间中独立地搜索可行解，当它们碰到一个还没有走过的路口时，就随机挑选一条路径前行，同时释放出与路径长度有关的信息素。路径越短信息素的浓度就越大。当后继的人工蚂蚁再次碰到这个路口的时候，以相对较大的概率选择信息素较多的路径，并在“行走路线”上留下更多的信息素，影响后来的蚂蚁，形成正反馈机制。随着算法的推进，代表最优解路线上的信息素逐渐增多，选择它的蚂蚁也逐渐增多，其他路径上的信息素却会随着时间的流逝而逐渐削减，最终整个蚁群在正反馈的作用下集中到代表最优解的路线上，也就找到了最优解。在整个寻优过程中，单只蚂蚁的选择能力有限，但蚁群具有高度的自组织性，通过信息素交换路径信息，形成集体自催化行为，找到最优路径。图6.2是一个基于蚁群算法的人工蚁群系统寻找最短路径的例子。

如图6.2（a）所示，路径BF、CF、BEC的路程长度d为1，E是路径BEC的中点。假设在每个单位时间内有30只蚂蚁从A来到B，30只蚂蚁从D来到C，每只蚂蚁单位时间内行进路程为1，蚂蚁在行进过程中在单位时间内留下一个浓度单位的信息素，在一个时间段$(t,t+1)$结束后瞬间完全挥发。

如图6.2（b）所示，$t=0$时，在B和C点各有30只蚂蚁，由于此前路径上没有信息素，它们随机地选择路径，在BF、BE、CF和CE上各有15只蚂蚁。

如图6.2（c）所示，$t=1$时，又有30只蚂蚁到达B。它们发现在BF上信息素浓度为15，BE上信息素浓度为30（是由15只BE走向和15只EB走向的蚂蚁共同留下的），因此选择BE路径的蚂蚁数的期望值是选择BF蚂蚁数的2倍。所以，20只蚂蚁选择BE，10只蚂蚁选择BF。同样的情况发生在C点。这个过程一直持续下去，直到所有人工蚂蚁最终选择最短路径BEC（或CEB）。

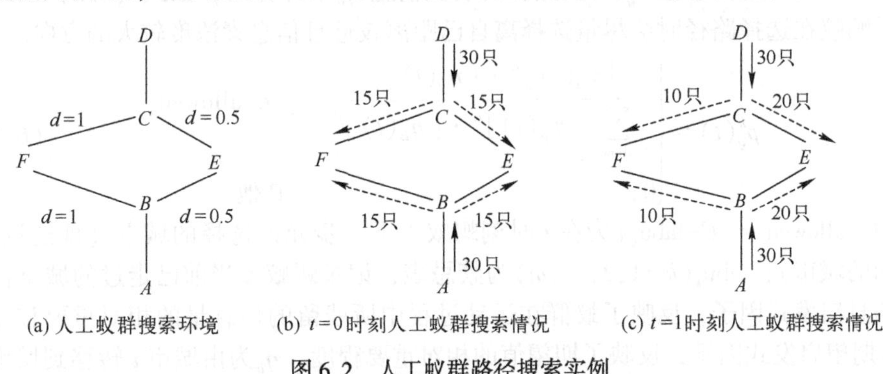

图6.2 人工蚁群路径搜索实例

6.2.2 基本蚁群算法的数学模型

很多文献对基本蚁群算法的详细介绍都是从旅行商问题（traveling salesman problem，TSP）开始。这是因为蚁群觅食的过程与TSP问题的求解非常相似，为了便于读者更好地理解蚁群算法的数学模型和实现过程，以n个城市TSP问题作为背景介绍基本蚁群算法。TSP问题属于一种典型的组合优化问题，是组合优化问题中最经典的NP难题之一，它在蚁群优化算法的发展过程中起着非常重要的作用。

TSP问题：给定n个城市的集合$C=\{c_1,c_2,\cdots,c_n\}$及城市之间旅行路径的长短$d_{ij}(1\leqslant i\leqslant n,1\leqslant j\leqslant n,i\neq j)$。TSP问题是找到一条只经过每个城市一次且回到

起点的、最短路径的回路。设城市 i 和 j 之间的距离为 d_{ij}，表示为

$$d_{ij}=[(x_i-x_j)^2+(y_i-y_j)^2]^{\frac{1}{2}} \tag{6.1}$$

TSP 求解中，假设蚁群算法中的每只蚂蚁是具有下列特征的简单智能体。

① 每次周游，每只蚂蚁在其经过的支路(i,j)上都留下信息素。

② 蚂蚁选择城市的概率与城市之间的距离和当前连接支路上所包含的信息素余量有关。

③ 为了强制蚂蚁进行合法的周游，直到一次周游完成后，才允许蚂蚁游走已访问过的城市（这可由禁忌表来控制）。

蚂蚁算法中的基本变量和常数有：m，蚁群中蚂蚁的总数；n，TSP 问题中城市的个数；d_{ij}，城市 i 和 j 之间的距离，其中 i、$j\in(1,n)$；$\tau_{ij}(t)$，表示 t 时刻在路径(i,j)连线上残留的信息量。在初始时刻各条路径上信息量相等，并设 $\tau_{ij}(0)=$ const(const 为常数)。

蚂蚁 $k(k=1,2,\cdots,m)$在运动过程中，根据各条路径上的信息量决定其转移方向。$p_{ij}^k(t)$表示在 t 时刻蚂蚁 k 由城市 i 转移到城市 j 的状态转移概率，根据各条路径上残留的信息量 $\tau_{ij}(t)$及路径的启发信息 η_{ij}来计算的，如式（6.2）所示。表示蚂蚁在选择路径时会尽量选择离自己距离较近且信息素浓度较大的方向。

$$p_{ij}^k(t)=\begin{cases}\dfrac{[\tau_{ij}(t)]^{\alpha}\cdot[\eta_{ij}(t)]^{\beta}}{\sum\limits_{s\subset \text{allowed}_k}[\tau_{is}(t)]^{\alpha}\cdot[\eta_{is}(t)]^{\beta}}, & j\in \text{allowed}_k\\ 0, & \text{其他}\end{cases} \tag{6.2}$$

式中，$\text{allowed}_k=\{C-\text{tabu}_k\}$为在 t 时刻蚂蚁 k 下一步允许选择的城市（即还没有访问的城市）；$\text{tabu}_k(k=1,2,\cdots,m)$为禁忌表，记录蚂蚁 k 当前已走过的城市；α 为信息启发式因子，反映了蚁群在运动过程中所残留的信息量的相对重要程度；β 为期望启发式因子，反映了期望值的相对重要程度；η_{ij}为由城市 i 转移到城市 j 的期望程度，被称为先验知识，这一信息可由要解决的问题给出，并由一定的算法来实现，TSP 问题中一般取值为

$$\eta_{ij}(t)=\frac{1}{d_{ij}} \tag{6.3}$$

对蚂蚁 k 而言，d_{ij}越小，则 η_{ij}越大，$p_{ij}^k(t)$也就越大。

为了避免残留信息素过多而淹没启发信息，在每只蚂蚁走完一步或者完成对所有 n 个城市的遍历后，要对残留信息素进行更新处理。$(t+n)$时刻在路径(i,j)上信息量可按式（6.4）和式（6.5）所示的规则进行调整，即

$$\tau_{ij}(t+n)=(1-\rho)\cdot\tau_{ij}(t)+\Delta\tau_{ij}(t) \tag{6.4}$$

$$\Delta\tau_{ij}(t)=\sum_{k=1}^{m}\Delta\tau_{ij}^k(t) \tag{6.5}$$

式中：ρ 为信息素挥发系数。模仿人类记忆特点，旧的信息将逐步忘却、削弱，为了防止信息的无限积累，ρ 的取值范围为$[0,1)$，用 $1-\rho$ 表示信息的残留系数；

$\Delta\tau_{ij}(t)$为本次循环中路径(i,j)上信息素增量，初始时刻 $\Delta\tau_{ij}(t)=0$；$\Delta\tau_{ij}^{k}(t)$为第 k 只蚂蚁在本次循环中留在路径(i,j)上的信息量。

根据信息素更新策略的不同，Dorigo M 提出了 3 种不同的基本蚁群算法模型，分别称为蚁周模型（ant-cycle model）、蚁量模型（ant-quantity model）及蚁密模型（ant-density model），这 3 种模型的差别在于 $\Delta\tau_{ij}^{k}(t)$求法不同，下面比较 3 种模型的异同。

蚁周模型为

$$\Delta\tau_{ij}^{k}(t)=\begin{cases}\dfrac{Q}{L_k}, & \text{第 } k \text{ 只蚂蚁在本次循环中经过}(i,j)\\ 0, & \text{其他}\end{cases} \tag{6.6}$$

蚁量模型为

$$\Delta\tau_{ij}^{k}(t)=\begin{cases}\dfrac{Q}{d_{ij}}, & \text{第 } k \text{ 只蚂蚁在 } t\sim t+1 \text{ 之间经过}(i,j)\\ 0, & \text{其他}\end{cases} \tag{6.7}$$

蚁密模型为

$$\Delta\tau_{ij}^{k}(t)=\begin{cases}Q, & \text{第 } k \text{ 只蚂蚁在 } t\sim t+1 \text{ 之间经过}(i,j)\\ 0, & \text{其他}\end{cases} \tag{6.8}$$

式中：Q 为常量，表示蚂蚁循环一周或一个过程在经过的路径上所释放的信息素总量，它在一定程度上影响算法的收敛速度；L_k 为第 k 只蚂蚁在本次循环中所走路径的总长度。

区别：式（6.6）利用整体信息，蚂蚁完成一个循环后才更新所有路径上的信息素；式（6.7）和式（6.8）利用局部信息，蚂蚁每走一步就要更新路径上的信息素；式（6.6）蚁周模型在求解 TSP 问题时效果较好，应用也比较广泛。

6.2.3　基本蚁群算法的具体实现

这里的基本蚁群算法是基于蚁周模型的，实现步骤如下。

第 1 步：初始化参数。时间 $t=0$，循环次数 $N_c=0$，设置最大循环次数 N_{cmax}，令路径(i,j)的初始化信息量 $\tau_{ij}(t)=\text{const}$，初始时刻 $\Delta\tau_{ij}(0)=0$。

第 2 步：将 m 只蚂蚁随机放在 n 个城市上。

第 3 步：循环次数 $N_c \leftarrow N_c+1$。

第 4 步：令蚂蚁禁忌表索引号 $k=1$。

第 5 步：$k=k+1$。

第 6 步：根据状态转移概率公式（6.2）计算蚂蚁选择城市 j 的概率，$j\in\{C-\text{tabu}_k\}$。

第7步：选择具有最大状态转移概率的城市，将蚂蚁移动到该城市，并把该城市记入禁忌表中。

第8步：若没有访问完集合 C 中的所有城市，即 $k<m$，跳转至第5步；否则，转第9步。

第9步：根据式（6.4）和式（6.5）更新每条路径上的信息量。

第10步：若满足结束条件，循环结束输出计算结果；否则清空禁忌表并跳转到第3步。基本蚁群算法的算法框图如图6.3所示。

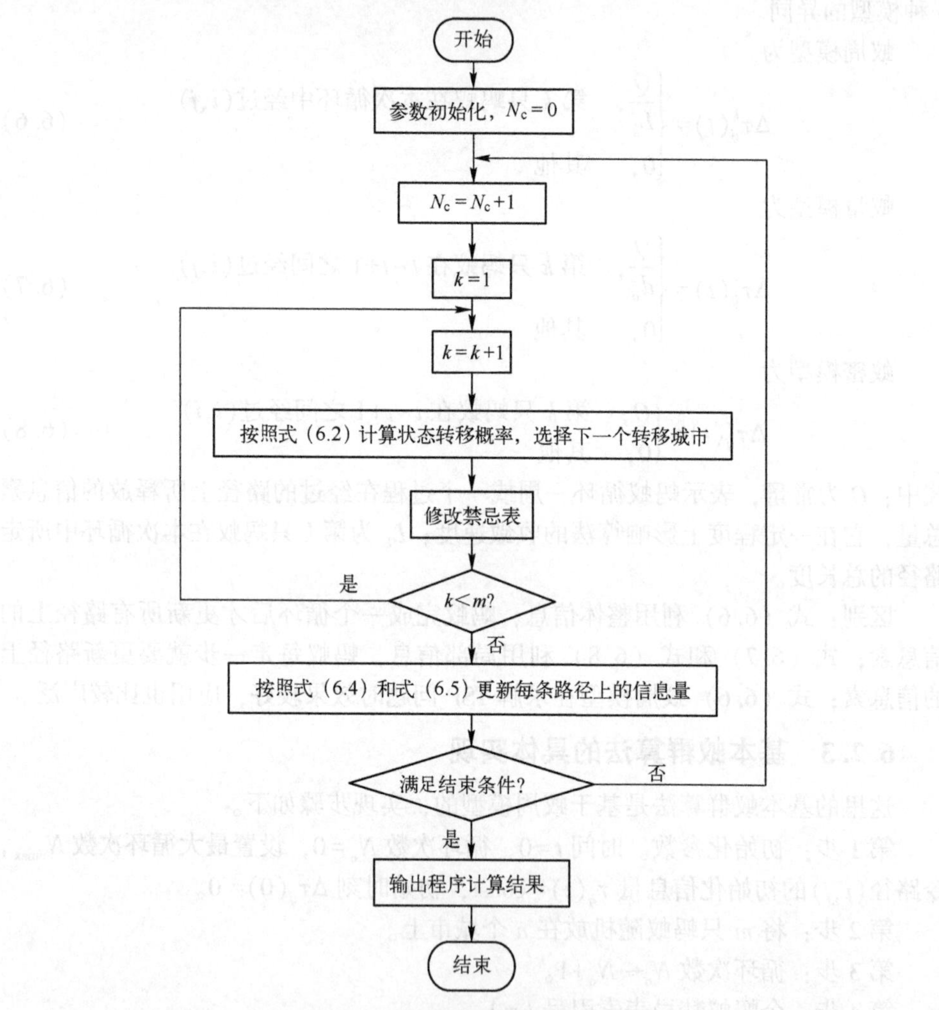

图6.3　基本蚁群算法的算法框图

6.2.4　基本蚁群算法的复杂度分析

每个组合优化问题都可以通过枚举的方法求得最优解，枚举是以时间为代价的，即使是在计算机软硬件技术高速发展的今天，满足大规模问题求解所要求的计算时间和存储空间仍然是非常棘手的问题，造成一些问题在理论上可解而在实际中不一定可解。如 TSP 问题采用穷举法，所有的可行路径共有$\frac{(n-1)!}{2}$条，若以路径比较为基本操作，则需要$\frac{(n-1)!}{2}-1$次比较才能获得最优解。如果以计算机 1s 可以完成 24 个城市所有路径的枚举为单位，则 25 个城市的枚举需要 24s。类似地，城市数与计算时间的关系见表 6.1。当城市数目增加到 30 个时，计算时间约 10.8 年，已经超过可接受的范围。

表 6.1　TSP 问题枚举计算的城市数与计算时间的关系

城市数	24	25	26	27	28	29	30	31
计算时间	1s	24s	10min	4.3h	约 4.9d	136.5d	约 10.8y	约 325y

鉴于许多问题的求解复杂度可能大于 TSP 问题，因此只有了解所研究问题和算法的复杂度，才能有针对性地设计和改进算法，提高算法的优化效率。

1. 复杂度的基本概念

基本蚁群算法的复杂度分析是在理论上对蚁群算法的算法效率的分析。可分为算法的时间复杂度分析和空间复杂度分析。

定义 6.1　(算法的时间复杂度)：指求解该问题的所有算法中时间复杂性最小的算法时间复杂度。

在实际中，衡量一个算法的好坏通常是用算法中所使用的加、减、乘、除和比较等基本运算的总次数以及具体问题在计算机计算时的二进制输入数据的大小关系来度量。由于对一个问题的二进制输入长度和算法的基本计算总次数是粗略估计的，一般总是给出一个上限。

定义 6.2　(算法的空间复杂度)：指求解该问题的所有算法中空间复杂性最小的算法空间复杂度。

在实际中，通常把算法执行时间内所占用的存储单元定义为算法的空间复杂度。由于基本蚁群算法的空间复杂度非常简单，此处不做单独讨论。

下面分析基本蚁群算法的时间复杂度。首先定义数量级的概念。

定义 6.3　(数量级)：给定自然数 n 的两个函数 $F(n)$ 和 $G(n)$，当且仅当存在一个正常数 K 和一个 n_0，使得当 $n \geqslant n_0$ 时，有 $F(n) \leqslant KG(n)$，则称函数 $F(n)$

以函数 $G(n)$ 为界，记为 $F(n)=O(G(n))$ 或称 $F(n)$ 是 $O(G(n))$。此处的“O”表示数量级的概念。

基本蚁群算法的问题规模可表示为 n 的函数，其中时间复杂度记为 $T(n)$。

2. 基本蚁群算法的时间复杂度分析

对于书中的基本蚁群算法，n 为 TSP 的规模，m 为人工蚂蚁数量，N_c 为算法的循环次数，从蚁周模型的实现过程可以看到该算法各环节的时间复杂度，见表 6.2。

表 6.2　基本蚁群算法时间复杂度分析表

步骤	内　容	$T(n)$

1	初始化
	set $t=0$;$N_c=0$;//t 为时间计数器,N_c 为循环计数器
	set $\tau_{ij}(t)=\text{const}$,$\Delta\tau_{ij}=0$;//设置信息素初值
	将 m 个蚂蚁随机置于 n 个节点上
		$O(n^2+m)$

2	设置蚂蚁禁忌表
	set $s=0$;//s 为禁忌表指针
	for $k=1$ to m do
	置第 k 只蚂蚁的起始城市到禁忌表 $\text{tabu}_k(s)$
		$O(m)$

3	每只蚂蚁单独构造解 循环计算直到禁忌表满//共需循环 $n-1$ 次 set $s=s+1$; for $k=1$ to m do 根据转移概率 $p_{ij}^k(t)$ 选择下一个城市 将城市序号 j 加入禁忌表 $\text{tabu}_k(s)$	$O(n^2m)$
4	解的评价和轨迹更新量的计算 for $k=1$ to m do 将第 k 只蚂蚁从禁忌表 $\text{tabu}_k(n)$ 转移到 $\text{tabu}_k(1)$ 计算第 k 只蚂蚁在本次循环中的路径长度 更新最优路径 计算各条路径上的信息素反馈量 $\Delta\tau_{ij}$	$O(n^2m)$
5	信息素轨迹浓度的更新 计算各条路径上在下一轮循环开始前的信息素强度 $\tau_{ij}(t+n)$ set $t=t+n$; set $N_c=N_c+1$	$O(n^2)$
6	判定是否达到终止条件 如果 $N_c \leqslant N_{cmax}$,且搜索没有出现停止现象 清空全部禁忌表 返回步骤 2 否则 打印最短路径 结束	$O(nm)$

Dorigo 等曾对经典的 TSP 问题求解复杂度进行了深入研究，所得到的结果表明，算法的时间复杂度为 $T(n)=O(N_c \cdot n^2 \cdot m)$；当参与搜索的蚂蚁个数 m 大致与问题规模 n 相等时，算法的时间复杂度为 $T(n)=O(N_c \cdot n^3)$。

6.2.5 参数选择对蚁群算法性能的影响

探索（exploration）和开发（exploitation）能力的平衡是影响算法性能的一个重要方面，也是蚁群算法研究的关键问题之一。探索能力是指蚁群算法要在解空间中测试不同区域以找到一个局部最优解的能力；开发能力是指蚁群算法在一个有希望的区域内进行精确搜索的能力。那么该如何设定蚁群算法中的各种参数，实现探索和开发能力的平衡呢？这里，探索与开发实际上就是前面章节所说的全局搜索能力和局域搜索能力。

由于蚁群算法参数空间的庞大性和各参数之间的关联性，很难确定最优组合参数使蚁群算法求解性能最佳，至今还没有完善的理论依据。大多数情况下是通过试验的反复试凑得到的。目前已经公布的蚁群算法参数设置成果都是就特定问题所采用的特定蚁群算法而言，以应用最多的蚁周模型为例，其最好的试验结果为

$$0 \leqslant \alpha \leqslant 5, \quad 0 \leqslant \beta \leqslant 5, \quad 0.1 \leqslant \rho \leqslant 0.99, \quad 10 \leqslant Q \leqslant 10000$$

那么到底有没有确定最优组合参数的一般方法呢？为了回答这个问题，先分析以下参数对蚁群算法性能的影响。

1. 信息素和启发函数对蚁群算法性能的影响

信息素 τ_{ij} 是表征过去信息的载体，而启发函数 η_{ij} 则是表征未来信息的载体，它们直接影响到蚁群算法的全局收敛性和求解效率。

2. 信息素残留因子对蚁群算法性能的影响

参数 ρ 表示信息素挥发因子，其大小直接关系到蚁群算法的全局搜索能力及其收敛速度；参数 $1-\rho$ 表示信息素残留因子，反映了蚂蚁个体之间相互影响的强弱。信息素残留因子 $1-\rho$ 的大小对蚁群算法的收敛性能影响非常大。在 0.1～0.99 范围内，$1-\rho$ 与迭代次数 N 近似成正比，这是由于 $1-\rho$ 很大，路径上的残留信息占主导地位，信息正反馈作用相对较弱，搜索的随机性增强，因而蚁群算法的收敛速度很慢。若 $1-\rho$ 较小时，正反馈作用占主导地位，搜索的随机性减弱，导致收敛速度快，但易于陷于局部最优状态。

3. 蚂蚁数目对蚁群算法性能的影响

蚁群算法是通过多个候选解组成的群体进化过程来搜索最优解，所以蚂蚁的数目 m 对蚁群算法有一定影响。蚂蚁数量 m 大（相对处理问题的规模），会提高蚁群算法的全局搜索能力和稳定性，但数量过大会导致大量曾被搜索过的

路径上的信息量变化趋于平均，信息正反馈作用减弱，随机性增强，收敛速度减慢。反之，蚂蚁数量 m 小（相对处理问题的规模），会使从来未被搜索到的解上的信息量减小到接近于 0，全局搜索的随机性减弱，虽然收敛速度加快，但会使算法的稳定性变差，出现过早停滞现象。经大量的仿真试验获得：当城市规模大致是蚂蚁数目的 1.5 倍时，蚁群算法的全局收敛性和收敛速度都比较好。

4. 启发式因子、期望启发式因子、信息素强度对蚁群算法性能的影响

启发式因子 α 反映蚂蚁在运动过程中所积累的信息量在指导蚁群搜索中的相对重要程度。α 越大，蚂蚁选择以前走过路径的可能性就越大，搜索的随机性减弱；α 越小，越易使蚁群算法过早陷入局部最优。

期望启发式因子 β 反映了启发式信息在指导蚁群搜索过程中的相对重要程度，这些启发式信息表现为寻优过程中先验性、确定性因素。β 越大，蚂蚁在局部点上选择局部最短路径的可能性越大，虽然加快了收敛速度，但减弱了随机性，易于陷入局部最优。

信息素强度 Q 为蚂蚁循环一周时释放在所经路径上的信息素总量。Q 越大，蚂蚁在已遍历路径上信息素的累积越快，加强蚁群搜索时的正反馈性，有助于算法的快速收敛。

基于以上各种参数对算法收敛性的影响，段海滨提出了设定蚁群算法参数“三步走”的思想。其步骤如下。

第 1 步：确定蚂蚁数目，确定原则为城市规模/蚂蚁数目≈1.5。

第 2 步：参数粗调，调整取值范围较大的信息启发式因子 α、期望启发式因子 β 以及信息素强度 Q 等参数，以得到较理想的解。

第 3 步：参数微调，调整取值范围较小的信息素挥发因子 ρ。

6.3 改进的蚁群算法

虽然与已经发展完备的一些启发式算法比较起来，基本蚁群算法的计算量比较大、搜索时间长，但在解决某些问题（如 TSP 问题）时，蚁群算法有很大的优越性。它的成功运用吸引了国际学术界的普遍关注，并提出了各种有益的改进算法。在了解这些改进研究之前，先了解一下基本蚁群算法的不足。

（1）每次解构造过程的计算量较大，算法搜索时间较长。算法的计算复杂度主要在解构造过程，如 TSP 问题时间复杂度为 $O(N_c \cdot n^2 \cdot m)$。

（2）算法容易出现停滞现象，即搜索进行到一定程度后，所有蚂蚁搜索到的解完全一致，不能对空间作进一步搜索，不利于发现更好的解。

(3) 基本蚁群优化算法本质上是离散的，只适用于组合优化问题，对于连续优化问题（函数优化）无法直接应用，限制了算法的应用范围。

针对蚁群算法的缺陷，蚁群算法的改进研究主要目的有两点：一是在合理的时间内提高蚁群算法的寻优能力，改善其全局收敛性；二是使其能够应用于连续域问题。

在介绍蚁群算法改进研究之前，先了解蚁群算法收敛性研究的成果。因为收敛性研究可以为改进蚁群算法提供理论依据和指导。

6.3.1 蚁群算法的收敛性研究

所有的仿生优化算法都要考虑收敛性问题，蚁群算法也不例外。虽然蚁群算法已经有多种不同版本的改进算法并成功应用于诸多领域，但大部分是经验性的试验研究，缺乏必要的理论框架及相应的理论基础和依据，只有少部分改进的蚁群算法给出了收敛性证明，这在很大程度上阻碍了蚁群算法的发展。

最先开始蚁群算法收敛性研究的是 Gutjahr W J，他从有向图论的角度对一种改进的蚁群算法 GBAS（graph-based ant system）的收敛性进行了证明；Stützle T 和 Dorigo M 针对具有组合优化性质的极小化问题提出了一类改进蚁群算法 $ACO_{gb,\tau_{min}}$，并对其收敛性进行了理论分析；针对上述两种改进蚁群算法中的一些缺陷，根据所采用的信息素更新规则的不同，Gutjahr W J 又提出两种新的 GBAS，即时变信息素挥发系数 GBAS/TDEV 算法（GBAS with time-dependent evaporation factor）和时变信息素下界 GBAS/TDLB 算法（GBAS with time-dependent lower pheromone bound），证明了可通过选择合适的参数来保证蚁群算法的动态随机过程收敛到全局最优解；Hou Y H 等对一类广义蚁群算法（generalized ant colony algorithm，GACA）进行了基于不动点理论的收敛性分析；Yoo J H 等对一类分布式蚂蚁路由随机算法进行了收敛性研究；Badr A 等将蚁群算法模型转化为分支随机过程，从分支随机路径和分支维纳过程的角度推导了蚂蚁路径存亡的比率，并证明了该过程为稳态分布；孙焘等对一类简单蚁群算法的收敛性及有关参数问题做了初步研究；丁建立等对一种遗传-蚁群算法的收敛性进行了马尔可夫理论分析，并证明其优化解满意值序列单调不增且收敛；段海滨等对基本蚁群算法进行马尔可夫理论分析，运用离散鞅（discrete martingale）研究工具，提出蚁群算法首达时间的定义，同时对蚁群算法首次到达时间的期望值作了初步分析。

算法的收敛性研究不仅对深入理解算法机理具有重要的理论意义，而且对改进算法、编写算法程序具有非常重要的现实指导意义。蚁群算法的收敛性研究是一个非常重要的研究内容。

6.3.2 离散域蚁群算法的改进研究

国内外，离散域蚁群算法的改进研究成果很多，如自适应蚁群算法、基于信息素扩散的蚁群算法、基于去交叉局部优化策略的蚁群算法、多态蚁群算法、基于模式学习的小窗口蚁群算法、基于混合行为蚁群算法、带聚类处理的蚁群算法、基于云模型理论的蚁群算法、具有感觉和知觉特征的蚁群算法、具有随机扰动特征的蚁群算法、基于信息熵的改进蚁群算法等。这里不能一一列举，仅介绍离散域优化问题的自适应蚁群算法。

自适应蚁群算法即对蚁群算法的状态转移概率、信息素挥发因子、信息量等因素采用自适应调节策略为一种基本改进思路的蚁群算法。下面介绍自适应蚁群算法中两个最经典的方法：一个是蚁群系统（ant colony system，ACS），另一个是最大-最小蚁群系统（max-min ant system，MMAS）。

1. 蚁群系统

蚁群系统（ant colony system，ACS）模型最早是由 Dorigo、Gambardella 等在基本蚁群算法（AS）的基础上提出来的。下面介绍 ACS 蚁群系统模型的构成和算法。

ACS 解决了基本蚁群算法在构造解过程中，随机选择策略造成的算法进化速度慢的缺点。该算法在每一次循环中仅让最短路径上的信息量作更新，且以较大的概率让信息量最大的路径被选中，充分利用学习机制，强化最优信息的反馈。ACS 的核心思想是：蚂蚁在寻找最佳路径的过程中只能使用局部信息，即采用局部信息对路径上的信息量进行调整；在所有进行寻优的蚂蚁结束路径的搜索后，路径上的信息量会再一次调整，这次采用的是全局信息，而且只对过程中发现的最好路径上的信息量进行加强。ACS 模型与 AS 模型的主要区别有 3 点：①蚂蚁的状态转移规则不同；②全局更新规则不同；③新增了对各条路径信息量调整的局部更新规则。下面展开介绍。

1）ACS 的状态转移规则

为了避免停止现象的出现，ACS 采用了确定性选择和随机性选择相结合的选择策略，并在搜索过程中动态调整状态转移概率。即位于城市 i 的蚂蚁 k 按照式（6.9）选择下一个城市，有

$$j=\begin{cases}\arg\max\limits_{s\in J_k(i)}\left\{[\tau(i,s)]^{\alpha}[\eta(i,s)]^{\beta}\right\}, & q\leqslant q_0\\ \text{式}(6.10), & \text{其他}\end{cases} \tag{6.9}$$

式中：$J_k(i)$为第 k 只蚂蚁在访问到城市 i 后尚需访问的城市集合；q 为一个在区间$[0,1]$内的随机数；q_0为一个算法参数$(0\leqslant q_0\leqslant 1)$。当 $q\geqslant q_0$时，蚂蚁 k 根据式（6.10）确定由城市 i 向下转移的目标城市，即

$$p_{ij}^k=\begin{cases}\dfrac{[\tau(i,j)]^\alpha\cdot[\eta(i,j)]^\beta}{\sum\limits_{s\in J_k(i)}[\tau(i,s)]^\alpha\cdot[\eta(i,s)]^\beta}, & j\in \text{allowed}_k\\ 0, & \text{其他}\end{cases}\tag{6.10}$$

式（6.9）所确定的蚂蚁移到下一个城市的方法称为自适应伪随机概率选择规则（pseudo-random proportional rule）。在这种规则下，每当蚂蚁要选择向哪一个城市转移时，就产生一个在[0,1]范围内的随机数，根据这个随机数的大小按式（6.9）确定用哪种方法产生蚂蚁转移的方向。

2）*ACS 全局更新规则*

在ACS蚁群算法中，全局更新不再用于所有的蚂蚁，而是只对每一次循环中最优的蚂蚁使用。更新规则如

$$\tau(i,j)\leftarrow(1-\rho)\cdot\tau(i,j)+\rho\cdot\Delta\tau(i,j)\tag{6.11}$$

且

$$\Delta\tau(i,j)=\begin{cases}1/L_{gb}, & (i,j)\text{为全局最优路径且 }L_{gb}\text{是最短路径}\\ 0, & \text{其他}\end{cases}\tag{6.12}$$

式中：L_{gb}为蚁群当前循环中所求得最优路径长度；ρ为一个(0,1)区间的参数，其意义相当于蚁群算法基本模型中路径上的信息素挥发系数。

3）*ACS 局部更新规则*

局部更新规则是在所有蚂蚁完成一次转移后执行，即

$$\tau(i,j)\leftarrow(1-\rho)\cdot\tau(i,j)+\rho\cdot\Delta\tau(i,j)\tag{6.13}$$

式中：ρ为一个（0，1）区间的参数，其意义也相当于蚁群算法基本模型中路径上的信息素挥发系数；$\Delta\tau(i,j)$的取值方法有下列3种方案：

① $\Delta\tau(i,j)=0$；

② $\Delta\tau(i,j)=\tau_0$，τ_0为路径上信息量的初始值；

③ $\Delta\tau(i,j)=\gamma\cdot\max\limits_{z\in J_k(j)}\tau(j,z)$，其中$J_k(j)$为第$k$只蚂蚁在访问到城市$j$后尚需访问的城市集合。

上述采用$\Delta\tau(i,j)$取值的第③种方案的ACS算法被称为Ant-Q强化学习的蚁群算法。试验结果表明，与AS基本蚁群算法相比，Ant-Q系统模型具有一般性，而且更有利于全局搜索。

算法的实现过程可以用以下伪代码来表示。

```
begin
初始化过程:
    ncycle=1;
    bestcycle=1;
```

```
        Δτ_ij(i,j) = τ_0 = C; α; β; ρ; q_0;
        η_ij(由某种启发式算法确定);
        tabu_k = ∅;
    while (not termination condition)
      {for(k=1;k<m;k++)
          {将 m 个蚂蚁随机放置于初始城市上;}
        for(index=0;index<n;index++) (index 为当前循环中
        经走过的城市个数)
          {for(k=0;k<m;k++)
              {产生随机数 q
                按式(6.9)和式(6.10)规则确定每只蚂蚁将要
              转移的位置;
                将刚刚选择的城市 j 加入到 tabu_k 中;
                按式(6.13)执行局部更新规则;
                }
          }
        确定本次循环中找到的最佳路径 L=min(L_k), k=1,2,…,m;
        根据式(6.11)和式(6.12)执行全局更新规则;
              ncycle=ncycle+1;
        }
    输出最佳路径及结果;
    end
```

2. 最大—最小蚂蚁系统

通过对蚁群系统的研究表明，将蚂蚁搜索行为集中到最优解的附近可以提高解的质量和收敛速度，从而改进算法的性能。但是这种搜索方式会使算法过早收敛而出现早熟现象。针对这个问题，德国学者 Stützle T 和 Hoos H H 提出了最大-最小蚂蚁系统（MMAS）。

MMAS 的基本思想：仅让每一代中的最好个体所走路径上的信息量作调整，从而更好地利用了历史信息，以加快收敛速度。但这样更容易出现过早收敛的停滞现象，为了避免算法过早收敛于非全局最优解，将各条路径上的信息量限制在区间$[\tau_{\min},\tau_{\max}]$内，超出这个范围的值将被限制为信息量允许值的上下限，这样可以有效地避免某条路径上的信息量远大于其他路径而造成的所有蚂蚁都集中到同一条路径上，从而使算法不再扩散，加快收敛速度。MMAS 是解决 TSP、QAP 等离散域优化问题的最好蚁群算法之一，很多对蚁群算法的改进算法都渗透着 MMAS 的思想。

MMAS 蚁群算法在基本蚁群算法（AS）的基础上作了以下 3 点改进。

（1）首先初始化信息量 $\tau_{ij}(t)=c$ 设为最大值 $\tau_{\max}$。

（2）然后各个蚂蚁在一次循环后，只有找到最短路径的蚂蚁才能在其经过的路径上释放信息素，即

$$\tau_{ij}(t+n)=(1-\rho)\cdot\tau_{ij}(t)+\Delta\tau_{ij}^{\min} \tag{6.14}$$

$$\Delta\tau_{ij}^{\min}=\frac{Q}{L},\quad L=\min(L_k)\quad(k=1,2,\cdots,m) \tag{6.15}$$

（3）最后将 $\tau_{ij}(t)$ 限定在 $[\tau_{\min},\tau_{\max}]$ 之间。如果 $\tau_{ij}(t)<\tau_{\min}$，则 $\tau_{ij}(t)=\tau_{\min}$；如果 $\tau_{ij}(t)>\tau_{\max}$，则 $\tau_{ij}(t)=\tau_{\max}$。

算法的实现过程可以用以下伪代码来表示。

```
begin
初始化过程：
    ncycle=1;
    bestcycle=1;
    τmax;τmin;τij=τmax;Δτij=0;
    ηij(由某种启发式算法确定);
    tabuk=∅;
while (not termination condition)
    {for(k=1;k<m;k++)
      {将 m 个蚂蚁随机放置于初始城市上;}
     for(index=0;index<n;index++)(index 为当前循环中已经走过的城市个数)
        {for(k=0;k<m;k++)
            {以概率 p^k_ij(t) 选择下一个城市 j,j∈allowed_k(t);
            将刚刚选择的城市 j 加入到 tabu_k 中;
            }
        }
        ncycle=ncycle+1
        确定本次循环中找到的最佳路径 L=min(L_k),k=1,2,…,m;
        根据式(6.14)、式(6.15)计算 Δτ^min_ij(ncycle),τij(ncycle+1);
        如果 τij(t)<τmin,则 τij(t)=τmin;
        如果 τij(t)>τmax,则 τij(t)=τmax;
    }
输出最佳路径及结果;
end
```

除了以上两种自适应改进蚁群算法外，还有很多离散域改进蚁群算法。虽然这些改进策略的侧重点和改进形式不同，但是其目的是相同的，即避免陷入局部最优，缩短搜索时间，提高蚁群算法的全局收敛性能。

6.3.3 连续域蚁群算法的改进研究

很多工程上的实际问题通常表达为一个连续的最优化问题，并随着问题规模的增大以及问题本身的复杂度增加，对优化算法的求解性能提出越来越高的要求。而基本蚁群算法优良高效的全局优化性能却只能适用于离散的组合优化问题。因为基本蚁群算法的信息量留存、增减和最优解的选取都是通过离散的点状分布求解方式来进行的，所以基本蚁群算法从本质上只适合离散域组合优化问题，离散性的本质限制了其在连续优化领域中的应用。在连续域优化问题的求解中，其解空间是一种区域性的表示方式，而不是以离散的点集来表示的。因此，将基本蚁群算法寻优策略应用于连续空间的优化问题需要解决以下3个问题。

(1) 调整信息素的表示、分布及存在方式。

这是至关重要的一点，在组合优化问题中，信息素存在于目标问题离散的状态空间中相邻的两个状态点之间的连接上，蚂蚁在经过两点之间的连接时释放信息素，影响其他蚂蚁，从而实现一种分布式的正反馈机制，每一步求解过程中的蚁群信息素留存方式只是针对离散的点或点集分量；而用于连续域寻优问题的蚁群算法，定义域中每个点都是问题的可行解，不能直接将问题的解表示成为一个点序列，显然也不存在点间的连接，只能根据目标函数值来修正信息量，在求解过程中，信息素物质则是遗留在蚂蚁所走过的每个节点上，每一步求解过程中的信息素留存方式在对当前蚁群所处点集产生影响的同时，对这些点的周围区域也产生相应的影响。

(2) 改变蚁群的寻优方式。

由于连续域问题求解的蚁群信息留存及影响范围是区间性的，非点状分布，所以在连续域寻优过程中，不但要考虑蚂蚁个体当前位置所对应的信息量，还要考虑蚂蚁个体当前位置所对应特定区间内的信息量累积与总体信息量的比较值。

(3) 改变蚁群的行进方式。

将蚁群在离散解空间点集之间跳变的行进方式变为在连续解空间中微调式的行进方式，这一点较为容易。

近年来，随着蚁群算法的不断发展，拓展蚁群优化算法的功能，使之适用于连续问题已经有了一些成果，分为以下3类。

（1）将蚁群优化框架与进化算法相结合，从而实现连续优化。

第一个连续蚁群算法就是由 Bilchev G A 等基于这种思路构建的，求解问题时先使用遗传算法对解空间进行全局搜索，然后利用蚁群算法对所得结果进行局部优化，但该种算法在运行过程中常会出现蚂蚁对同一个区域进行多次搜索的情况，降低了算法的效率；杨勇等提出了一种求解连续域优化问题的嵌入确定性搜索蚁群算法，该算法在全局搜索过程中，利用信息素强度和启发式函数确定蚂蚁移动方向，而在局部搜索过程中嵌入了确定性搜索，以改善寻优性能，加快收敛速度。

（2）将连续空间离散化，从而将原问题转化为一个离散优化问题，然后应用基本蚁群优化算法的原理来求解。

高尚等提出了一种基于网格划分策略的连续域蚁群算法：汪镭等提出了基于信息量分布函数的连续域蚁群算法；李艳君等提出了一种用于连续域优化问题求解的自适应蚁群算法；段海滨等提出一种基于网格划分策略的自适应连续域蚁群算法；陈峻等提出了一种基于交叉、变异操作的连续域蚁群算法等。采用这种方式研究的比较多，但当问题规模增大时，经离散化后，问题的求解空间将急剧增大，寻优难度将大大增加。对于较大规模的连续优化问题这类方法的适应性还有待进一步验证。

（3）对蚂蚁行为模型进行更加深入、广泛的研究，从而构造新的蚁群算法，应用于连续问题的求解。Dréo J 等提出了一种基于密集非递阶的连续交互式蚁群算法 CIACA，该算法通过修改信息素的留存方式和行走规则，并运用信息素交流和直接通信两种方式来指导蚂蚁寻优；Pourtakdoust S H 等提出了一种仅依赖信息素的连续域蚁群算法；张勇德等提出了一种用于求解带有约束条件的多目标函数优化问题的连续域蚁群算法。

由于篇幅所限，这里不能一一列举，仅介绍两种，即杨勇等提出的嵌入确定性搜索的连续域蚁群算法，以及 Dréo J 等提出的基于密集非递阶的连续交互式蚁群算法 CIACA。

1. 嵌入确定性搜索的连续域蚁群算法

嵌入确定性搜索的连续域蚁群算法在全局搜索过程中，利用信息素强度和启发式函数确定蚂蚁的移动方向；而在局部搜索过程中，嵌入了确定性搜索，以改善寻优性能，加快收敛速率。

设优化函数为 $\max Z=f(X)$，m 只蚂蚁随机分布在定义域内，每只蚂蚁都有一个邻域，其半径为 r。每只蚂蚁在自己的邻域内进行搜索，当所有蚂蚁完成局部搜索后，蚂蚁个体根据信息素强度和启发式函数在全局范围内进行移动，完成一次循环后，则进行信息素强度的更新计算。

1）局部搜索

局部搜索是指每只蚂蚁在自己的邻域空间内进行随机搜索。设新的位置点为X'，如果新的位置值比原来目标函数值大，则取新位置；否则舍去。局部搜索是在半径为r的区域内进行的，且r随迭代次数的增加而减少。有

$$X_i=\begin{cases}X'_i, & f(X'_i)>f(X_i)\\ X_i, & \text{其他}\end{cases} \tag{6.16}$$

2）全局搜索

全局搜索是指每只蚂蚁都经过一次局部搜索后，选择停留在原地、转移到其他蚂蚁的邻域或进行全局随机搜索。设$\mathrm{Act}(i)$为第i只蚂蚁选择的动作，f_{avg}为m只蚂蚁的目标函数平均值，则有

$$\mathrm{Act}(i)=\begin{cases}\text{全局随机搜索}, & f(X_i)<f_{\mathrm{avg}}\cap q<q_0\\ S, & \text{其他}\end{cases} \tag{6.17}$$

式中：q为一个在区间$[0,1]$内的随机数；q_0为一个算法参数（$0\leqslant q_0\leqslant 1$）；$S$按以下转移规则选择动作，即

$$p(i,j)=\frac{\tau(j)\mathrm{e}^{-\frac{d_{ij}}{T}}}{\sum\tau(j)\mathrm{e}^{-\frac{d_{ij}}{T}}} \tag{6.18}$$

式中：$d_{ij}=f(X_i)-f(X_j)$，且当$i\neq j$时$d_{ij}<0$，而当$i=j$时$d_{ij}=0$。式（6.18）保证了第i只蚂蚁按概率向其他目标函数值更大的蚂蚁j的邻域移动，其中系数T的大小决定了这个概率函数的斜率。

蚂蚁向某个信息素强度高的地方移动时，可能会在转移路途中的一个随机地点发现新的食物源，这里将其定义为有向随机转移。第i只蚂蚁向第j只蚂蚁的邻域转移的公式为

$$X_i=\begin{cases}X_j, & \rho<\rho_0\\ \alpha X_j+(1-\alpha)X_i, & \text{其他}\end{cases} \tag{6.19}$$

式中：$0<\rho<1$；$\rho_0>0$；$\alpha<1$。

3）信息素强度更新规则

全局搜索结束后，要对信息素强度进行更新。更新规则为：如果有n只蚂蚁向蚂蚁j处移动（包括有向随机搜索），则有

$$\tau(j)=\beta\tau(j)+\sum_{i=1}^{n}\Delta\tau_i \tag{6.20}$$

式中：$\Delta\tau_i=\dfrac{1}{f(X_i)}$；$0<\beta<1$为遗忘因子。

以上3个步骤模仿了自然界蚂蚁寻食的过程，蚂蚁个体通过局部随机搜索寻

找食物源，然后利用信息素交换信息，决定全局转移方向。全局随机搜索的蚂蚁承担搜索陌生新食物源的任务，本质上也是一种随机性搜索算法。

4) 嵌入确定性搜索

随机性搜索算法存在着求解效率较低、求解结果较分散等缺点，因此有必要引入确定性搜索，对其加以改进。这里考虑使用确定性搜索中的直接法，直接法只利用函数信息而不需要利用导数信息，甚至不要求函数连续，适用面较广，易于编程，避免复杂计算。常用的直接法包括网格法、模式搜索法、二坐标轮换法等，书中采用了模式搜索法中的步长加速法。

步长加速法是在坐标轮换法的基础上发展起来的，包括探测性搜索和模式性移动两部分。首先依次沿坐标方向探索，称之为探测性搜索；然后经此探测后求得目标函数的变化规律，从而确定搜索方向并沿此方向移动，称之为模式移动。重复以上两步，直到探测步长小于充分小的正数 ε 为止。

嵌入确定性搜索的蚁群算法，是在局部搜索时以一定的概率利用步长加速法进行确定性搜索。局部搜索规则为

$$R=\begin{cases}\text{用步长加速法进行局部确定性搜索}, & v<v_0\\ \text{按式(6.16)进行搜索随机搜索}, & \text{其他}\end{cases} \tag{6.21}$$

式中：v 为随机数且 $0<v<1$；v_0为算法系数且 $0<v_0<1$。

嵌入确定性搜索的蚁群算法的具体步骤如下：

```
初始化;
loop;
    每只蚂蚁处于每次循环的开始位置;
    loop;
      每只蚂蚁利用式(6.21)进行局部搜索;
    until 所有蚂蚁完成局部搜索;
    loop;
    每只蚂蚁进行全局搜索,按式(6.17)~式(6.19)选择要进行的动作;
    until 所有蚂蚁完成全局搜索;
按式(6.20)进行信息素强度更新;
until 中止条件。
```

2. 基于密集非递阶的连续交互式蚁群算法（CIACA）

基于密集非递阶的连续交互式蚁群算法（continuous interacting ant colony algorithm，CIACA）的思想源于对自然界中真实蚁群行为和求解连续域优化问题蚁群算法机理的进一步研究。该算法通过修改蚂蚁信息素的留存方式和蚂蚁的行走规则，并运用信息素交流和直接通信两种方式来指导蚂蚁寻优。CIACA 是一种崭新的蚁群算法。在介绍 CIACA 之前，先了解一下密集非递阶的生物学概念。

1） 密集非递阶的概念和简单的非递阶算法

（1） 密集非递阶的概念

“密集非递阶（dense heterarchy）”最早由 Wilson E D 于 1988 年提出。“蚁群是一个特殊的层次结构，可称之为非递阶结构。这意味着较高层次单元的性质在一定程度上影响着较低的一层，而被较高层次影响后的较低层次单元会反过来影响较高层次”，这一思想提出了两种通信通道，即基于信息素轨迹交流通信通道和蚂蚁个体间直接通信通道，这两种通道对于蚁群算法非常重要。“密集非递阶”用于描述蚁群从环境中接受“信息流”方式的一个基本概念，每只蚂蚁都可在任意时刻与其他蚂蚁进行联络，而蚁群中的信息流是通过多个通信通道传输的。

为了形象地说明密集非递阶结构与层次结构的不同，参考图 6.4。层次结构是一种金字塔形的结构，就像是部队中军长传令给师长，师长传令给旅长，其余依此类推。而密集非递阶结构中，“蚁后”并不传令给其他蚂蚁，而是作为蚁群网络中的普通一员，这种没有“层次”的系统具有很强的自组织功能。

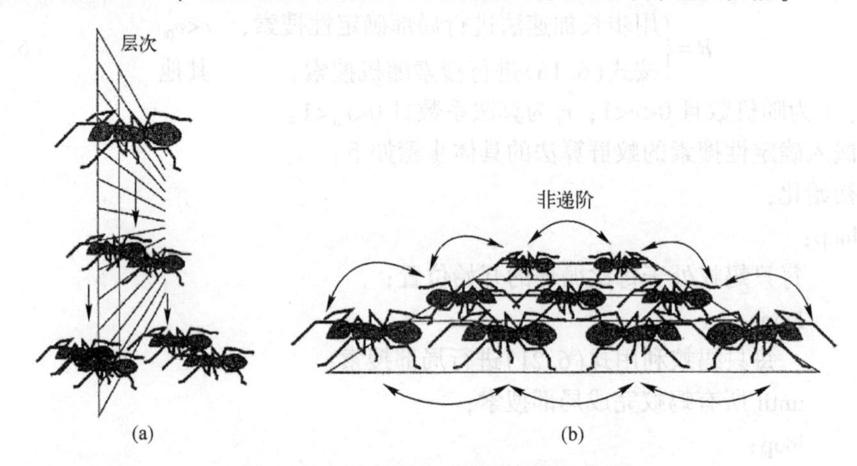

图 6.4 层次结构与非递阶结构示意图

（2） 简单的非递阶算法。

这里先介绍一个简单的非递阶算法，该算法利用了通信通道的基本思想，一个通信通道是信息素的存放地，可用来传递多种信息，如图 6.5 所示。

信息通道的基本性质如下。

① 范围：即蚁群中信息素的交流方式，蚁群中的某一子群可与另一子群进行信息交流。

② 存储：即信息素在系统中的驻留方式，信息素可在某一时间段内被一直保留。

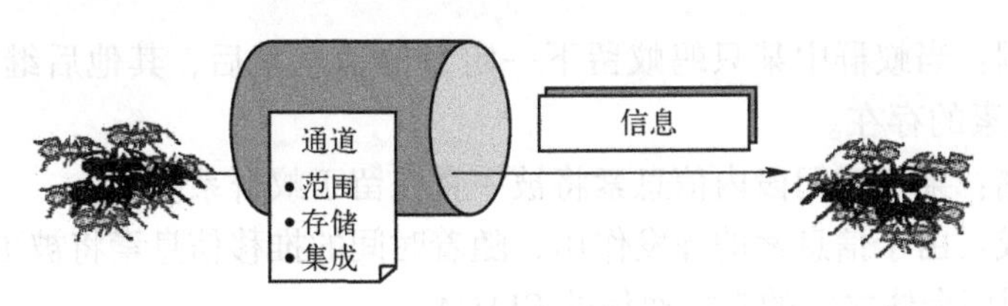

图 6.5　信息通道示意图

③ 集成：即信息素在系统中的进化方式，信息素可通过一个外部过程被一只或多只蚂蚁更新，也可不更新。

上述性质都集聚于同一信息通道，这样就形成了许多不同种类的信息通道。蚂蚁通信中所传递的信息具有多种形式，有时很难描述某些特殊类别的信息。

2）CIACA 通信通道

按照采用通信通道的不同，定义了 3 种版本的 CIACA，即信息素交流的 CIACA、利用个体之间的直接通信的 CIACA 和两者协同的 CIACA。

（1）信息素交流的 CIACA。

第一个版本的 CIACA 与 Bilchev G A 等率先提出的用于求解连续域优化问题的改进蚁群算法很接近。该算法受蚂蚁的信息素存留启发而设置了一个通信通道，每只蚂蚁在其搜索空间内的某一节点上释放一定量的信息素，节点上的信息量与其所搜索到的目标函数值成正比。这些信息节点能够被蚁群中的所有个体察觉，并逐渐消失。蚂蚁根据路径距离和路径上的信息量来决定是否选择这些信息节点。蚂蚁会向着信息素点集云的重心 G_j 移动，而重心位置依赖于第 i 个节点上第 j 只蚂蚁的“兴趣” ω_{ij}，表示为

$$G_j = \sum_{i=1}^{n}\left(\frac{x_i\omega_{ij}}{\sum_{i=1}^{n}\omega_{ij}}\right) \tag{6.22}$$

$$\omega_{ij} = \frac{\bar{\delta}}{2}\cdot \mathrm{e}^{-\theta_i\cdot\delta_{ij}} \tag{6.23}$$

式中：n 为节点数目；x_i 为第 i 个节点的位置；$\bar{\delta}$ 为蚁群中两只蚂蚁间的平均距离；θ_i 为第 i 个节点上的信息量；δ_{ij} 为从第 j 只蚂蚁到第 i 个节点之间的距离。值得注意的是，处于信息素节点上的蚂蚁并不径直地向信息素点集云的重心移动。事实上，每只蚂蚁都有在蚁群中均匀分布的参数调整范围，每只蚂蚁都得到一个允许范围内的随机距离，蚂蚁会以随机距离为度量向着其重心位置移动，但是某些干扰因素可能会影响蚂蚁所到达的最终位置。

从非递阶概念的角度来描述上述行为，该 CIACA 中信息素交流通道的性质如下。

① 范围：当蚁群中某只蚂蚁留下一定量的信息素后，其他后继蚂蚁都能察觉到该信息素的存在。

② 存储：某一时间段内信息素将被一直保留于蚁群系统中。

③ 集成：由于信息素的挥发作用，随着时间的推移信息素将被更新。

(2) 利用个体之间的直接通信的 CIACA。

每只蚂蚁都能给另一只蚂蚁发送“消息”，这意味着该通信通道的范围是“点对点”式的。蚂蚁可将已经接收到或将要接收到的信息存储到栈中，而栈中的信息可被随机读取。此处所发送的“消息”是信息发送者的位置，即目标函数值。信息接收者会将发送者所发送来的“信息”与其自身的信息相比较，以决定它是否要向信息发送者的位置移动。最终位置将出现在一个以信息发送者为中心、信息接收者范围为半径的超球体内，然后信息接收者将“消息”进行压缩并将其随机发送给另一只蚂蚁。此时，该 CIACA 中的信息通道具有以下性质。

① 范围：当蚁群中的某只蚂蚁发出“消息”后，仅有一只蚂蚁可以觉察到此“消息”。

② 存储：某一时间段内信息可以以“记忆”的形式保存在蚁群系统中。

③ 集成：所存储的信息是静态的。

(3) 两者协同的 CIACA。

信息素交流的 CIACA 和利用个体之间的直接通信的 CIACA 具有很大的不同，自组织的作用可将较低层次的个体整合成较高层次的整体。基于这一思想，可将上述两种版本的 CIACA 算法中的简单通信通道融合于一个系统中，由于通信通道没有并发机制，所以实现起来很容易。

3) CIACA

CIACA 的程序结构流程如图 6.6 所示，算法步骤主要包括以下 3 步。

第 1 步：设置参数。

第 2 步：算法开始。

第 3 步：若满足结束条件，算法结束。

蚂蚁根据其在通信通道系统中所处理的感知信息进行移动，需要设置 4 个参数，具体如下。

① $\eta \in [0,+\infty)$：系统中蚂蚁的数目，其值可通过下式获得，即

$$\eta = \eta_{\max}(1-e^{-\frac{d}{p}})+\eta_0 \tag{6.24}$$

式中：d 为目标函数的维数；$\eta_{\max}$ 为最大蚂蚁数目，一般设置 $\eta_{\max}=1000$；η_0 为目标函数维数为 0 时的蚂蚁数目，一般设置 $\eta_0=5$；p 为蚂蚁数目的相对重要性，一般设置 $p=10$。

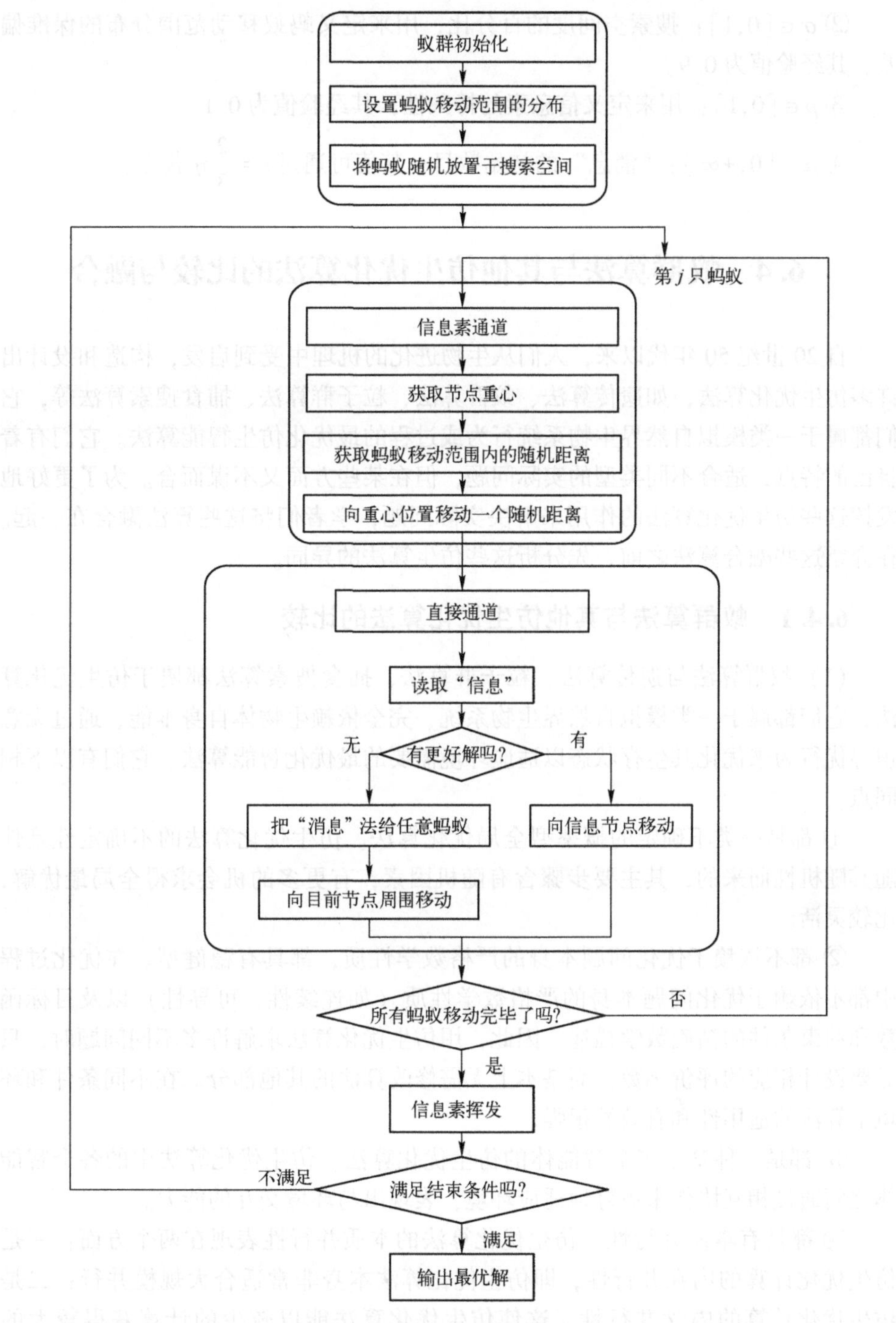

图 6.6　CIACA 的程序结构流程

② $\sigma \in [0,1]$：搜索空间度的百分比，用来定义蚂蚁移动范围分布的保准偏差，其经验值为0.9。

③ $\rho \in [0,1]$：用来定义信息素的持久性，其经验值为0.1。

④ $\mu \in [0,+\infty]$："消息"的初始数目，其值可通过$\mu=\frac{2}{3}\eta$获得。

6.4 蚁群算法与其他仿生优化算法的比较与融合

自20世纪50年代以来，人们从生物进化的机理中受到启发，构造和设计出许多仿生优化算法，如遗传算法、蚁群算法、粒子群算法、捕食搜索算法等，它们都属于一类模拟自然界生物系统行为或过程的最优化仿生智能算法。它们有着自己的特点，适合不同类型的实际问题，但在某些方面又不谋而合。为了更好地发挥这些仿生优化算法的作用来解决实际问题，学者们将这些算法融合在一起。在介绍这些融合算法之前，先分析这些仿生算法的异同。

6.4.1 蚁群算法与其他仿生优化算法的比较

(1) 蚁群算法与遗传算法、粒子群算法、捕食搜索算法都属于仿生优化算法，它们都属于一类模拟自然界生物系统、完全依赖生物体自身本能、通过无意识寻优行为来优化其生存状态以适应环境需要的最优化智能算法。它们有以下相同点。

① 都是一类不确定的概率型全局优化算法。仿生优化算法的不确定性是伴随其随机性而来的，其主要步骤含有随机因素，有更多的机会求得全局最优解，比较灵活。

② 都不依赖于优化问题本身的严格数学性质，都具有稳健型。在优化过程中都不依赖于优化问题本身的严格数学性质（如连续性、可导性）以及目标函数和约束条件的精确数学描述。因此，用仿生优化算法求解许多不同问题时，只需要设计相应的评价函数，而基本上无需修改算法的其他部分。在不同条件和环境下算法的适用性和有效性很强。

③ 都是一种基于多个智能体的仿生优化算法。仿生优化算法中的各个智能体之间通过相互协作来更好地适应环境，表现出与环境交互的能力。

④ 都具有本质并行性。仿生优化算法的本质并行性表现在两个方面：一是仿生优化计算的内在并行性，即仿生优化算法本身非常适合大规模并行；二是仿生优化计算的内含并行性，这使仿生优化算法能以较少的计算获得较大的收益。

⑤ 都具有突现性。仿生优化算法总目标的完成是在多个智能体个体行为运动过程中突现出来的。

⑥ 都具有自组织性和进化性。在不确定复杂环境中，仿生优化算法可通过自学习不断提高算法中个体的适应性。

(2) 遗传算法、蚁群算法、粒子群算法、捕食搜索算法虽然都属于仿生优化算法，但它们在算法机理、实现形式等方面存在许多不同之处。

① 遗传算法：以决策变量的编码作为运算对象，借鉴了生物学中的染色体概念，模拟自然界中生物遗传和进化的精英策略，采用个体评价函数进行选择操作，并采用交叉、变异算法产生新的个体，使算法具有较大的灵活性和可扩展性。缺点：求解到一定范围时往往做大量无谓的冗余迭代，求精确解效率低。

② 蚁群算法：采用了正反馈机制，是一种增强型学习系统，通过不断更新信息素达到最终收敛于最优路径的目的，这是蚁群算法不同于其他仿生优化算法最为显著的特点。缺点：蚁群算法需要较长的搜索时间，且容易出现停滞现象，且该算法的收敛性能对初始化参数的设置比较敏感。

③ 粒子群算法：是一种简单、容易实现又具有深刻智能背景的启发式算法，与其他仿生优化算法相比，该算法所需代码和参数较少，而且受所求问题维数的影响较小。缺点：粒子群算法的数学基础相对薄弱，缺少深刻的数学理论分析。

④ 捕食搜索算法：不是一种具体的寻优计算方法，本质上是一种平衡局域搜索和全局搜索的策略。捕食搜索的全局搜索负责对解空间进行广度探索，局域搜索负责对较好区域进行深度开发。两者结合起来具有搜索速度快、搜索质量高、能有效避免陷入局部最优等优点。

6.4.2 蚁群算法与遗传算法的融合

蚁群算法具有较强的鲁棒性、优良的分布式计算机制、易于与其他方法结合等优点。利用蚁群算法以上优点，将其与其他仿生优化算法融合，得到很多融合策略，如蚁群算法与遗传算法融合策略、蚁群算法与粒子群算法融合策略等。由于篇幅所限，下面仅介绍蚁群算法与遗传算法的融合策略。

蚁群算法与遗传算法相融合是蚁群算法与仿生优化算法相互融合方面研究最早且应用最广泛的一个尝试。最早开始于 Abbattista F 等提出的将遗传算法(GA)和蚁群算法相融合的改进策略，并在 Oliver30TSP 和 Eilon50TSP 的仿真试验中得到了较好的结果；随后，大量的研究将蚁群算法与 GA 相融合解决离散域和连续域中的多种优化问题，并取得了较好的应用效果。下面分别对离散域和连续域中蚁群算法与遗传算法典型融合策略作详细介绍。

1. 离散域蚁群遗传算法

Pilat M L 等采用 GA 对蚁群算法中 3 个参数（β、ρ、q_0）进行优化，但对β、ρ、q_0的取值是相对于α的一个比值，α取默认值，所以无法实现对蚁群算法 4 个组合参数α、β、ρ、q_0的全局寻优，也就很难求得 TSP 的全局最优解。针对此问题，孙力娟等研究了一种求解离散域优化问题的蚁群遗传算法（ant colony algorithm genetic algorithm，ACAGA），其核心是应用 GA 对蚁群算法的 4 个参数（α、β、ρ、q_0）进行优化，并运用 MMAS 改进蚁群算法的寻径行为，以实现对搜索空间高效、快速地全局寻优。

求解离散域优化问题的 ACAGA 算法的伪代码如下。

for iteration = 0 to generation do

对参加进化的每个个体的变量α、β、ρ、q_0进行随机编码；

从个体中随机地选择 4 个；

根据给出的 4 个变量的值，求适应度函数值，即 4 个个体分别进行 TSP 寻径；

第 1 步：初始化

$t=0$； //t是计时器

$N_c=0$； //N_c是循环计数器

对所有的边(i,j)上的信息素赋初始值$\tau_{ij}(t)=\text{const}$，$\Delta\tau_{ij}=0$；

将 4 只蚂蚁随机地放置在n个节点上；

第 2 步：$s=1$； //变量s是蚂蚁k在一次寻径过程中走的步数

for $k=1$ to 4 do

将第k只蚂蚁的初始节点放入数组$\text{tabu}_k(s)$；

$J_k(s)=\{1,2,\cdots,n\}-\text{tabu}_k(s)$； //$J_k(s)$是蚂蚁$k$在第$s$步时尚未经过的节点集合

第 3 步：$s=s+1$；

for $k=1$ to 4 do

根据状态转移概率公式选择蚂蚁k的下一跳节点j； //蚂蚁k在t时刻处在节点$i=\text{tabu}_k(s-1)$。

将蚂蚁k放置于节点j，并将节点j插入数组$\text{tabu}_k(s)$；

$\text{tabu}_k(s)=j$；$J_k(s)=J_k(s-1)-j$

对链路进行局部信息素更新；

重复第 3 步，直到$s=n$。

第 4 步：for $k=1$ to 4 do

将蚂蚁k从节点$\text{tabu}_n(n)$移到$\text{tabu}_k(1)$； //蚂蚁回到初始节点，完成一次回路寻径

计算蚂蚁 k 的路由长度 L_k，并比较其大小；
求得最短长度 L_{best} 及其对应的 k_{best} 和 $\text{tabu}_{\text{kbest}}$；
对链路进行全局信息素更新；
得到任意条边的信息素浓度值 $\tau_{ij}(t+n)$；
第 5 步：$t=t+n$；
$N_c=N_c+1$；
if($N_c<N_{cmax}$) and 没有停滞行为
then
　　{清空所有 tabu 列表；
　　跳转到第 2 步：}
else
　　将寻径后的最短路径长度作为适应度函数；
　　从被选的 4 个个体中选出 2 个最优个体；
　　进行交叉和变异操作生成 2 个子个体；
　　替代 4 个个体中最差的 2 个，放入待进化的个体中；
end for
输出最优结果

上述伪代码流程中，针对参加遗传运算的每只蚂蚁，对蚁群算法中的 4 个参数 α、β、ρ、q_0进行了 28bit 编码，其中每一参数占用 7bit。

2. 连续域蚁群遗传算法

邵晓巍等提出的“利用信息量留存的蚁群遗传算法”将空间进行均匀分割，基于这些子空间选取初始种群，并定义每个子空间的初始信息量，遗传操作中根据信息量的留存情况来控制个体选择。因为在求解优化问题前，通常不会有全局最优点在解空间位置分布的信息，因此希望算法的搜索种群能够均匀地分散在解空间。这样可以降低发生过早收敛的可能性；而采用蚁群算法中“信息量留存”的思想，可保证算法能够快速收敛到具有最优（次优）解的子空间。算法设计如下。

将全局优化问题定义为

$$\begin{cases}\max f(x)\\ \text{s.t. } l\leqslant x\leqslant u\end{cases}\tag{6.25}$$

式中：$x=\{x_1,x_2,\cdots,x_n\}$变量 x_i的定义域为$[l_i,u_i]$；$l=\{l_1,l_2,\cdots,l_n\}$；$u=\{u_1,u_2,\cdots,u_n\}$；$f(x)$为目标函数；n 为维数。改进后的连续域蚁群遗传算法的主要步骤如下。

1）将解空间按一定的原则分解成若干子空间

针对全局最优问题的维数和每一维定义域的大小对解空间加以分解。这里以二维优化问题为例，设 $x=\{x_1,x_2\}$，其定义域分别为 $[l_1,u_1]$ 和 $[l_2,u_2]$，定义域均匀地分解为 $M\times N$ 个子空间 E_{ij}，其中 $i=1,2,\cdots,M$；$j=1,2,\cdots,N$，且子区域的区间长度为

$$\begin{cases} D_{1L}=\dfrac{u_1-l_1}{M} \\ D_{2L}=\dfrac{u_2-l_2}{N} \end{cases} \tag{6.26}$$

E_{ij} 的左、右边界分别为 x_{1iL}、x_{2jL} 和 x_{1iR}、x_{2iR}，即有

$$\begin{cases} x_{1iL}=l_1+(i-1)D_{1L} \\ x_{2jL}=l_2+(j-1)D_{2L} \\ x_{1iR}=l_1+iD_{1L} \\ x_{2iR}=l_2+iD_{2L} \end{cases} \tag{6.27}$$

2）确定初始种群并标定各个子空间

（1）初始种群的产生。在第 1）步中确定的每个子空间中随机产生一个个体，所有个体组成初始种群。与子空间 E_{ij} 相对应的个体定义为 $A_{ij}(1)$，括号中的 1 表示整个算法的第一代个体，则初始种群可表示为 $\{A_{ij}(1)\}$，其中 $i=1,2,\cdots,M$；$j=1,2,\cdots,N$。种群规模为 $M\times N$。

（2）子空间的初始标定：每个子空间 E_{ij} 都由一个信息量 Ph_{ij} 标定，各个子空间信息量的初始值由其中产生的初始个体的适应度值确定。当 $f(A_{ij}(1))>0$ 时，定义 $Ph_{ij}(1)=C_1f(A_{ij}(1))$，其中 C_1 为根据问题而设定的正常数；当 $f(A_{ij}(1))<0$ 时，定义 $Ph_{ij}(1)=\dfrac{C_3}{C_2+f(A_{ij}(1))}$，$f(A_{ij})$ 为个体 A_{ij} 的适应度值。C_2 和 C_3 的设定同 C_1。

3）对种群进行蚁群遗传操作

（1）选择操作：选择操作的主要目的是为了避免基因缺失，以提高全局收敛性和计算效率。蚁群遗传算法选择操作的基本思想是：第 k 代中的个体 l 被选中的概率是其个体适应度值和所处子空间信息量的函数。群体规模为 $M\times N$，第 k 代中个体 l 的适应值为 $f(A_l(k))$，个体 l 所处子空间的上一代中标定的信息量为 $Ph_l(k-1)$，则个体 l 被选中的概率为

$$P_l(k)=\frac{Ph_l^{\alpha}(k-1)f^{\beta}(A_l(k))}{\sum\limits_{i=1}^{M\times N}Ph_i^{\alpha}(k-1)f^{\beta}(A_i(k))} \tag{6.28}$$

（2）交叉操作：交叉操作是蚁群遗传算法中产生新个体的主要方法，可以针对具体问题，根据编码方法的不同选择各种常用的交叉操作和交叉概率。

(3) 变异操作：变异操作是产生新个体的辅助方法，同时也决定了蚁群遗传算法的局部搜索能力。与交叉操作相似，可根据具体问题选取具体的变异方法和变异概率。

(4) 子空间信息素的更新：随着种群一代代进化，各子空间的信息量也不断积累，在积累过程中必须对残留的信息量按照式（6.29）进行更新处理，并根据第2步确定第一代中各子空间的信息量。

$$Ph_{ij}(k)=(1-\rho)Ph_{ij}(k-1)+Ph'_{ij}(k) \tag{6.29}$$

其中，$Ph_{ij}(k)$为第k代子空间ij上的信息量；$Ph_{ij}(k-1)$为第$k-1$代子空间ij上的信息量；$Ph'_{ij}(k)$为第k代遗传操作后子空间ij上加入的信息量。不妨设在子空间ij上，第k代以前具有最大适应度值的个体为A_{ijmax}，第k代选择、交叉和变异操作后，具有最大适应度值的个体为$A_{ijmax}(k)$。如果$f(A_{ijmax}(k))>f(A_{ijmax})$，则$A_{ijmax}(k)=A_{ijmax}(k)$；否则，$A_{ijmax}$不变，当$f(A_{ijmax})>0$时，定义

$$Ph'_{ij}(k)=C_1 f(A_{ijmax}) \tag{6.30}$$

当$f(A_{ijmax})<0$，定义

$$Ph'_{ij}(k)=\frac{C_3}{C_2-f(A_{ijmax})} \tag{6.31}$$

式中：C_1、C_2、C_3为根据问题而设定的正常数，且$C_2>C_3$；$f(A_{ijmax})$为个体A_{ijmax}的适应度值。如果k代中某一子空间没有个体，则A_{ijmax}保持不变。

子空间ij中具有最大适应度值的个体A_{ijmax}是随着蚁群遗传操作一代代保留下来的，所以不必每一代都比较ij中所有个体的适应度值，只需同该代中交叉和变异产生的新个体的适应度值进行比较即可。结合各子空间内的初始信息量值，利用式（6.29）可保证各子空间内的信息量随遗传进化而不断积累和更新。

4）结束

当群体中的最优个体满足一定要求或总代数达到一定数量时，结束进化操作。

6.5　蚁群算法的典型应用

蚁群算法是典型的群智能算法，其优秀的寻优能力被广泛应用到工业领域，包括旅行商问题、车间调度问题、网络路由问题、无人机航迹规划、人员指派问题等。近些年，该算法也逐渐受到部队的广泛关注，被应用到部队的优化问题中，主要包括军事物流车辆路径优化问题。

6.5.1 军事物流车辆路径问题

军事物流车辆路径问题是旅行商问题的拓展。已知 n 个部队的位置以及部队对军事物资需求，部队需要使用有限的军车完成军事物资的调度，每辆军车都从物资储存仓库出发，为几个部队提供军事物资补充，然后再回到物资储存仓库，每辆军车运载物资能力有限，该问题优化目标是在使用最少军车的条件下使得军车运行的总路程最短。车辆路径优化问题由 Dantzig 和 Ramser 于 1959 年提出，该问题是旅行商问题的拓展，由于在车辆路径优化问题中涉及多辆军车同时进行优化，该问题在模型方面主要拓展了约束条件和优化目标，其复杂程度远高于旅行商问题。与旅行商问题的差别有以下两个方面：

（1）约束条件不同。

在构造路径的时候，旅行商问题只需要一个车辆，通过不断移动经过所有部队；而在车辆路径优化问题中，多个车辆同时执行运送任务，最终回到起点，每只蚂蚁只移动到部分部队，而不需要经过所有部队。旅行商问题的车辆没有容量限制，而车辆路径优化问题的车辆都有一个最大容量限制，超过容量后，车辆就要返回仓库。

（2）优化目标不同。

在旅行商问题中，优化目标是最小化路径长度，军事物流车辆路径优化问题的目标是在最小车辆的条件下使得车辆路径优化问题的路径最短。

1. 问题建模

根据军事物流车辆路径优化问题的需要，我们做出如下规定：

（1）物资存储安可和部队的位置坐标固定；

（2）军事物流车辆路径优化问题为单向送货问题，不考虑双向物流；

（3）各部队的军事物资需求已知，不存在不确定性；

（4）军车为同型号车辆，且军车的容量有限，每辆车运送的物资总量不能超过容量上限；

（5）各部队需求的物资可以混装到同一车辆，不考虑危险物资需要单独运送情况；

（6）每辆车最多完成一次配送，不允许在同一配送周期内多次配送；

（7）军事储存仓库有足够多的物资，且军车数量足够实现所有部队的物资需求配送；

（8）本军事物流车辆问题为平时情况，不考虑战场威胁情况以及运送过程中损失等情况。

因此，军事物流车辆路径优化问题的模型如下：

$$\min Z = \sum_{i=1}^{n} \sum_{j=1}^{n} \sum_{k=1}^{m} d_{ij} x_{ijk}$$

$$\text{s. t}\begin{cases}\sum_{i=1}^{n} g_i y_{ik} \leqslant Q, k = 1,2,\cdots,m \\ \sum_{i=1}^{n} x_{ijk} = y_{jk}, j = 0,1,\cdots,n; k = 1,2,\cdots,m \\ \sum_{j=1}^{n} x_{ijk} = y_{jk}, i = 0,1,\cdots,n; k = 1,2,\cdots,m \\ \sum_{k=1}^{m} y_{ik} = 1, i = 0,1,\cdots,n \\ \sum_{j=1}^{n} x_{0jk} = \sum_{i=1}^{n} x_{i0k} = 1, k = 1,2,\cdots,m \\ y_{ik} = \begin{cases} 1, & \text{车辆 } k \text{ 服务了第 } i \text{ 个部队} \\ 0, & \text{其他} \end{cases} \\ x_{ijk} = \begin{cases} 1, & \text{车辆 } k \text{ 经过路段}(i,j), i \neq j \\ 0, & \text{其他} \end{cases}\end{cases} \tag{6.32}$$

其中，m 为军车总数，n 为部队总数，g_i为第 i 个部队物资需求量，Q 为车辆最大载重，d_{ij}为部队 i 和部队 j 之间的距离。

2. 算法设计

蚁群算法求解军事物流车辆路径优化问题的思路与解决旅行商的问题题类似，每个车辆可以单独看做一个旅行商问题进行求解，多个车辆的解共同组成车辆路径优化问题的解。通过对蚁群算法的改造可以实现对军事物流车辆路径优化问题的求解。本算法主要有三方面改进：

（1）动态调整 q_0。

在蚁群系统中，在蚂蚁选择按照最大信息素浓度移动还是按照信息素浓度比例移动是由参数 q_0决定。假设 q_0不变，如果 q_0较大，则蚂蚁会有更大的概率选择信息素浓度最大的路径，蚁群算法更加倾向于贪婪，因此蚁群算法容易陷入局部最优解，产生早熟现象，很难找到局部最优解；反之，则蚂蚁会更加倾向于按照信息素浓度比例移动，蚁群算法随机性更强，但是蚁群算法的搜索效率会变慢。为了解决该问题，需要对参数 q_0进行动态调整，使得算法能够快速在前期快速收敛，使得算法能够聚焦到较优解，但是到了后期能够增加算法的随机性，使得算法能够跳出局部最优。

为了平衡蚁群算法的收敛性和随机性，需要在前期使得 q_0较大，随着迭代次数的增加，q_0要逐渐减小，增加算法的随机性，增加算法后期的全局搜索能力。

因此，可以对公式进行改进如下：

$$p_{ij}^{k}=\begin{cases}\arg\max\limits_{j\notin C_k}\{[\tau_{ij}]^{\alpha}\cdot[\eta_{ij}]^{\beta}\}, & \text{当 } q\leqslant q(\lambda(t))\text{ 时}\\ S, & \text{其他}\end{cases} \tag{6.33}$$

$$q(\lambda(t))=\frac{\lambda(t)}{N} \tag{6.34}$$

其中，$\lambda(t)\in[2,N]$为在迭代中平均节点分枝数，即蚂蚁可选的城市数，$\lambda(t)$越大，则可选择的城市越多，城市总数为 N，为了避免 $q(\lambda(t))$过小，因此，需要将控制在 $\lambda(t)\in[N/3,N]$，当时 $\lambda(t)<N/3$，则直接取值为 $N/3$。

(2) 与局部搜索算法混合。

由于蚁群算法的全局性较强，但是算法的收敛速度比较低，因此，需要与局部搜索算法相结合，以加速算法收敛到较优解。在此，可以利用 2-opt 算法来对蚁群算法进行改进，其具体操作如下：

① 假设蚁群算法构建的路径为 13572468，随机选择两个点作为交换点 13$\underline{5}$7246$\underline{8}$；

② 将两点之前和之后的路径直接复制到新解得对应位置，对两点之间的路径进行翻转后加入到新解中，得到 13$\underline{6}$4275$\underline{8}$；

③ 如果产生的新解的路径长度比原来解好，则接受；否则，不进行交换；

④ 重复以上步骤，直到没有更优解产生停止。

(3) 引入节约距离。

节约算法是由 Clark 和 Wright 提出的求解车辆路径优化问题的算法，其基本思想是对于部队 i 和部队 j，如果用两辆军车从仓库 0 分别对两个部队进行服务，则军车运行的总距离为 $2d_{0i}+2d_{oj}$；然而假如部队 i 和部队 j 需求总量不超过军车的容量，则可以用一辆军车对其进行服务，军车运行的总距离为 $d_{0i}+d_{ij}+d_{oj}$；合并运送后军车运输总距离可以节省 $d_{0i}+d_{oj}-d_{ij}$，根据三角形性质，部队 i、部队 j 和仓库 0 形成一个三角形，三角形两边之和大于第三边 $\mu_{ij}=d_{0i}+d_{oj}-d_{ij}>0$，在此，称 μ_{ij} 为节约距离。因此，可以对状态转移概率公式进行改进：

$$p_{ij}^{k}=\begin{cases}\arg\max\limits_{j\notin C_k}\{[\tau_{ij}]^{\alpha}\cdot[\eta_{ij}]^{\beta}\cdot[\mu_{ij}]^{\gamma}\}, & \text{当 } q\leqslant q(\lambda(t))\text{ 时}\\ S, & \text{其他}\end{cases} \tag{6.35}$$

$$S=\begin{cases}\dfrac{[\tau_{ij}]^{\alpha}\cdot[\eta_{ij}]^{\beta}\cdot[\mu_{ij}]^{\gamma}}{\sum\limits_{s\notin C_k}[\tau_{is}]^{\alpha}\cdot[\eta_{is}]^{\beta}\cdot[\mu_{ij}]^{\gamma}}, & j\notin C_k\\ 0, & \text{其他}\end{cases} \tag{6.36}$$

3. 算例分析

为了验证算法的有效性，采用某军事物流为案例，并使用改进蚁群算法进行求解。在案例中，军事物资仓库为 0，共为 19 个部队提供物资配送服务，军车载重为 9 吨，仓库及部队的坐标和需求如表 6.3 所示，优化目标为在使用最少军车条件下使得总路程最短。

表 6.3　算例数据

部　队	横 坐 标	纵 坐 标	需 求 量
0	0	0	
1	0	1	1.5
2	0	3	1.8
3	2	2	2
4	3	3	0.8
5	3	1	1.5
6	4	0	1
7	4	1	2.5
8	1	2	3
9	1	1	1.7
10	1	3	0.6
11	3	4	0.2
12	−3	0	2.4
13	2	0	1.9
14	1	−3	2
15	2	−1	0.7
16	2	1	0.5
17	1	−4	2.2
18	−3	2	3.1
19	−1	−1	0.1

实验开始，设置蚂蚁数量 $m=15$，信息素浓度因子 $\alpha=1.0$，启发式信息因子 $\beta=5.0$，节约距离因子 $\gamma=2.0$ 信息素挥发系数 ρ 取值在 0.1，初始信息素 $\tau_0=10$，最大迭代次数为 100，运行次数 10。运行结果如表 6.4 所示：

表 6.4　算例运行结果

次　数	距离/km	迭代次数
1	42.27	34
2	42.30	25
3	41.80	39
4	41.88	36
5	42.40	31
6	42.49	32
7	43.35	28
8	42.45	37
9	41.84	24
10	43.78	23

根据表格内容可以看出，最优结果为：

车辆 1：0-19-12-18-2-1-0；车辆 2：0-16 3 4-11-10-8-9-0；

车辆 3：0-5-7-6-13-15-0；车辆 4：0-14-17-0。

共使用 4 辆军车，最短距离为 41.80km，其求解过程如图 6.7 所示：

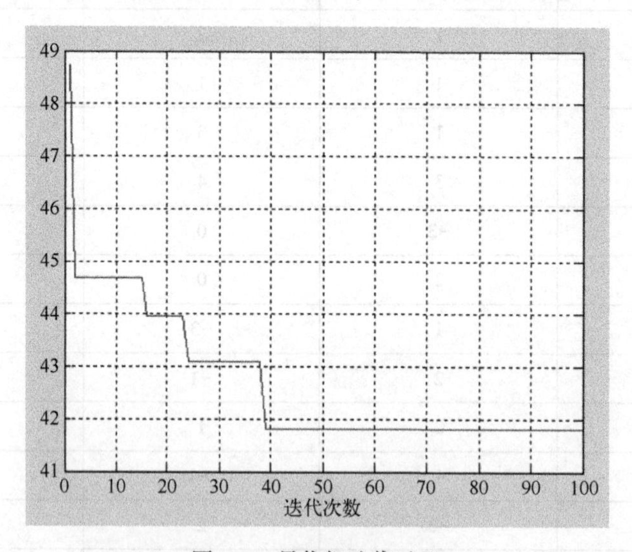

图 6.7　最优解迭代过程

由图 6.7 可以看出，改进蚁群算法在前期收敛速度较快，可以快速对较优解进行改进，但是随着迭代次数增加，算法寻找到更优解的过程变慢，但是算法仍然有一定随机性，可以对较优解进行改进，最终最优解在 39 代获得，最优解为

41.8km。因此，改进的蚁群算法能够对军事物流车辆路径优化问题进行求解。为了对比改进蚁群算法的效率，将算法与标准蚁群算对比，其结果如表 6.5 所示：

表 6.5　算法结果对比

指　　标	标准蚁群算法	改进蚁群算法	改进比例
最小距离	42.32	41.80	1.23%
最大距离	42.36	43.78	-3.35%
平均搜索代数	34.6	31.3	9.53%

由表 6.5 可见，改进蚁群算法在最大距离上比标准蚁群算法差，但是在最小距离和平均搜索代数上比标准蚁群算法表现更好，分别改进了 1.23%和 9.53%。因此，可以证明改进蚁群算法的求解效率较高。

6.5.2　无人机集群路径规划

1. 问题建模

考虑余火复燃的场景中，经过卫星传回的图片，某区域有 M 个可能的余火发生点。现要从基地派遣出 N 架无人机前往这所有的 M 个余火发生点侦察，通过无人机拍摄的图片判断该地区是否真的存在余火复燃的可能性，进而及时调整灭火力量，尽快扑灭火灾，所以要求所有无人机完成侦察任务的总时间越短越好，同时确保决策人员能够掌握这 M 个余火复燃可能点的情况，要求每架无人机完成任务的时间相差不大，以满足无人机续航时间的约束。

在经过灭火后的森林区域包含了若干个余火复燃可能点，各个无人机要用基地起飞，按照各自的路径完成侦察任务后重返基地。对于一架无人机，它在任务区域中的飞行路径所经过的余火可能复燃点用点集 $V=\{v_1,v_2,v_3,\cdots,v_{num}\}$ 表示，基地用 v_0 表示。用边集 E 表示各个边，e_{ij} 表示点 v_i,v_j 之间连接的路径，则 e_{ij} 的路径长度为 $d_{ij}=\sqrt{(x_i-x_j)^2+(y_i-y_j)^2}$。每架无人机所飞行的总长度为经过的各个点之间的路径长度之和。

2. 多蚁群算法的路线规划方法

1）优化目标

多无人机多条路线规划的目标，在满足每个复燃可能点都搜索到且总完成时间最短的基础上应该满足每架无人机完成的任务量，飞行的路径长度尽可能的平均。为了使各个无人机的任务难度大致相同，让各个无人机路径的总路程相差不大，所以规定每条路线经过的余火复燃可能点不能少于 k 个。由于有 n 架无人机，所以需要规划的路径数目为 n。每条路线的路径长度为 $s_1,s_2,s_3,\cdots,s_n$。为了

使得路径的总完成时间最小的基础上使得每架无人机的搜索路径长度也最小，所以定义路线规划目标的模型为

$$\min S = \sum_{k=1}^{n} s_k + \max(s_1, s_2, s_3, \cdots, s_n) \tag{6.37}$$

其中，$\max(s_1, s_2, s_3, \cdots, s_n)$为集群完成整个任务的最长路径也对应于最长的时间，要求其足够的小。每架无人机在路上所花费的时间

$$T_k^E = \sum_{i=0}^{num} \frac{d_{i,i+1}}{v} i \in V_{path} \tag{6.38}$$

式中：v为无人机的巡航速度。

2）多蚁群协同规划算法

由于多个无人机同时出发需要规划多条无人机侦察路线，单一种群的蚁群算法并不能适用于解答这个问题，所以本文对蚁群算法进行了改进，使其适用于解答这个问题。假设一次释放无人机需要规划N条路线，每条路线对应于一个蚂蚁种群，每个种群由M只蚂蚁组成。本文所提出的多蚁群的路径规划算法的简要步骤为：

首先，给出各个余火复燃可能点之间合适的信息素初始值。再将所有种群的所有蚂蚁放在起点处，一起向不同的余火复燃可能点出发，状态转移函数与信息素和启发式因子相关，每只蚂蚁根据状态转移规则选择相邻的可行的余火复燃可能点，直到所有蚂蚁到达终点，即完成一次循环。一次所有种群的蚂蚁完成循环后，对信息素进行更新，信息素更新的大小与目标函数有关，之后将所有蚂蚁置于起点。对没有蚂蚁经过的路径只进行信息素的挥发。重复这个过程，直到求出优化路径。其算法流程如图6.8所示。

（1）信息素的初始化。

信息素分布在不同的余火复燃可能点之间，两余火复燃可能点之间的信息素初始化为τ_0，蚂蚁从起点v_0开始爬与选取路径，根据多无人机的实际情况约束，还需要启发式因子对蚂蚁进行引导，使其每次走的路线都相对较短。η_{ij}为蚂蚁到余火复燃可能点j的一个启发式因子，由搜索点i到搜索点j距离决定。η_j的计算如下式所示

$$\eta_{i,j} = \frac{1}{d_{i,j}} \tag{6.39}$$

式中：$d_{i,j}$为从余火复燃可能点i到j的欧氏距离。

（2）蚂蚁的路径选择策略。

第k个种群中的蚂蚁l选择下一个余火复燃可能点的概率是由下一余火复燃可能点的启发式因子，和此种群的连接当前余火复燃可能点与下一余火复燃可能

点的信息素浓度所共同决定的。下式给出了当前余火复燃可能点 i 到下一余火复燃可能点 j 的概率

$$p_{ij}^{kl}=\begin{cases}\dfrac{\tau_{ijk}^{\alpha}\cdot\eta_{j}^{\beta}}{\sum_{j\in J_i^{kl}}\tau_{ijk}^{\alpha}\cdot\eta_{j}^{\beta}}, & j\in J_i^{kl}\\ 0, & j\notin J_i^{kl}\end{cases}\tag{6.40}$$

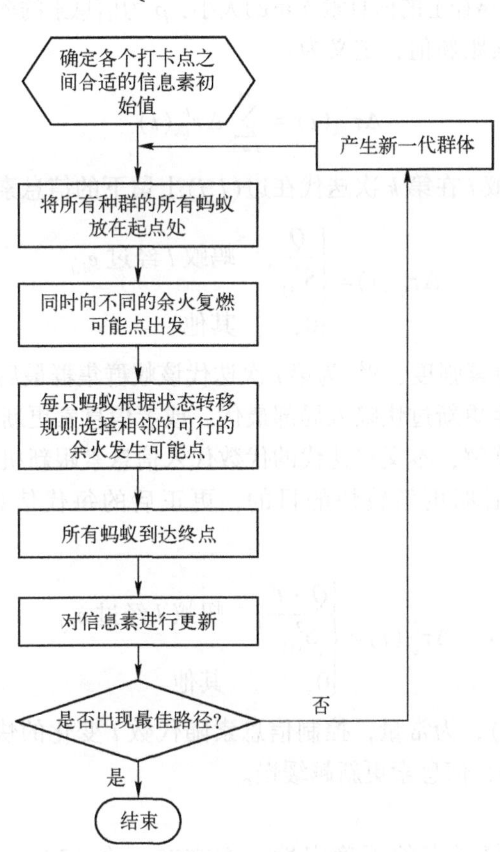

图 6.8　多蚁群算法流程图

其中，J_i^{kl} 表示种群 k 中的蚂蚁 l 在余火复燃可能点 i 下一步允许的选择的余火复燃可能点的集合，当然不包括已经经过的点，这里的点的集合由蚂蚁每一次的步长范围所决定。τ_{ijk} 表示种群 k 在从余火复燃可能点 i 到余火复燃可能点 j 的信息素，α 为种群信息素的重要程度。η_{ij} 为蚂蚁到余火复燃可能点 j 的一个启发式因子，β 为启发式因子的重要程度。

3）信息素的更新策略

在所有的蚁群都完成一次搜索后，对信息素矩阵进行更新。从第 k 个蚂蚁种群从余火复燃可能点 i 到余火复燃可能点 j 的信息素按照下式进行更新

$$\tau_{ijk}(t+1)=(1-\rho)\cdot\tau_{ijk}(t)+\Delta\tau_{ijk}(t+1) \tag{6.41}$$

其中，$\tau_{ijk}(t+1)$ 和 $\tau_{ijk}(t)$ 分别是更新前后第 k 个蚂蚁种群从余火复燃可能点 i 到余火复燃可能点 j 路径上的信息素含量的大小，ρ 为信息素的挥发系数。$\Delta\tau_{ijk}(t+1)$ 为本次迭代的信息素跟新值，定义为：

$$\Delta\tau_{ijk}(t)=\sum_{l=1}^{m}\Delta\tau_{ijk}^{l}(t) \tag{6.42}$$

其中，$\Delta\tau_{ijk}^{l}(t)$ 为蚂蚁 l 在第 k 次迭代在边 (i,j) 上留下的信息素定义为：

$$\Delta\tau_{ijk}^{l}(t)=\begin{cases}\dfrac{Q}{S_{(t)}^{2}}, & \text{蚂蚁 } l \text{ 经过 } e_{i,j}\\ 0, & \text{其他}\end{cases} \tag{6.43}$$

其中，Q 为信息素强度，$S_{(t)}^{2}$ 为第 t 次迭代该蚁群集群最后计算得到的目标函数值。为防止信息素更新过快陷入局部最优，或者信息素更新过慢导致优化速度过慢，运行不出最优解，本文将迭代的代数代入信息素跟新机制中，以达到信息素前期跟新较慢，后期更新较快的目的，更正后的每代信息素改变量计算公式为：

$$\Delta\tau_{ijk}^{l}(t)=\begin{cases}\dfrac{Q\cdot t^{c}}{S_{(t)}^{2}}, & \text{蚂蚁 } l \text{ 经过 } e_{i,j}\\ 0, & \text{其他}\end{cases} \tag{6.44}$$

其中，$c\in(0,1)$，为常量，控制信息素随代数 t 变化的快慢。c 越大，信息素更新越快，c 越小，信息素更新越缓慢。

3. 算例分析

由于森林余火复燃点的不确定性，本文在一个 1500m×1500m 的火灾区域随机生成了 100 个余火可能复燃点来模拟现实的火灾场景，如图 6.9 所示。每次从起点派遣 10 架无人机进行侦察，需要生成 10 条不同的无人机飞行航迹。

无人机集群的起飞起点位置为（27，1280），算法的迭代次数设置为 2000 次，蚂蚁蚁群数量设置为 10，也就是说，需要设置 10 条路线，每条路线设置的侦察点数为 10，信息素的重要程度 $\alpha=3$，启发因子的重要程度 $\beta=2$。信息素的蒸发系数为 $\rho=0.005$，信息素的增加强度为 $Q=10$。将所有的数据输入模型中，利用 matlab 进行解算。图 6.10 所示为目标函数每一代最优蚁群的最优结果和每

一代目标函数平均值的变化情况，由图 6.10 可知，算法在迭代至 1800 代左右时收敛到算法的最优值。

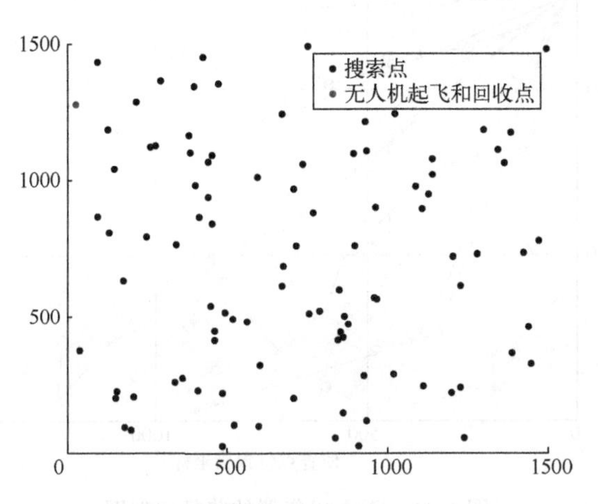

图 6.9　森林余火待侦察点分布图

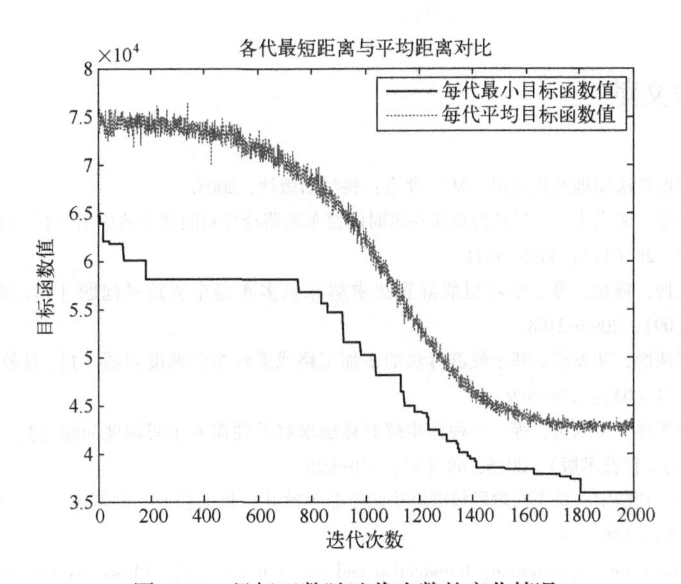

图 6.10　目标函数随迭代次数的变化情况

最终算法得出的 10 架无人机的路径如图 6.11 所示，不同的线条代表无人机集群中的不同无人机。

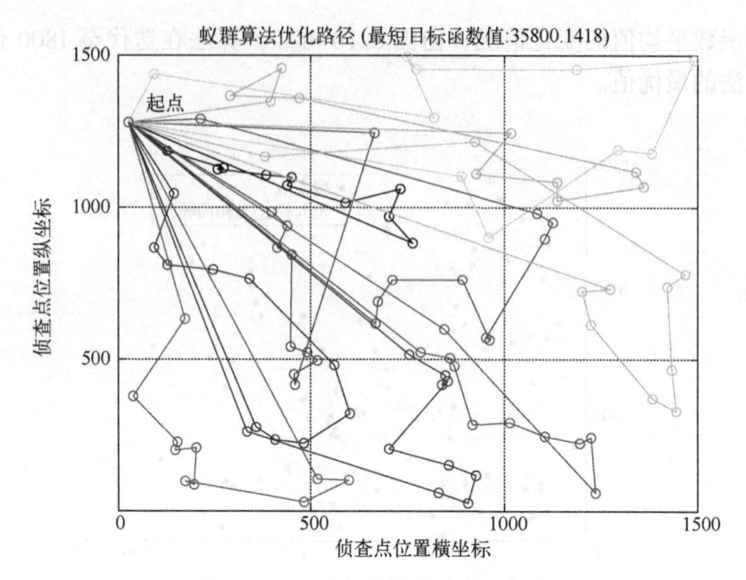

图 6.11　无人机集群的路径规划图

参考文献

[1] 段海滨. 蚁群算法原理及其应用 [M]. 北京：科学出版社，2005.

[2] 雷金羡，孙宇，朱洪杰. 改进蚁群算法在带时间窗车辆路径规划问题中的应用 [J]. 计算机集成制造系统，2022，28 (11)：3535-3544.

[3] 胡蓉，陈文博，钱斌，等. 学习型蚁群算法求解绿色多车场车辆路径问题 [J]. 系统仿真学报，2021，33 (09)：2095-2108.

[4] 黄学文，张晓彤，艾亚晴. 基于蚁群算法的多加工路线柔性车间调度问题 [J]. 计算机集成制造系统，2018，24 (03)：558-569.

[5] 田松龄，陈东祥，王太勇，等. 一种异步蚁群算法求解柔性作业车间调度问题 [J]. 天津大学学报 (自然科学与工程技术版)，2016，49 (9)：920-928.

[6] 张洁，张朋，刘国宝. 基于两阶段蚁群算法的带非等效并行机的作业车间调度 [J]. 机械工程学报，2013，49 (6)：136-144.

[7] BLUM C. Ant colony optimization: Introduction and recent trends [J]. Physics of Life reviews, 2005, 2 (4): 353-373.

[8] DORIGO M, BIRATTARI M, STUTZLE T. Ant colony optimization [J]. IEEE computational intelligence magazine, 2006, 1 (4): 28-39.

[9] MIAO C, CHEN G, YAN C, et al. Path planning optimization of indoor mobile robot based on adaptive ant colony algorithm [J]. Computers & Industrial Engineering, 2021, 156: 107230.

[10] HOU W, XIONG Z, WANG C, et al. Enhanced ant colony algorithm with communication mechanism for mobile robot path planning [J]. Robotics and Autonomous Systems, 2022, 148: 103949.

[11] CAO R, LI S, JI Y, et al. Task assignment of multiple agricultural machinery cooperation based on improved ant colony algorithm [J]. Computers and Electronics in Agriculture, 2021, 182: 105993.

[12] XIANG X, TIAN Y, ZHANG X, et al. A pairwise proximity learning-based ant colony algorithm for dynamic vehicle routing problems [J]. IEEE Transactions on Intelligent Transportation Systems, 2021, 23 (6): 5275-5286.

[13] LI S, LUO T, WANG L, et al. Tourism route optimization based on improved knowledge ant colony algorithm [J]. Complex & Intelligent Systems, 2022, 8 (5): 3973-3988.

[14] CHEN D, YOU X M, LIU S. Ant colony algorithm with Stackelberg game and multi-strategy fusion [J]. Applied Intelligence, 2022: 1-23.

[15] ZHOU X, MA H, GU J, et al. Parameter adaptation-based ant colony optimization with dynamic hybrid mechanism [J]. Engineering Applications of Artificial Intelligence, 2022, 114: 105139.

[16] YANG Y , SONG X F , WANG J F , et al. Ant colony algorithm for continuous space optimization [J]. Control and Decision, 2003, 18 (5): 573-576.

[17] Dréo, J. , Siarry, P. Dynamic Optimization Through Continuous Interacting Ant Colony [C]// Ant Colony Optimization and Swarm Intelligence. Springer, Berlin, Heidelberg, 2004: 422-423.

第7章 粒子群优化算法

James Kennedy 和 Russell Eberhart 在 1995 年的 *IEEE International Conference on Neural Networks* 和 *6th International Symposium on Micromachine and Human Science* 上分别发表了"Particle swarm optimization"和"A new optimizer using particle swarm theory"的论文，标志着粒子群优化（particle swarm optimization，PSO）算法的诞生，国内也有人译为微粒群算法。

7.1 导言

粒子群优化由于其算法简单、易于实现、无需梯度信息、参数少等特点在连续优化问题和离散优化问题中都表现出良好的效果，特别是其天然的实数编码特点适合于处理实优化问题，近年来成为国际上智能优化领域研究的热门。在算法的理论研究方面，有部分研究者对算法的收敛性进行了分析，更多的研究者致力于研究算法的结构和性能改善，包括参数分析、拓扑结构、粒子多样性保持、算法融合和性能比较等。粒子群优化算法最早应用于非线性连续函数优化和神经元网络训练，后来也被用于解决约束优化问题、多目标优化问题、动态优化问题等。在数据分类、数据聚类、模式识别、电信 QoS 管理、生物系统建模、流程规划、信号处理、机器人控制、决策支持以及仿真和系统辨识等方面，都表现出良好的应用前景。国内也有越来越多的学者关注粒子群优化算法的应用，将其应用于非线性规划、同步发电机辨识、车辆路径、约束布局优化、新产品组合投入及广告优化等问题。

粒子群优化算法的提出是基于对简化社会模型的模拟。

自然界中许多生物体具有一定的群体行为，人工生命的主要研究领域之一就是探索自然界生物的群体行为，从而在计算机上构建其群体模型。通常群体行为可以由几条简单的规则进行建模，如鱼群、鸟群等。虽然每个个体具有非常简单的行为规则，但是群体行为却非常复杂。

一些科学家对鸟群或者鱼群的群体性行为进行了包括计算机模拟仿真在内的研究。Reynolds 和 Heppner 这两位动物学家在 1987 年和 1990 年发表的论文中都关注了鸟群群体行动中蕴含的美学，他们发现，由数目庞大的个体组成的鸟群飞行中可以改变方向、散开或者队形的重组等，那么一定有某种潜在的能力或者规则保证了这些同步的行为。这些科学家都认为上述行为基于不可预知的鸟类社会行为中的群体动态学。在这些早期的模型中，他们把重点都放在了个体间距的处理上，也就是让鸟群中的个体之间保持最优的距离。

1975 年，生物社会学家 Wilson E O 根据对鱼群的研究，在论文中提出："至少在理论上，鱼群的个体成员能够受益于群体中其他个体在寻找食物的过程中的发现和以前的经验，这种受益是明显的，它超过了个体之间的竞争所带来的利益消耗，不管任何时候食物资源不可预知的分散于四处"。这说明，同种生物之间信息的社会共享能够带来好处，这是粒子群优化的基础。

对人类社会行为的模拟与前者不同，其最大区别在于抽象性。鸟类和鱼类通过调节它们的物理运动来避免天敌、寻找食物、优化环境的参数（如温度等）。人类调节的不仅是物理运动，还包括认知和经验变量。我们更多调节自己的信仰和态度，来和社会中的上流人物或者专家，或者说在某件事情上获得最优解的人保持一致。

这种不同导致了计算机仿真上的差别，至少有一个明显的因素：碰撞。两个个体即使不被绑在一块，也具有相同的态度和信仰，但是两只鸟是绝对不可能不碰撞而在空间中占据相同位置的。这是因为动物只能在三维的物理空间中运动，而人类还在抽象的多维心理空间运动，这里是碰撞自由的（collision-free）。

Kennedy 和 Eberhart 对 Hepper 的模仿鸟群的模型进行了修正，以使粒子能够飞向解空间，并在最好解处降落，从而得到了粒子群优化算法。

7.2　基本原理

本节首先介绍基本粒子群优化算法，这是算法的初始版本；然后介绍粒子群优化算法的标准版本，这是目前大多数研究者所使用的版本；之后对算法的构成要素进行简单分析；最后给出一个计算的例子。

7.2.1　基本粒子群优化算法

1. 算法原理

算法的基本原理可以描述如下。

一个由 m 个粒子（particle）组成的群体（swarm）在 D 维搜索空间中以一定

的速度飞行，每个粒子在搜索时，考虑到自己搜索到的历史最好点和群体内（或邻域内）其他粒子的历史最好点，在此基础上进行位置（状态，也就是解）的变化。

第 i 个粒子的位置表示为：$x_i=(x_{i1},x_{i2},\cdots,x_{iD})$

第 i 个粒子的速度表示为：$v_i=(v_{i1},v_{i2},\cdots,v_{iD}),1\leqslant i\leqslant m,1\leqslant d\leqslant D$

第 i 个粒子经历过的历史最好点表示为：$p_i=(p_{i1},p_{i2},\cdots,p_{iD})$

群体内（或邻域内）所有粒子所经过的最好的点表示为：$p_g=(p_{g1},p_{g2},\cdots,p_{gD})$。

一般来说，粒子的位置和速度均在连续的实数空间内进行取值。

粒子的位置和速度根据以下方程进行变化，即

$$v_{id}^{k+1}=v_{id}^{k}+c_1\xi(p_{id}^{k}-x_{id}^{k})+c_2\eta(p_{gd}^{k}-x_{id}^{k}) \tag{7.1}$$

$$x_{id}^{k+1}=x_{id}^{k}+v_{id}^{k+1} \tag{7.2}$$

式中：c_1和 c_2为学习因子（learning factor）或加速系数（acceleration coefficient），一般为正常数。学习因子使粒子具有自我总结和向群体中优秀个体学习的能力，从而向自己的历史最优点以及群体内或邻域内的历史最优点靠近。c_1和 c_2通常等于 2。ξ、$\eta\in U[0,1]$是在$[0,1]$区间内均匀分布的伪随机数。粒子的速度被限制在一个最大速度 $v_{\max}$的范围内。

当把群体内所有粒子都作为邻域成员时，得到粒子群优化算法的全局版本；当群体内部分成员组成邻域时得到粒子群优化算法的局部版本。局部版本中，一般由两种方式组成邻域，一种是索引号相邻的粒子组成邻域，另一种是位置相邻的粒子组成邻域。粒子群优化算法的邻域定义策略又可以称为粒子群的邻域拓扑结构。

2. 算法流程

基本粒子群优化算法的流程如下。

第 1 步：在初始化范围内，对粒子群进行随机初始化，包括随机位置和速度。

第 2 步：计算每个粒子的适应值。

第 3 步：对于每个粒子，将其适应值与所经历过的最好位置的适应值进行比较，如果更好，则将其作为粒子的个体历史最优值，用当前位置更新个体历史最好位置。

第 4 步：对每个粒子，将其历史最优适应值与群体内或邻域内所经历的最好位置的适应值进行比较，若更好，则将其作为当前的全局最好位置。

第 5 步：根据式（7.1）和式（7.2）对粒子的速度和位置进行更新。

第 6 步：若未达到终止条件，则转第 2 步。

一般将终止条件设定为一个足够好的适应值或达到一个预设的最大迭代代数。

3. 粒子的社会行为分析

从粒子的速度更新方程式（7.1）可以看到，基本粒子群优化算法中，粒子的速度主要由 3 部分构成。

(1) 前次迭代中自身的速度。

式（7.1）右侧第一项，这是粒子飞行中的惯性作用，是粒子能够进行飞行的基本保证。

(2) 自我认知的部分。

式（7.1）右侧第二项，表示粒子飞行中考虑到自身的经验，向自己曾经找到过的最好点靠近。

(3) 社会经验的部分。

式（7.1）右侧第三项，表示粒子飞行中考虑到社会的经验，向邻域中其他粒子学习，使粒子在飞行时向邻域内所有粒子曾经找到过的最好点靠近。

Kennedy 通过神经网络训练的试验研究了粒子飞行时的行为，在试验中将粒子的速度更新公式分为以下几种情况。

① 完全模型（full model）：即按照原始公式（7.1）进行速度更新。

② 只有自我认知（cognition-only）：即速度更新时只考虑上述第 1 项和第 2 项。

③ 只有社会经验（social-only）：即速度更新时只考虑上述第 1 项和第 3 项。

④ 无私（selfless）：即速度更新时只考虑上述第 1 项和第 3 项，并且邻域不包括粒子本身。

这里考虑“无私”的情况是因为，在只有社会经验的模型中，如果粒子自身取得的历史最好解就是邻域最好解，那么粒子还是会被自身取得的历史最好解所吸引，这容易引起效果上的混淆，“无私”情形可以彻底去掉自身认知的影响。

试验结果表明：①对于所有的情形，最大速度 v_{max} 过小常常导致搜索的失败；而较大的 v_{max} 常使粒子飞过目标区域，这可能使粒子找到更好的区域，即使粒子脱离局优；②上述速度更新模型按照达到规定误差所需的迭代次数从少到多依次为：只有社会经验<无私<完全模型<只有自我认知。

这里神经网络训练的是 XOR 问题，这说明，对于简单问题，只有社会经验的模型可以最快达到收敛，这是因为粒子间的社会信息的共享导致进化速度加快。而只有自我认知的模型收敛最慢，这是因为不同的粒子间缺乏信息交流，没有社会信息的共享，导致找到最优解的概率变小。

但是，需要注意的是，收敛速度不是优化效果的唯一评价指标。特别是对于复杂的问题，只考虑社会经验，将导致粒子群体过早收敛，从而陷于局部最优；只考虑个体自身经验，将使群体很难收敛，进化速度过慢。相对而言，完全模型是较好的选择。

7.2.2 标准粒子群优化算法

为改善算法收敛性能，Shi 和 Eberhart 在 1998 年的论文中引入了惯性权重的概念，将速度更新方程修改为式（7.3），即

$$v_{id}^{k+1}=\omega v_{id}^{k}+c_1\xi(p_{id}^{k}-x_{id}^{k})+c_2\eta(p_{gd}^{k}-x_{id}^{k}) \tag{7.3}$$

式中：ω 为惯性权重，其大小决定了对粒子当前速度继承的多少，合适的选择可以使粒子具有均衡的探索能力（exploration，即广域搜索能力）和开发能力（exploitation，即局部搜索能力）。可见，基本粒子群优化算法是惯性权重 $\omega=1$ 的特殊情况。

分析和试验表明，设定 v_{max}的作用可以通过惯性权重的调整来实现。现在的粒子群优化算法基本上使用 v_{max}进行初始化，将 v_{max}设定为每维变量的变化范围，而不必进行细致的选择与调节。

目前，对于粒子群优化算法的研究大多以带有惯性权重的粒子群优化算法为对象进行分析、扩展和修正，因此大多数文献中将带有惯性权重的粒子群优化算法称为粒子群优化算法的标准版本，或者称为标准粒子群优化算法；而将前述粒子群优化算法称为初始粒子群优化算法/基本粒子群优化算法，或者称为粒子群优化算法的初始版本。

7.2.3 算法构成要素

这里将对粒子群优化算法的构成要素进行概述。这些构成要素包括：算法的相关参数，如群体大小、学习因子、最大速度、惯性权重；算法设计中的相关问题，如邻域拓扑结构、粒子空间的初始化和停止准则。

1. 群体大小 m

m 是整型参数。当 m 很小时，陷入局部最优的可能性很大。然而，群体过大将导致计算时间大幅增加。并且当群体数目增长至一定水平时，再增长将不再是显著的作用。当 $m=1$ 时，粒子群优化算法变为基于个体搜索的技术，一旦陷入局部最优，将不可能跳出。当 m 很大时，粒子群优化的能力很好，可是收敛速度将非常慢。

2. 学习因子 c_1和 c_2

学习因子使粒子具有自我总结和向群体中优秀个体学习的能力，从而向群体内或邻域内最优点靠近。c_1和 c_2通常等于 2，不过在文献中也有其他的取值。但

是一般 c_1 等于 c_2，并且范围在 0~4 之间。

3. 最大速度：v_{max}

最大速度决定粒子在一次迭代中最大的移动距离。v_{max} 较大时，探索能力增强，但是粒子容易飞过最好解。v_{max} 较小时，开发能力增强，但是容易陷入局部最优。有分析和试验表明，设定 v_{max} 的作用可以通过惯性权重的调整来实现。所以，现在的试验基本上使用 v_{max} 进行初始化，将 v_{max} 设定为每维变量的变化范围，而不必进行细致的选择与调节。

4. 惯性权重

智能优化方法的运行是否成功，探索能力和开发能力的平衡是非常关键的。对于粒子群优化算法来说，这两种能力的平衡就是靠惯性权重来实现的。较大的惯性权重使粒子在自己原来的方向上具有更大的速度，从而在原方向上飞行更远，具有更好的探索能力；较小的惯性权重使粒子继承了较少的原方向的速度，从而飞行较近，具有更好的开发能力。通过调节惯性权重能够调节粒子群的搜索能力。

5. 邻域拓扑结构

全局版本粒子群优化算法将整个群体作为粒子的邻域，速度快，不过有时会陷入局部最优；局部版本粒子群优化算法将索引号相近或者位置相近的个体作为粒子的邻域，收敛速度慢一点，不过很难陷入局部最优。显然，全局版本的粒子群优化算法可以看作局部版本粒子群优化算法的一个特例，即将整个群体都作为邻域。

6. 停止准则

一般使用最大迭代次数或可以接受的满意解作为停止准则。

7. 粒子空间的初始化

较好地选择粒子的初始化空间，将大大缩短收敛时间。这是问题依赖的。

从上面的介绍可以看到，实际上粒子群优化算法并没有过多需要调节的参数。相对来说，惯性权重和邻域定义较为重要。

7.2.4 计算举例

下面以一个简单的例子来说明粒子群优化算法是如何工作的。

1. 最优化问题

求解以下的无约束优化问题（Rosenbrock 函数），即

$$\min f(x) = \sum_{i=1}^{n-1} \left[100(x_{i+1} - x_i^2)^2 + (x_i - 1)^2 \right]$$
$$x \in [-30,30]^n \tag{7.4}$$

其中，问题的维数 $n=5$。

当变量取二维时，目标函数的图形如图 7.1 所示。

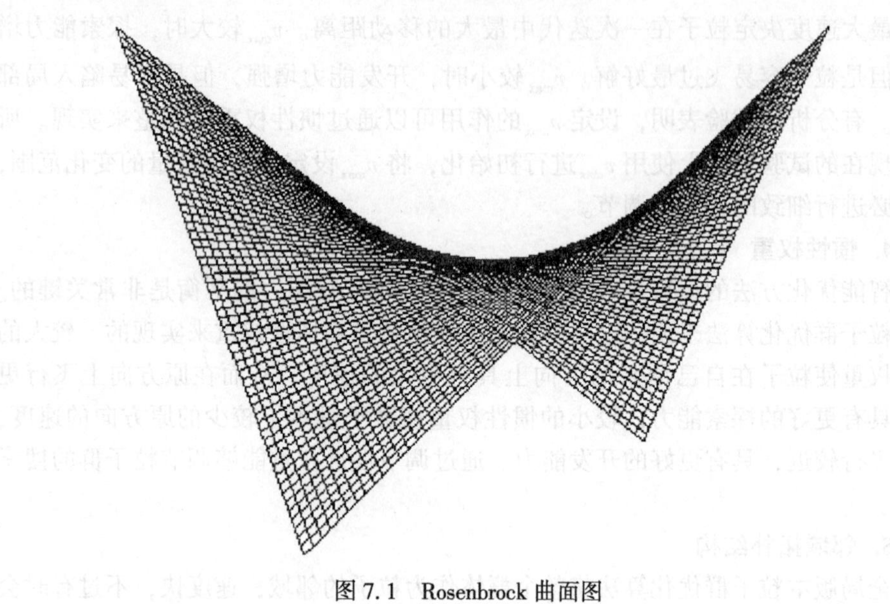

图 7.1 Rosenbrock 曲面图

2. 简单分析

Rosenbrock 是一个著名的测试函数，也叫香蕉函数，其特点是该函数虽然是单峰函数，在$[100,100]^n$上只有一个全局极小点，但它在全局极小点邻近的狭长区域内取值变化极为缓慢，常用于评价算法的搜索性能。这种优化问题非常适合于使用粒子群优化算法来求解。这里使用标准版本的算法来求解，算法的相关设计分析如下。

编码：因为问题的维数为 5，所以每个粒子为 5 维的实数向量。

初始化范围：根据问题要求，设定为$[-30,30]$。根据前面的参数分析，可以将最大速度设定为 $v_{\max}=60$。

种群大小：为了说明方便，这里采用一个较小的种群规模，$m=5$。

停止准则：设定为最大迭代次数 100 次。

惯性权重：采用固定权重 0.5。

邻域拓扑结构：使用星形拓扑结构，即全局版本的粒子群优化算法。

3. 步骤

第 1 步：设置相关参数，在初始化范围内，对粒子群进行随机初始化，包括随机位置和速度。

第 2 步：计算每个粒子的适应值。

第3步：更新粒子的个体历史最好值和最好解以及整个群体的历史最好值和最好解。

第4步：根据式（7.3）和式（7.2）对粒子的速度和位置进行更新。

第5步：若迭代次数未达到100，则转第2步。

4. 一次迭代结果

各个粒子的初始位置如下：

$x_1^0=(-15.061812, -23.799465, 25.508911, 4.867607, -4.6115036)$；

$x_2^0=(29.855438, -25.405956, 6.2448387, 10.079613, -26.621386)$；

$x_3^0=(23.805588, 19.57822, -8.61554, 9.441231, -29.898735)$；

$x_4^0=(7.1804657, -13.258207, -29.63405, -27.048172, 2.2427979)$；

$x_5^0=(-4.7385902, -17.732449, -24.78365, -3.8092823, 4.3552284)$。

各个粒子的初始速度如下：

$v_1^0=(-5.2273927, 15.964569, -11.821243, 42.65571, -48.36218)$；

$v_2^0=(-0.42986897, -0.5701652, -18.416643, -51.86605, -33.90133)$；

$v_3^0=(13.069403, -48.511078, 28.80003, -8.051167, -28.049505)$；

$v_4^0=(-8.85361, 12.998845, -13.325946, 18.722532, -26.033237)$；

$v_5^0=(-5.7461033, -7.451118, 29.135513, -14.144024, -41.325256)$。

各个粒子的初始适应值如下：

$f_1^0=7.733296E7$；

$f_2^0=1.26632864E8$；

$f_3^0=4.7132888E7$；

$f_4^0=1.39781552E8$；

$f_5^0=4.98773E7$。

显然，粒子3取得了群体中最好的位置和适应值，将其作为群体历史最优解。

经过一次迭代后，粒子的位置变化为：

$x_1^1=(2.4265985, 29.665405, 18.387815, 29.660393, -39.97371)$；

$x_2^1=(22.56745, -3.999012, -19.23571, -16.373426, -45.417023)$；

$x_3^1=(30.34029, -4.6773186, 5.7844753, 5.4156475, -43.92349)$；

$x_4^1=(2.7943296, 19.942759, -24.861498, 16.060974, -57.757202)$；

$x_5^1=(27.509708, 28.379063, 13.016331, 11.539068, -53.676777)$。

从上面的数据可以看到，粒子有的分量跑出了初始化范围。需要说明的是，在这种情况下，一般不强行将粒子重新拉回到初始化空间，即使初始化空间也是粒子的约束空间。因为，即使粒子跑出初始化空间，随着迭代的进行，如果在初始化空间内有更好的解存在，那么粒子也可以自行返回到初始化空间。

而且有研究表明，即使初始化空间不设定为问题的约束空间，即问题的最优解不在初始化空间内，粒子也可能找到最优解。

第一次迭代后，各个粒子的适应值为：

$f_1^1=1.68403632\text{E}8$；

$f_2^1=5.122986\text{E}7$；

$f_3^1=8.6243528\text{E}7$；

$f_4^1=6.4084752\text{E}7$；

$f_5^1=1.21824928\text{E}8$。

此时，取得最好解的是粒子 2。

5. 100 次迭代结果

100 次迭代后，粒子的位置及适应值如下：

$x_1^{100}=(0.8324391, 0.71345127, 0.4540729, 0.19283025, -0.01689619)$；

$x_2^{100}=(0.7039059, 0.75927746, 0.42355448, 0.20572342, 1.0952349)$；

$x_3^{100}=(0.8442569, 0.6770473, 0.45867932, 0.19491772, 0.016728058)$；

$x_4^{100}=(0.8238968, 0.67699957, 0.45485318, 0.1967013, 0.015787406)$；

$x_5^{100}=(0.8273693, 0.6775995, 0.45461038, 0.19740629, 0.01580313)$；

$f_1^{100}=1.7138834$；

$f_2^{100}=121.33863$；

$f_3^{100}=1.2665054$；

$f_4^{100}=1.1421927$；

$f_5^{100}=1.1444693$。

从以上结果可以看到，粒子 2 的适应值较大，这是因为 100 次迭代后粒子群还没有充分收敛。而这也在一定程度上保持了种群的多样性。图 7.2 是群体历史

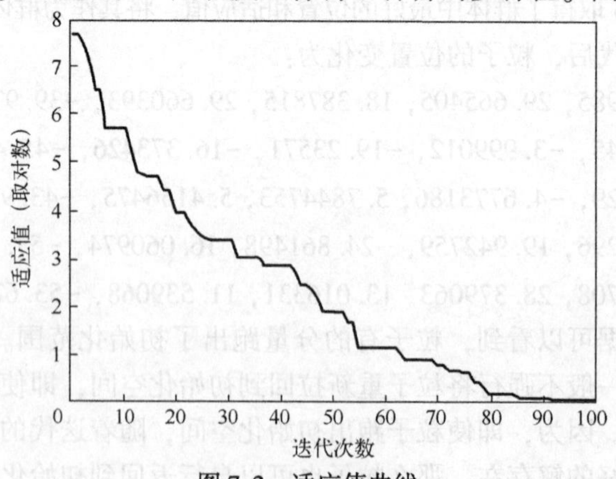

图 7.2　适应值曲线

最优适应值随迭代次数增加的变化曲线。因为适应值变化过大，所以对其取对数。

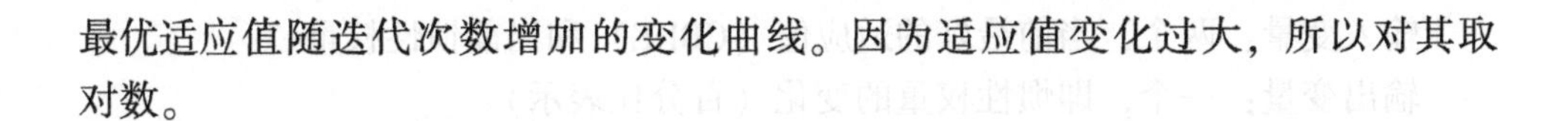

7.3　粒子群优化的改进与变形

本节首先介绍算法 3 个构成要素的选择和调节，包括惯性权重、邻域拓扑结构和学习因子；然后介绍粒子群优化算法另一个重要的改进版本，即带有收缩因子的粒子群优化算法；再针对离散优化问题，说明两个典型的离散版本粒子群优化算法；之后，介绍几种基于遗传思想和梯度信息的改进策略；最后是算法在两类复杂环境中的解决方案，即约束优化和多目标优化。

7.3.1　惯性权重

惯性权重是粒子群优化算法标准版本的重要参数，算法的成败很大程度上取决于该参数的选取和调节。下面介绍设置惯性权重的几种基本方法。

1. 固定权重

即赋予惯性权重以一个常数值，一般来说，该值在 0~1 之间。固定的惯性权重使粒子在飞行中始终具有相同的探索和开发能力。显然，对于不同的问题，获得最好优化效果的这个常数是不同的，要找到这个值需要进行大量的试验。通过试验发现，种群规模越小，需要的惯性权重越大，因为此时种群需要更好的探索能力来弥补粒子数量的不足，否则粒子极易收敛；种群规模越大，需要的惯性权重越小，因为每个粒子可以更专注于搜索自己附近的区域。

2. 时变权重

一般来说，希望粒子群在飞行开始的时候具有较好的探索能力，而随着迭代次数的增加，特别是在飞行的后期，希望具有较好的开发能力。所以，希望动态调节惯性权重。可以通过时变权重的设置来实现。设惯性权重的取值范围为$[\omega_{\min},\omega_{\max}]$，最大迭代次数为 iter_max，则第 i 次迭代时的惯性权重可以取为

$$\omega_i=\omega_{\max}-\frac{\omega_{\max}-\omega_{\min}}{\text{iter\_max}}\cdot i \tag{7.5}$$

这是一种线性减小的变化方式。也可以采用非线性减小的方式来设置惯性权重。根据实际问题来确定最大权重 $\omega_{\max}$ 和最小权重 $\omega_{\min}$。线性时变权重是在实际应用中使用最为广泛的一种方式。

3. 模糊权重

模糊权重使用模糊系统来动态调节惯性权重。

输入变量：两个，当前最好的适应值（CBPE）和当前惯性权重。

输出变量：一个，即惯性权重的变化（百分比表示）。

这里，CBPE 测量的是粒子群优化找到的最好候选解的性能。由于不同的优化问题有不同的性能评价值范围，所以为了让该模糊系统有广泛的适用性，可以使用标准化的 CBPE（NCBPE）。假定优化问题为最小化问题，则

$$\mathrm{NCBPE}=\frac{\mathrm{CBPE}-\mathrm{CBPE}_{\min}}{\mathrm{CBPE}_{\max}-\mathrm{CBPE}_{\min}} \tag{7.6}$$

式中：$\mathrm{CBPE}_{\min}$ 为估计的（或实际的）最小值；$\mathrm{CBPE}_{\max}$ 为非优 CBPE。任何 CBPE 值大于或等于 $\mathrm{CBPE}_{\max}$ 的解都是最小化问题所不能接受的解。

每个输入和输出定义了 3 条模糊集合；包括低、中、高，相对应的隶属度函数分别为左三角形、三角形和右三角形共 9 条规则。这 3 个隶属度函数分别定义如下。

左三角隶属度函数

$$f_{\text{left\_triangle}}=\begin{cases}1 & x<x_1\\ \dfrac{x_2-x}{x_2-x_1} & x_1\leqslant x\leqslant x_2\\ 0 & x>x_2\end{cases} \tag{7.7}$$

三角隶属度函数

$$f_{\text{triangle}}=\begin{cases}0 & x<x_1\\ 2\dfrac{x-x_1}{x_2-x_1} & x_1\leqslant x\leqslant \dfrac{x_2+x_1}{2}\\ 2\dfrac{x_2-x}{x_2-x_1} & \dfrac{x_2+x_1}{2}<x\leqslant x_2\\ 0 & x>x_2\end{cases} \tag{7.8}$$

右三角隶属度函数

$$f_{\text{right\_triangle}}=\begin{cases}0 & x<x_1\\ \dfrac{x-x_1}{x_2-x_1} & x_1\leqslant x\leqslant x_2\\ 1 & x>x_2\end{cases} \tag{7.9}$$

式中：x_1 和 x_2 为决定隶属度函数形状的关键参数。

4. 随机权重

随机权重是在一定范围内随机取值。例如，可以取值为

$$\omega=0.5+\frac{\mathrm{Random}}{2} \tag{7.10}$$

式中：Random 为 0~1 之间的随机数。这样，惯性权重将在 0.5~1 之间随机变化，均值为 0.75。之所以这样设定，是为了应用于动态优化问题。将惯性权重设定为线性减小的时变权重是为了在静态的优化问题中使粒子群在迭代开始的时候具有较好的全局寻优能力，即探索能力，而在迭代后期具有较好的局部寻优能力，即开发能力。而对于动态优化问题来说，不能预测在给定的时间粒子群需要更好的探索能力还是更好的开发能力。所以，可以使惯性权重在一定范围内随机变化。

7.3.2 邻域拓扑结构

如何定义粒子的邻域组成，即邻域的拓扑结构，是算法实现中的一个基本问题。在 7.2.1 节中介绍了组成邻域的两种方式：一种是索引号相邻的粒子组成邻域；另一种是位置相邻的粒子组成邻域。下面来详细说明这两类邻域拓扑结构。

1. 基于索引号的拓扑结构

这类拓扑结构最大的优点是在确定邻域时不考虑粒子间的相对位置，从而避免确定邻域时的计算消耗。

1) *环形结构*

环形结构是一种基本的邻域拓扑结构，每个粒子只与其直接的 K 各邻居相连，即与该粒子索引号相近的 K 个粒子构成该粒子的邻域成员。例如，当 $K=2$ 时，对于粒子 i，定义其邻域成员为粒子 $i-1$ 和粒子 $i+1$（也可以将上述情况称为邻域半径为 1）。在迭代过程中，这种邻域组成保持不变。图 7.3 是环形拓扑结构的示意图。

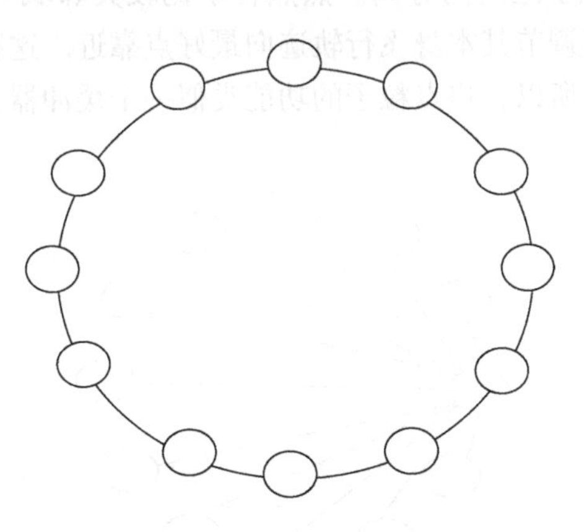

图 7.3 环形拓扑结构

环形结构下，种群的一部分可以聚集于一个局部最优，而另一部分可能聚集于不同的局部最优，或者再继续搜索，避免过早陷入局部最优。邻居间的影响一个一个地传递，直到最优点被种群的任何一部分找到，然后使整个种群收敛。

可以在环形拓扑结构中加入两条捷径（shortcut），得到带有捷径的环形拓扑结构，如图 7.4 所示。有两个粒子的邻域发生变化，即随机地选取种群中的另一个粒子作为自己的邻域成员，从而加强了不同粒子邻域之间的信息交流。这样变化后的环形拓扑结构缩短了邻域间的距离，种群将更快收敛。

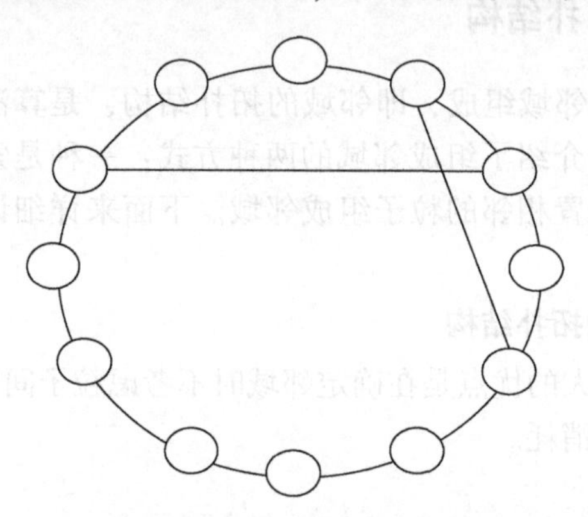

图 7.4　带有捷径的环形拓扑结构

2）轮形结构

轮形结构是令一个粒子作为焦点，其他粒子都与该焦点粒子相连，而其他粒子之间并不相连，如图 7.5 所示。这样所有的粒子都只能与焦点粒子进行信息交流，有效地实现了粒子之间的分离。焦点粒子比较其邻域（即整个种群）中所有粒子的表现，然后调节其本身飞行轨迹向最好点靠近。这种改进再通过焦点粒子扩散到其他粒子。所以，焦点粒子的功能类似一个缓冲器，减慢了较好的解在种群中的扩散速度。

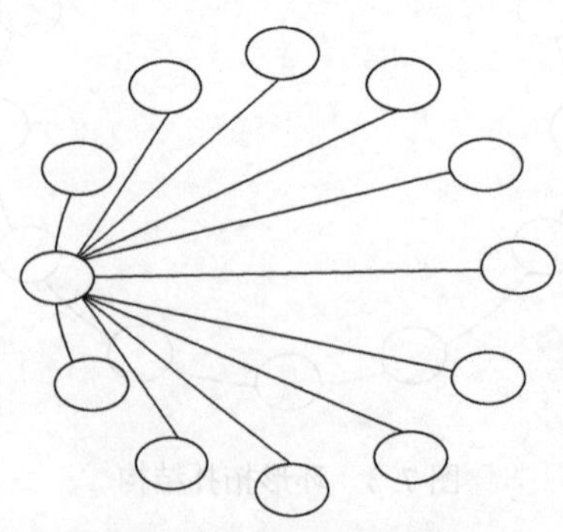

图 7.5　轮形拓扑结构

同样也可以在轮形拓扑结构中加入两条捷径，得到带有捷径的环形拓扑结构，如图7.6所示。带有捷径的轮形拓扑结构可以产生两方面的效果。一方面，能够产生迷你邻域（mini-neighborhood），迷你邻域中的外围粒子被直接与焦点粒子相连的粒子所影响，这样在迷你邻域这个合作的子种群内可以更快地收敛，焦点粒子的缓冲器又可以防止整个种群过早收敛于局部最优。另一方面，也可能产生孤岛，或分离子种群间的联系，使子种群内部进行合作，独立地进行问题的优化。这将导致信息交流的减少，使那些分离的个体不能得到整个种群分布较好的区域；也使种群中的其他粒子不能分享被分离个体搜索中获得的成功信息。

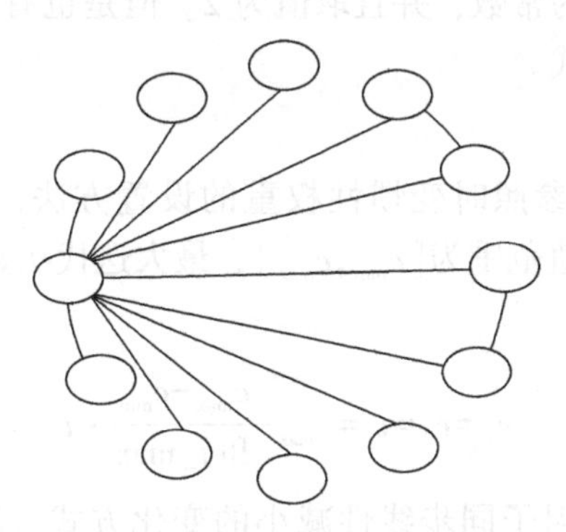

图7.6 带有捷径的轮形拓扑结构

3）星形结构

星形拓扑结构是每个粒子都与种群中的其他所有粒子相连，即将整个种群作为自己的邻域。也就是粒子群算法的全局版本。这种结构下，所有粒子共享的信息是种群中表现最好的粒子的信息。

4）随机结构

随机结构是在 N 个粒子的种群中间，随机地建立 N 个对称的两两连接。

2. 基于距离的拓扑结构

基于距离的拓扑结构在每次迭代时，计算一个粒子与种群中其他粒子之间的距离，然后根据这些距离确定该粒子的邻域构成。下面是一个具体的实现方法，即动态邻域拓扑结构。

在搜索开始时，粒子的邻域只有其自己，即将个体最优解作为邻域最优解，然后随着迭代次数的增加，逐渐增大邻域，直至最后将群体中所有粒子作为自己的邻域成员。这样使初始迭代时可以有较好的探索性能，而在迭代后期可以有较好的开发性能。

对将要计算邻域的粒子 i，计算其与种群中其他所有粒子的距离。该粒子与粒子 $l(l\neq i)$ 的距离记为 dist[l]。最大的距离记为 max_dist。

定义一个关于当前迭代次数的函数 frac（取值为纯小数），即

$$\mathrm{frac}=\frac{3.0\cdot \mathrm{ITER}+0.6\cdot \mathrm{MAXITER}}{\mathrm{MAXITER}} \tag{7.11}$$

当 frac<0.9 时，满足下列条件的粒子构成当前粒子 i 的邻域，即$\frac{\mathrm{dist}[l]}{\mathrm{max_dist}}<\mathrm{frac}$。

当 frac≥0.9 时，将种群中所有粒子作为当前粒子 i 的邻域。

7.3.3 学习因子

学习因子一般固定为常数，并且取值为 2。但是也有研究者尝试了一些其他的取值和其他的设置方式。

1. c_1和c_2同步时变

Suganthan 在试验中参照时变惯性权重的设置方法，将学习因子设置如下：设学习因子 c_1和 c_2的取值范围为$[c_{\min},c_{\max}]$，最大迭代次数为 Iter_max，则第 i 次迭代时的学习因子取为

$$c_1=c_2=c_i=c_{\max}-\frac{c_{\max}-c_{\min}}{\mathrm{Iter\_max}}\cdot i \tag{7.12}$$

这是一种两个学习因子同步线性减小的变化方式，所以这里称之为同步时变。特别地，Suganthan 在试验中将参数设置为 $c_{\max}=3$、$c_{\min}=0.25$。但是发现，这种设置下解的质量反而下降。

2. c_1和c_2异步时变

Ratnaweera 等提出了另一种时变的学习因子设置方式，使两个学习因子在优化过程中随时间进行不同的变化，所以这里称之为异步时变。这种设置的目的是在优化初期加强全局搜索，而在搜索后期促使粒子收敛于全局最优解。这种想法可以通过随着时间减小自我学习因子 c_1和不断增大社会学习因子 c_2来实现。

（1）在优化的初始阶段，粒子具有较大的自我学习能力和较小的社会学习能力，这样粒子可以倾向于在整个搜索空间飞行，而不是很快就飞向群体最优解。

（2）在优化的后期，粒子具有较大的社会学习能力和较小的自我学习能力，使粒子倾向于飞向全局最优解。

具体实现方式为

$$c_1=(c_{1\mathrm{f}}-c_{1\mathrm{i}})\frac{\mathrm{iter}}{\mathrm{Iter\_max}}+c_{1\mathrm{i}} \tag{7.13}$$

$$c_2=(c_{2f}-c_{2i})\frac{\text{iter}}{\text{Iter\_max}}+c_{2i} \tag{7.14}$$

式中：c_{1i}、c_{1f}、c_{2i}、c_{2f}为常数，分别为c_1和c_2的初始值和最终值；Iter_max 为最大迭代次数；iter 为当前迭代数。Ratnaweera 等在研究中发现，对于大多数标准，以下设置优化效果较好，即

$$c_{1i}=2.5,\quad c_{1f}=0.5,\quad c_{2i}=0.5,\quad c_{2f}=2.5$$

需要说明的是，异步时变的学习因子应与线性减小的时变权重配合使用，效果较好。

7.3.4　带有收缩因子的粒子群优化算法

基本粒子群优化算法有两种重要的改进版本：加入惯性权重和加入收缩因子（constriction factor）。惯性权重的版本已成为标准版本，所以放在算法的基本原理中介绍，收缩因子版本放在本节介绍。

Clerc 在原始粒子群优化算法中引入可收缩因子的概念，并指出该因子对于算法的收敛是必要的。在带有收缩因子的粒子群优化算法中，速度的更新方程为

$$v_{id}^{k+1}=K[v_{id}^{k}+c_1\xi(p_{id}^{k}-x_{id}^{k})+c_2\eta(p_{gd}^{k}-x_{id}^{k})] \tag{7.15}$$

式中：K为c_1和c_2的函数，具体表达为

$$K=\frac{2}{\left|2-\varphi-\sqrt{\varphi^2-4\varphi}\right|},\quad \varphi=c_1+c_2>4 \tag{7.16}$$

Clerc 将参数取值为$c_1=c_2=2.05$，$\varphi=4.1$。于是可得$K=0.729$。

显然，如果将标准版本的粒子群优化算法取参数

$$\omega=0.729$$

$$c_1+c_2=0.729\times2.05=1.49445$$

则标准版本的粒子群优化算法与带有收缩因子的粒子群优化算法等价。即带有收缩因子的版本可以看作标准版本算法的一个特例。Eberhart 和 Shi 通过试验建议以下两点。

（1）如果使用带有收缩因子的粒子群优化算法，将最大速度v_{max}限定为X_{max}。

（2）如果使用带有惯性权重的粒子群优化算法，根据式（7.16）来选择ω、c_1、c_2的值。

7.3.5　离散版本的粒子群优化算法

应该说，粒子群优化算法非常适合于求解连续优化问题，而求解离散优化问题并不是该算法的优势所在，因为离散变量经过粒子群优化算法的速度和位置更新方程的计算后，很可能不再保持为离散变量，如何解决这一问题是离散版本算法的难点所在。目前有一些研究者在努力寻求该算法在离散优化中的解决方案。

下面介绍其中典型的两个解决方案，包括二进制编码和顺序编码。

1. 二进制编码

离散版本的粒子群优化算法最早由 Kennedy 提出，采用二进制编码，即粒子的位置向量的每一位取值为 0 或者 1。下面首先将二进制编码算法的粒子更新公式列于式（7.17）~式（7.19），然后再详细说明，即

$$v_{id}^{k+1}=v_{id}^{k}+c_1\xi(p_{id}^{k}-x_{id}^{k})+c_2\eta(p_{gd}^{k}-x_{id}^{k}) \tag{7.17}$$

$$x_{id}^{k+1}=\begin{cases}1, & \text{random}<S(v_{id}^{k+1})\\ 0, & \text{其他}\end{cases} \tag{7.18}$$

$$S(v_{id}^{k+1})=\frac{1}{1+\exp(-v_{id}^{k+1})} \tag{7.19}$$

式中：random 为一个[0,1]区间内的均匀分布的伪随机数。

显然，式（7.17）看上去与基本粒子群优化算法的速度更新公式（7.1）完全相同。(由于二进制编码算法提出于 1997 年，当时还没有带有惯性权重的粒子群算法，故没有采用式（7.3))。但是速度更新公式中，速度的意义和位置的取值发生了变化。

位置的 3 个变量 x_{id}^{k}、p_{id}^{k}、p_{gd}^{k} 仍然分别表示粒子在 k 次迭代时的位置、个体历史最优位置和邻域最优位置。但是这些变量的取值已经全部为 0 或者 1。

v_{id}^{k+1} 在这里不再表示 $k+1$ 次迭代时粒子飞行的速度。其意义在于，根据 v_{id}^{k+1} 的值来计算确定 x_{id}^{k+1} 取值为 1 或者 0 的概率。这个概率由函数 $S(v_{id}^{k+1})$ 来表达。即不论 k 次迭代时粒子的位值为 0 还是 1，在 $k+1$ 次迭代时 x_{id}^{k+1} 的取值都以概率 $S(v_{id}^{k+1})$ 取 1，以概率 $1-S(v_{id}^{k+1})$ 取 0，这正是式（7.18）表达的意义。

$S(v_{id}^{k+1})$ 是 v_{id}^{k+1} 的函数。二进制版本的初始想法是将原来公式中的速度 v_{id}^{k+1} 作为粒子取值为 1 的概率，但是因为 v_{id}^{k+1} 在计算中很可能不能保证将其值限制在[0,1]区间，所以要将 v_{id}^{k+1} 进行变换，将其映射到[0,1]区间，函数 $S(v_{id}^{k+1})$ 正是用来完成此映射功能。$S(v_{id}^{k+1})$ 是一个 S 型函数，将 v_{id}^{k+1} 进行简单运算后可以满足概率取值的需求。

在基本粒子群优化算法中，粒子的速度被限制在一个范围内，即最大速度 $v_{\max}$。在二进制版本中，仍然需要这种限制，即 $|v_{id}^{k+1}|<v_{\max}$。因为通过计算可以知道，当 $v_{id}^{k+1}>10$ 时，$S(v_{id}^{k+1})$ 的值很小，导致 x_{id}^{k+1} 几乎一定取值为 0，这失去了以概率取值的意义。所以，要用 $v_{\max}$ 来进行限制。Kennedy 认为将 $v_{\max}$ 取值为 6 较好，此时 $S(v_{id}^{k+1})$ 取值范围在 0.9975~0.0025 之间。值得注意的是，在应用于连续空间的基本粒子群优化算法中，$v_{\max}$ 越大则粒子位置的改变可能越大，粒子将具有更好的探索能力；而在应用于离散空间的二进制版本算法中，则正好相反，$v_{\max}$ 越大，可能导致变化的概率越小，因为取值为负的 v_{id}^{k+1}，可能绝对值很大，但是

经过式（7.19）计算后得到的概率很小。

2. 顺序编码

Hu X 等提出了一种改进的粒子群优化算法来解决排序问题，因为其编码规则与遗传算法的顺序编码相同，这里将其称为顺序编码的粒子群优化算法。下面是一个编码的例子：

$$\boldsymbol{X}=(1\quad 2\quad 3\quad 4\quad 5\quad 6\quad 7)$$

这里编码长度为 7，也是粒子的位值的变化范围。

在这种改进的离散版本的算法中，将速度也定义为粒子变化的概率，而速度的更新公式也保持不变。如果速度较大，则粒子更可能变化为一个新的排列序列。这里速度显然也要被加以限定，映射到[0,1]区间。粒子的更新过程说明如下，首先是粒子速度的规范化。设粒子位值变化范围为 n，粒子的速度为 v_i^{k+1}，则将其规范化为

$$\mathrm{Swap}(v_{id}^{k+1})=\frac{|v_{id}^{k+1}|}{n} \tag{7.20}$$

显然，$\mathrm{Swap}(v_{id}^{k+1})$的取值范围在 0~1 之间，它决定了粒子 i 的编码是否产生一个交换。如果以该概率产生一个交换，则交换后粒子 i 第 d 位变化为邻域最好解相应的位值。这个过程可以表示如图 7.7 所示。

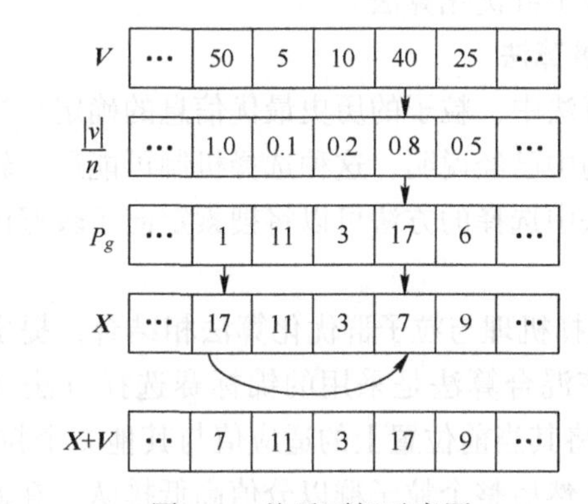

图 7.7　粒子更新示意图

图 7.7 中粒子位值变化范围为 50。速度分量为 40 的位置，粒子位值为 7，随机产生一个[0,1]区间内均匀分布的伪随机数，小于 0.8，所以该位置将产生一个交换，该位置邻域最优解 P_g 的值为 17，为了在交换后该位置取值与邻域最优解 P_g 保持一致，将该位置与粒子取值为 17 的位置交换。得到的结果为粒子的新的位置 $\boldsymbol{X}+\boldsymbol{V}$。

因为粒子以一定概率与邻域最优解的排列趋同，所以如果其与邻域最优解的排列相同时，将保持不变。为了避免这种情况，引入了变异来克服，即当粒子与

邻域最优解排列相同时，随机选取编码中的两个位置，交换其位值，如图 7.8 所示。

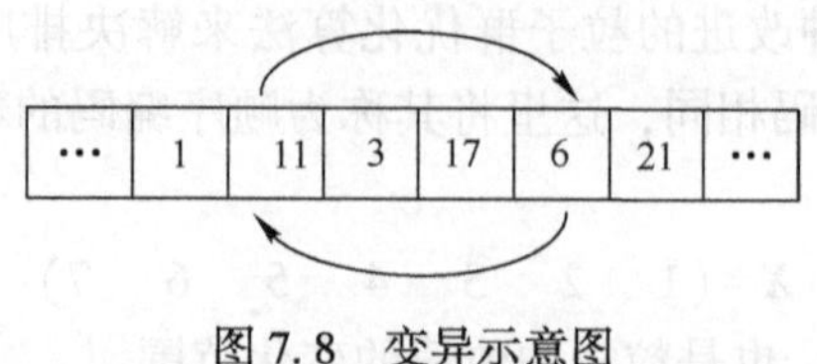

图 7.8　变异示意图

7.3.6　基于遗传策略和梯度信息的几种改进算法

对于大多数智能优化方法来说，遗传算法和梯度信息的使用是两类重要的改进方式。因为遗传算法是到目前为止应用最为广泛的智能优化方法，其基本的遗传策略，包括选择、杂交和变异等已经深入人心并且取得了良好的优化效果。所以，对于一种新的算法，研究者首先会想到用这样的策略来进行尝试，试图找到性能改进的措施。梯度信息是传统实优化中所使用的重要信息，或者说，传统实优化是基于梯度信息的。所以，对于粒子群优化算法来说，针对那些具有梯度信息的函数优化使用梯度信息，必然大大提高搜索效率。这里介绍一些基于遗传策略和梯度信息的改进粒子群优化算法。

1. 基于选择的改进算法

标准粒子群优化算法中，粒子的历史最优信息的确定相当于一种隐含的选择机制。在邻域拓扑结构中已经说明，这种选择机制可能通过较长时间才能发生作用。而传统的进化算法中选择的方法可以将搜索定向于较好的区域，合理地分配有限的资源。

Angeline 将自然选择机理与粒子群优化算法相结合，提出了一种混合群体算法（hybrid swarm）。该混合算法是采用的锦标赛选择方法（tournament selection method），即每个粒子将其当前位置上的适应值与其他 k 个粒子的适应值相比较，记下最差的一个得分，然后整个粒子群以分值高低排队。在此过程中，不考虑个体的历史最优值。群体排序完成后，用群体中最好的一半的当前位置和速度来替换最差的一半的位置和速度，同时保留原来个体所记忆的历史最优值。这样，每次迭代后，一半粒子将移动到搜索空间中相对较优的位置，这些个体仍保留原来的历史信息，以便于下一代的位置更新。

这种选择方法的加入使混合算法具有更强的搜索能力，特别是对于当前较好区域的开发能力，使收敛速度加快。但是，增加了陷入局部最优的可能性。

2. 基于交叉的改进算法

Lovbjerg 等基于进化计算中交叉的思想提出了带有繁殖（breeding）和子种

群（subpopulations）的混合粒子群优化算法，这里研究者使用的是繁殖一词，与交叉同义。这种混合算法的结构如图 7.9 所示。

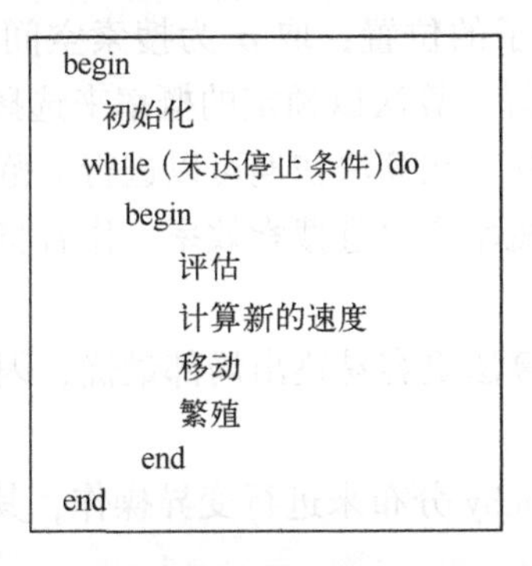

图 7.9　基于交叉的混合粒子群算法结构

这里，速度的计算方式采用的是惯性权重和收缩因子相结合的公式，即

$$v_{id}^{k+1}=k(\omega v_{id}^{k}+c_1\xi(p_{id}^{k}-x_{id}^{k})+c_2\eta(p_{gd}^{k}-x_{id}^{k})) \tag{7.21}$$

移动（即新位置的计算）方式仍为式（7.2）。

繁殖的方式如下：每次迭代时，依据一定的概率（称为繁殖概率）在粒子群中选取一定数量的粒子放入一个池中，池中粒子随机两两进行繁殖，产生相应数目的子代粒子，并用子代粒子代替父代粒子，使种群规模保持不变。

每一维中子代位置由父代位置进行算术交叉计算得到，即

$$\text{child}_1(x_i)=p_i\times\text{parent}_1(x_i)+(1.0-p_i)\times\text{parent}_2(x_i) \tag{7.22}$$

$$\text{child}_2(x_i)=p_i\times\text{parent}_2(x_i)+(1.0-p_i)\times\text{parent}_1(x_i) \tag{7.23}$$

式中：p_i 为 0~1 之间均匀分布的伪随机数。子代的速度向量由父母速度向量之和归一化后得到，即

$$\text{child}_1(v)=\frac{\text{parent}_1(v)+\text{parent}_2(v)}{|\text{parent}_1(v)+\text{parent}_2(v)|}|\text{parent}_1(v)| \tag{7.24}$$

$$\text{child}_2(v)=\frac{\text{parent}_1(v)+\text{parent}_2(v)}{|\text{parent}_1(v)+\text{parent}_2(v)|}|\text{parent}_2(v)| \tag{7.25}$$

子种群的思想是将整个粒子群划分为一组子种群，每个子种群有自己的内部历史最优解。上述交叉操作可以在同一子种群内部进行，也可以在不同子种群之间进行。交叉操作和子种群操作，可以使粒子受益于父母双方，增强搜索能力，易于跳出局部最优。

3. 基于变异的改进算法

Higashi 和 Iba 将进化计算中的高斯变异融入粒子群的位置和速度的更新中，来避免陷入局部最优。每个粒子在搜索区域移动到另一位置时，不像标准公式那样只依据先验概率，不受其他粒子的影响；而是通过高斯变异加入了一定的不确

定性。变异的计算公式为

$$\mathrm{mut}(x)=x\cdot[1+\mathrm{gaussian}(\sigma)] \tag{7.26}$$

式中：$\mathrm{mut}(x)$为变异后粒子的位置；取 σ 为搜索空间每一维长度的 0.1 倍，试验表明 σ 取此值时效果最好。算法以预定的概率来选择变异个体，并以高斯分布来确定它们的新位置。这样，在算法初期可以进行大范围的搜索，然后在算法的中后期通过逐渐减小变异概率来改进搜索效率，作者将变异概率设定为从 1.0 线性减小到 0.1。

基于高斯变异的混合算法更容易跳出局部最优，因此在求解多峰函数时表现出更好的性能。

Stacey 等尝试使用 Cauchy 分布来进行变异操作，其概率分布函数为

$$f(x)=\frac{a}{\pi}\cdot\frac{1}{x^2+a^2} \tag{7.27}$$

式中：$a=0.2$。Cauchy 分布与正态分布相似，但是在尾部有更大的概率，这样可以增加较大值产生的概率。并且，将每个分量的变异概率设定为 $1/d$，这里 d 为向量的维数。

4. 带有梯度加速的改进算法

和其他进化算法一样，标准粒子群优化算法利用种群来进行随机搜索，没有考虑具体问题的特征，不使用梯度信息。而梯度信息往往包含目标函数的一些重要信息。

对于函数 $f(\boldsymbol{x})$，$\boldsymbol{x}=(x_1,x_2,\cdots,x_n)$，其梯度可以表示为

$$\nabla f(\boldsymbol{x})=\left[\frac{\partial f(\boldsymbol{x})}{\partial x_1},\frac{\partial f(\boldsymbol{x})}{\partial x_2},\cdots,\frac{\partial f(\boldsymbol{x})}{\partial x_n}\right]^{\mathrm{T}}$$

负梯度方向是函数值的最速下降方向。

王俊伟等通过引入梯度信息来影响粒子速度的更新，构造了一种带有梯度加速的粒子群优化算法，每次粒子进行速度和位置的更新时，每个粒子以概率 p 按照式（7.3）和式（7.2）进行更新；以概率 $1-p$ 按照梯度信息进行更新，在负梯度方向进行一次直线搜索来确定移动步长。梯度加速的流程具体如图 7.10 所示。

直线搜索采用了黄金分割法，这一步骤可以详述如下。

产生一个伪随机数，若大于 p，则按照式（7.3）和式（7.2）更新粒子速度和位置；否则，执行以下步骤。

① 试探方式确定一单谷搜索区间$\{a,b\}$。

② 计算 $t_2=a+\beta(b-a)$，$f_2=f(t_2)$。

③ 计算 $t_1=a+b-t_2$，$f_1=f(t_1)$。

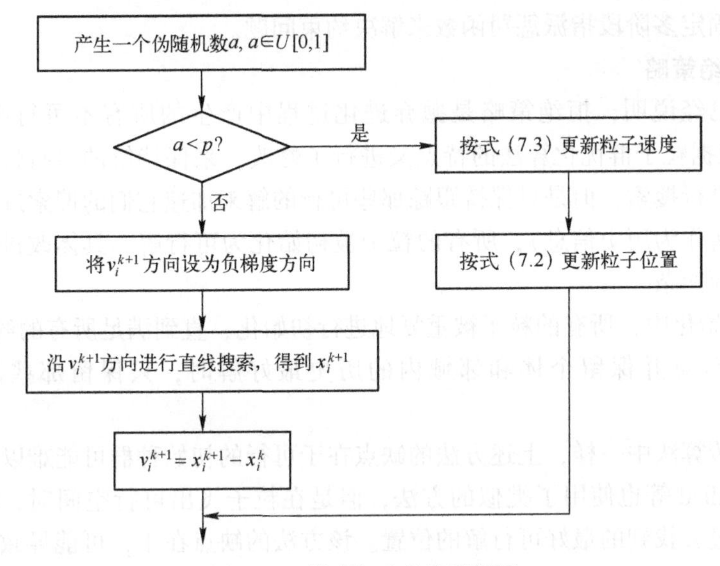

图 7.10　梯度加速的流程框图

④ 若$|t_1-t_2|<\varepsilon$（ε 为终止限），则$\frac{t_1+t_2}{2}$即为粒子的下一位置；否则转⑤。

⑤ 判别$f_1 \leqslant f_2$是否满足，若满足则置$b=t_2$、$t_2=t_1$、$f_2=f_1$，然后转③；否则，$f_1>f_2$，置$a=t_1$、$t_1=t_2$、$f_1=f_2$、$t_2=a+\beta(b-a)$、$f_2=f(t_2)$，然后转④。

同时为了减小粒子陷入局部最优的可能性，对群体最优值进行观察。在寻优过程中，当最优信息出现停滞时，对部分粒子进行重新初始化，从而保持群体的活性。

梯度信息的加入使粒子的移动更有针对性，移动更有效率，进一步提高粒子群优化算法的收敛速度，但是也会增加算法的问题依赖性，特别是有些问题的梯度信息极易将粒子引入局部最优。所以，带有梯度加速的粒子群优化算法，需要根据问题的性质来调整梯度信息对于粒子移动的影响程度。

7.3.7　约束的处理

智能优化方法处理约束的一般性策略都可以借鉴到粒子群算法中来，也可以根据粒子群优化的特性来设计专门的约束处理方式。下面是在粒子群优化算法中对约束处理方法的一个概述。详细内容可以参看本章参考文献中的相关部分[10,11,22,25]。

1. 惩罚策略

粒子群优化算法解决约束问题，同样可以在目标函数中加入惩罚函数。在前面章节中已经说明过，这种方法的主要问题在于惩罚函数的设计，如 Parsopoulos

使用了非固定多阶段指派惩罚函数来解决约束问题。

2. 拒绝策略

书中已经说明，拒绝策略是抛弃进化过程中产生的所有不可行解。Hu 和 Eberhart 根据粒子群优化算法的特点又进行了修改，来保持解的可行性：粒子在整个空间进行搜索，但是只保持跟踪那些可行的解来加速它们的搜索过程（拒绝将非可行解作为历史信息），所有的粒子被初始化为可行解。具体改进步骤可以描述为下面两条。

① 初始化中，所有的粒子被重复地进行初始化，直到满足所有的约束。

② 在计算并保留个体和邻域内的历史最好解时，只保留那些满足约束的解。

同遗传算法中一样，上述方法的缺点在于可行的初始种群可能难以找到。

El-Galled 等也使用了类似的方法，但是在粒子飞出可行空间时，将粒子重新设置为过去找到的最好可行解的位置。该方法的缺点在于，可能导致粒子被限制在初始点区域。

3. 基于 Pareto 的方法

基于 Pareto 的方法源于解决多目标优化问题，近年来也有人使用该方法来解决约束优化问题。例如，Ray 等在粒子群中使用了多阶段信息共享策略来处理单目标约束问题，即利用 Pareto 排序来产生共享信息。

（1）将约束处理为约束矩阵，基于此矩阵，使用 Pareto 排序来产生表现好的粒子，放入好解列表（better performer List，BPL）中。

（2）BPL 之外的粒子在飞行时使用了离其最近的 BPL 中的粒子信息，即一个 BPL 中的粒子和其附近的非 BPL 粒子组成一个邻域。

（3）在飞行中参考邻域最好解（leader）的信息时，使用了一个简单的进化算子代替常规公式来避免早熟。即变量值产生于粒子本身和 leader 之间的概率为 50%；变量值产生于变量值下限和粒子与 leader 最小值之间的概率为 25%；变量值产生于变量值上限和粒子与 leader 最大值之间的概率为 25%。

在本章 7.4.1 节的应用实例中将详细说明一个处理约束问题的方法。

7.3.8 多目标的处理

应用粒子群优化算法解决多目标问题是近年来的研究热点之一。有的研究者借鉴传统的进化算法解决多目标的方案，如基于目标加权和向量评价方法。更多的研究是根据粒子群算法的特点，通过选取邻域最优解来开发基于记忆的方法。根据目前的研究情况，将这些方法分为两大类，即传统方法和基于记忆的方法。下面进行概括性介绍。

1. 传统方法

Parsopoulos 采用了两种传统的多目标处理方法来应用于粒子群优化算法求解多目标问题，即权重和方法以及向量评价法。

（1）权重和方法中，采用了传统线性加权方法、“Bang-Bang”加权方法和动态加权方法。

（2）向量评价方法中，首先利用单目标优化函数的个体评价方法对粒子进行评估，从而形成不同的子种群，每个粒子均是某一目标函数的较优解。粒子在飞行中又受到其他子种群信息的影响，从而向满足其他目标函数分量的方向飞行，逐渐满足更多的目标函数分量，最终朝着 Pareto 最优方向飞行。

2. 基于记忆的方法

粒子群优化中信息的共享机制与其他基于种群的优化工具有很大不同。遗传算法中通过交叉实现信息的交换，这是一种双向的信息共享机制。而粒子群中只有邻域最好解将其信息给予其他粒子，这是一种单向的信息共享机制。由于点吸引的特性，传统粒子群不能同时向多个 Pareto 最优解靠近。虽然可以对多个目标使用不同的权重多次运行算法，找到 Pareto 最优解，但是最好的办法还是同时找到 Pareto 最优解集。

作为非独立的智能体，粒子飞行时个体和邻域内的历史最好解具有关键性作用，所以解决多目标优化问题时，个体和邻域最优解的选取是关键。对于个体历史信息，可以让粒子记忆更多的 Pareto 最优解的信息。目前的研究主要集中在邻域最优解的选取。邻域最优解的选取可以分为两个步骤。

1）确定邻域

也就是确定邻域的拓扑结构，在 7.3.2 节中已经介绍了一些基本的邻域策略，在多目标处理中也可以使用一些特殊的邻域策略。

2）从邻域中选取一个表现好的粒子作为最优解

邻域最优解的选择应该满足两个原则：首先，能够为粒子群收敛提供有效的导向作用；其次，能够在搜索 Pareto 解集和保持种群多样性之间保持平衡。文献中的方法主要包括以下两种。

（1）旋转法。

根据某个规则赋予每个邻域中候选粒子以一个权重，然后用旋转法随机选择，这样能够保持种群多样性。

（2）定量法。

使用一些具体的方法来定量计算得到邻域最优解，而不是随机选择。

关于多目标处理的详细内容可以参看本章参考文献中的相关部分[4,5,12,19,21,23,26]。

7.4 应用实例

本节将结合火力分配和空军战术训练的空域规划两个问题演示如何用粒子群算法求解实际应用类问题。

7.4.1 火力分配问题

1. 问题定义

火力分配问题是在面对敌方一定数量的威胁目标，己方一定数量的武器平台应该如何对敌方目标进行分配，来达到高效的武器利用率、最高的武器使用性价比或者最高的毁伤概率等目标或准则这样的问题。

假设我方有 m 个武器平台，敌方有 n 个目标来袭，每个武器平台同一时间内只能打击一个目标，为实现消除目标威胁、毁伤概率和武器使用代价的平衡，构建了如下的目标函数：

$$F = \max \sum_{j=1}^{n} \omega_j \left[1 - \prod_{i=1}^{m} (1 - q_{ij})^{x_{ij}}\right] \mu \left[1 - \prod_{i=1}^{m} (1 - q_{ij})^{x_{ij}}\right] \tag{7.28}$$

$$\sum_{i=1}^{n} x_{ij} \leqslant 1 \tag{7.29}$$

$$\sum_{i=1}^{m} x_{ij} \leqslant s_j \tag{7.30}$$

其中，m 表示武器平台个数，n 表示敌方目标个数，ω_j 表示第 j 个目标的威胁程度，q_{ij}表示第 i 个武器平台对第 j 个敌方目标的毁伤概率，x_{ij}表示第 i 个武器平台分配给第 j 个敌方目标的决策变量（1 表示分配，0 表示不分配），$\mu(x)$为满意度函数。设计为以一满意毁伤概率为其函数值波峰位置的波峰函数，毁伤概率未达到满意概率时，满意度与毁伤概率正相关，毁伤概率超过满意概率时，满意度与毁伤概率反相关。火力分配应该遵循“每个武器平台只能攻击至多一个目标”和“第 j 个目标只能分配给至多 s_j 个武器平台”两项约束。

2. 使用粒子群优化算法求解

火力分配问题是一个离散优化问题，采用粒子群算法对该问题进行求解需要对算法进行适应性改进。

1） 编码策略

对粒子编码时，常使用二进制编码，但在面向坦克火力分配的问题中，二进制编码方式显得冗长而晦涩，不能清楚表述火力分配结果，因此结合坦克分队火力分配问题实际情境，本文使用十进制的编码方式对种群中粒子进行编码，每个粒子的编码按照武器平台的编号顺序分别表示其预备打击的目标编号。例如某个粒子的编码为：[2, 4, 1, 5, 5, 3, 4]，那么其表示总共 7 个武器平台，编号从 1 到 7 分别打击第 2、4、1、5、5、3、4 个目标。

2）初始化策略

以武器平台作为编码位置编号的十进制编码方式，可以自然满足约束条件 (2)，却不一定能满足约束条件 (3)，为达到提前使粒子编码满足约束条件而减少粒子搜索的解空间的目的，本文在随机设置粒子初始化时，对粒子编码每个位置从左到右初始化，同时进行约束条件检测，将设置为同一目标的武器平台个数累加，如果分配给某一目标武器平台数达到其最大分配数量 s_j，则对后面粒子编码初始化设置时排除此项，如此可在粒子初始化阶段排除不符约束条件的粒子，缩小了解空间，有利于提高粒子搜索效率。

3）速度和位置更新公式

求解该问题的速度和位置更新公式，

$$v_{ij}^{k+1}=\omega v_{ij}^{k}+c_1\xi(p_{ij}^{k}-x_{ij}^{k})+c_2\eta(p_{ig}^{k}-x_{ij}^{k}) \tag{7.31}$$

$$x_{ij}^{k+1}=x_{ij}^{k}+v_{ij}^{k+1} \tag{7.32}$$

其中，惯性权重选用时变权重，权重大小随着迭代次数的增加线性减小，能有效防止搜索后期速度过大而导致的算法不收敛，惯性权重的设置公式为：

$$\omega=\omega_{\min}+(\omega_{\max}-\omega_{\min})\cdot k/k_{\max} \tag{7.33}$$

其中，$\omega_{\min}$为最小惯性权重，$\omega_{\max}$为最小惯性权重，$k_{\max}$为最大迭代次数。

在粒子每轮迭代过程中，为防止粒子失速或越界，需对粒子速度和位置进行约束：

$$\begin{cases}x_{ij}^{k+1}=x_j^{\min}, & x_{ij}^{k+1}<x_j^{\min}\\ x_{ij}^{k+1}=x_j^{\max}, & x_{ij}^{k+1}>x_j^{\max}\end{cases} \tag{7.34}$$

$$\begin{cases}v_{ij}^{k+1}=v_j^{\min}, & v_{ij}^{k+1}<v_j^{\min}\\ v_{ij}^{k+1}=v_j^{\max}, & v_{ij}^{k+1}>v_j^{\max}\end{cases} \tag{7.35}$$

其中 $x_j^{\min}$ 为位置 x 在第 j 维分量的最小值，$x_j^{\max}$ 为位置 x 在第 j 维分量的最大值，$v_j^{\min}$ 为速度 v 在第 j 维分量的最小值，$v_j^{\max}$ 为速度 v 在第 j 维分量的最大值。

4）算法步骤

粒子群算法的求解步骤如下：

（1）随机对粒子进行初始化。

（2）以目标函数作为考察粒子优劣依据的评价函数，对粒子做出评价，然后将每个粒子的位置和评价函数值记录到 p_i 中，接着比较所有粒子评价函数值，将其中最优的粒子的位置和函数值记录到 p_g 中。

（3）根据公式对粒子位置和速度进行更新。

(4) 更新得到粒子新的位置后，对粒子进行评价，与其历史最优解进行比较，将优者置为 p_i，再比较所有粒子评价函数值，将其中最优的粒子的位置和函数值与全局历史最优解比较，将优者置于 p_g 中。

(5) 比较循环是否达到设置迭代次数，若是，输出最优粒子位置，否则跳回步骤 (3) 继续循环。

3. 计算实例

假设我方 7 个武器平台面对敌方 5 个威胁目标，各个威胁目标的威胁度和各武器平台对各目标的毁伤概率如表 7.1 所列。

表 7.1 各武器平台对目标毁伤概率及目标威胁度表

武器平台序号	1	2	3	4	5	6	7	目标威胁度
目标 1	0.3	0.5	0.7	0.3	0.3	0.5	0.3	0.407
目标 2	0.5	0.2	0.4	0.6	0.5	0.5	0.6	0.376
目标 3	0.6	0.5	0.7	0.5	0.4	0.8	0.6	0.418
目标 4	0.5	0.7	0.4	0.6	0.6	0.6	0.7	0.458
目标 5	0.3	0.2	0.3	0.6	0.5	0.5	0.4	0.718

粒子群规模设置为 20，迭代次数为 200，对该问题进行求解得到最优解，如表 7.2 所列。

表 7.2 最优解

目标序号	分配武器平台序号
1	3
2	1
3	6
4	2&7
5	4&5

对上述问题进行了 60 次的多次重复计算，并对每次计算最终搜索得到的目标函数值记录，如图 7.11 所示，统计结果表示，搜索得到最优值的概率达到了 93%以上，反映了算法的稳定性。

7.4.2 战术训练空域规划问题

1. 问题定义

战术训练空域规划问题是指在指定的作战责任区内，对各个训练科目所需空域的合理安排，从而使整个空域的利用率达到最大。即在指定的作战责任区 S

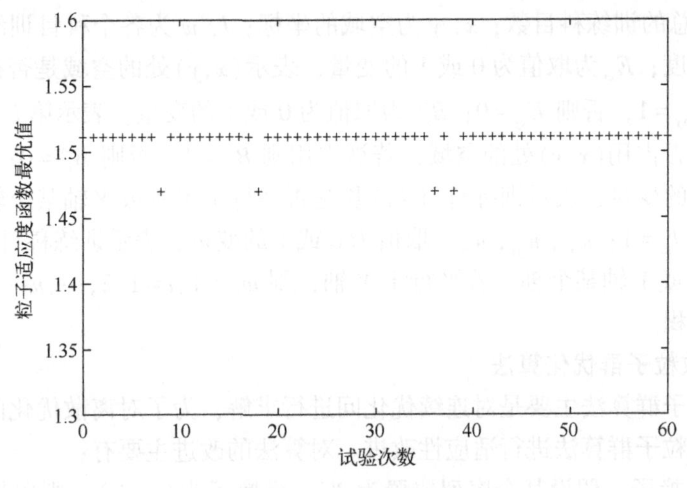

图7.11 60次运行结果

内，排放 N 个作战科目，每个作战科目所需空域的长为 $l_i(1\leqslant i\leqslant N)$，宽为 $w_i(1\leqslant i\leqslant N)$。在排放过程中，使整个空域的利用率 E 最大。

$$E=\sum_{i=1}^{m}(l_i * w_i)/S \tag{7.36}$$

其中，m 为排入的训练科目个数。由于受到区域地形、空中禁飞区、军民航线等多方面的影响，某机场所辖的空域范围通常是不规则形状的。故在解决空域规划的问题时，需将其离散化处理，抽象为单元格的集合并置于二维坐标系中。其约束条件为：

（1）范围约束。各个训练空域均需安排在所辖的作战责任区以内，所需的总面积不能大于作战责任区的面积。

（2）位置约束。各个科目的训练空域之间不能重叠。

（3）方向约束。考虑到实际情况，为使空域的利用率最大化，各个训练科目在排放时需要与坐标轴平行，且可以水平旋转90°。具体如下所示：

$$E_{xy}+B_i^{xy}\leqslant 1,\quad i\in\{1,2,\cdots,m\} \tag{7.37}$$

$$B_i^{xy}+B_j^{xy}\leqslant 1,\quad i\in\{1,2,\cdots,m\},\quad 且\ i\neq j \tag{7.38}$$

$$\begin{cases} l_{xi}+l_{yi}=1 \\ w_{xi}+w_{yi}=1 \\ l_{xi}+w_{xi}=1 \quad i\in\{1,2,\cdots,m\} \\ l_{yi}+w_{yi}=1 \end{cases} \tag{7.39}$$

$$\sum_{i=1}^{m}(w_i\cdot l_i)\leqslant S,\quad i\in\{1,2,\cdots,m\} \tag{7.40}$$

式中，n 为总的训练科目数；x，y 为空域的坐标；l，w 为各个科目训练空域所需的长度和宽度；E_{xy} 为取值为 0 或 1 的变量，表示 (x,y) 处的空域是否被占用。若被占用则 $E_{xy}=1$，否则 $E_{xy}=0$；B_i^{xy} 为取值为 0 或 1 的变量，表示第 i 个训练科目所需空域是否占用 (x,y) 处的空域，若被占用则 $B_i^{xy}=1$，否则 $B_i^{xy}=0$；l_{xi}，l_{yi}：取值为 0 或 1 的变量，表示训练科目 i 的长是否平行于 X 轴或 Y 轴某个轴，若平行于 X 轴，则 $l_{xi}=1$；w_{xi}，w_{yi}，w_{zi}：取值为 0 或 1 的变量，表示训练科目 i 的宽是否平行于 X 轴或 Y 轴某个轴，若平行于 Y 轴，则 $w_{yi}=1, i=1,2,\cdots,n$；S 为作战责任区的总面积。

2. 离散粒子群优化算法

基本粒子群算法主要是对连续优化问进行求解，为了对离散优化问题进行求解，需要对粒子群算法进行适应性改进。对算法的改进主要有：

（1）置换子。假设某个序列位置为 X_k，置换子为 (i_k, j_k)。则置换操作为交换位置 x_k 中值为 i_k，j_k 的位置来得到新的位置 X'。例如 $X_k=(1,2,3,4,5)$，$(i_k, j_k)=(2,3)$，则 $X'=(1,3,2,4,5)$。

（2）置换序列。由单个或多个置换子构成的有序列就是置换序列。通常情况下，两个位置作差就会得到一个置换序列。例如：置换序列 $=\{(1,2),(2,3)\}$，序列位置为 $(1,2,3,4,5)$，通过置换得到的新位置为 $(3,1,2,4,5)$。注意置换序列是按照置换子的位置依次作用在位置序列上的。

（3）加法操作。对于位置和速度之间的加法是指将置换序列中的置换子依次作用于该位置从而得到新的位置。

（4）速度的数乘。将数乘运算定义为：

$$C \otimes V=\begin{cases} V, & \text{当 } C \cdot \mathrm{Rand}() < 1 \text{ 时} \\ 0, & \text{当 } C \cdot \mathrm{Rand}() > 1 \text{ 时} \end{cases} \tag{7.41}$$

其中，Rand()为一个 0-1 之间的随机数。而数乘操作的含义是以一定的概率（$1/C$）来保留对速度的操作。如当 $C=4$ 时，保留概率为 25%。

（5）粒子的更新。

在离散粒子群中，速度和位置的更新如下所示：

$$\begin{cases} V^{t+1}=w \otimes V^t \oplus C_1 \otimes (P_{id}-X_{id}) \oplus C_2 \otimes (P_{gd}-X_{id}) \\ X^{t+1}=X^t \oplus V^{t+1} \end{cases} \tag{7.42}$$

其中，w，C_1，C_2 为速度保留概率，以及全局最优值和个体最优值对进化的影响因数。

3. 应用离散粒子群算法解决训练空域规划问题

针对战术训练空域规划问题的离散性的特点，利用离散粒子群算法来解决此问题。具体算法介绍如下：

1）编码与解码

针对训练空域规划问题的离散性，本文采用整数编码的方式来进行编码。首先对各个训练科目进行编号，再根据训练科目数 n，生成一个 1～n 的整数排列，即为一个排放序列。每个排放序列根据改进的最低水平线算法都能生成一个规划方案，从而确定该方案的适应度值。

2）适应度函数

对于训练空域规划问题，由于空域范围限制无法同时容纳所有的训练科目，故在考虑空域利用率的同时还需要兼顾所能容纳的训练科目数。故目标函数为

$$\text{Fitness}(S)=E(S)+m/N \tag{7.43}$$

其中，S 为任一规划方案，E 为空域的利用率，m 为被安排的训练科目数，N 为总的训练科目数。由于在解决训练空域规划问题时，需要考虑其约束条件，故本文利用惩罚函数来将其转化为无约束问题，对于上文中的 3 个约束条件，违反任一条此排样方案均被视为无效方案，故引入参数 q 来代表惩罚项。q 的取值为 0 或 1，当满足约束时 $q=1$，反之为 0。故最后的适应度函数应为：

$$F(S)=\text{Fitness}(S)\left(\sum_{k=1}^{3}q_k(S)\right) \tag{7.44}$$

3）算法具体步骤

假定种群粒子数为 m，最大迭代次数为 N，个体最优位置为 P_{id}，全局最优位置为 P_{gd}。

（1）产生初始粒子种群。针对战术训练空域规划问题的离散性，选取 m 个 $1-n$ 的整数排列作为初始粒子群的位置，并且每个位置赋予一个初始速度，同时给定参数 w，C_1，C_2 的值。

（2）计算每个粒子的适应度值 F，并将其作为每个粒子的初始个体最优位置 P_{id}，选取其中适应度最大的位置作为全局最优位置 P_{gd}。

（3）按照上文中粒子更新的方法更新粒子的位置，并同时求出每个新位置的适应度值。如果新位置的函数值大于原函数值，则更新该粒子的个体最优位置。而对于整个粒子群，每更新一代就选取其中最大的适应度值与上一代的进行比较，若大于，则将此位置作为新的全局最优位置。

（4）当迭代次数达到设定的最大迭代次数或者适应度不再发生变化时，终止该算法，并根据最优的规划方案画出空域规划图。

4. 算例分析

为了测试算法的性能，设计某机场不同机型的不同训练科目所需空域为例，其数据如表 7.3 所示：

表 7.3 各训练科目所需空域大小

序号	长	宽	序号	长	宽
1	8	10	2	4	4
3	5	3	4	6	8
5	8	8	6	10	5
7	4	14	8	6	6
9	7	5	10	4	14
11	8	9	12	5	5
13	13	10	14	8	7
15	4	6	16	7	7

机场作战责任区如图 7.12 所示，为了实现对战术训练空域规划问题的求解，需要对机场的作战责任区进行离散化处理，处理后的图像如图 7.13 所示。

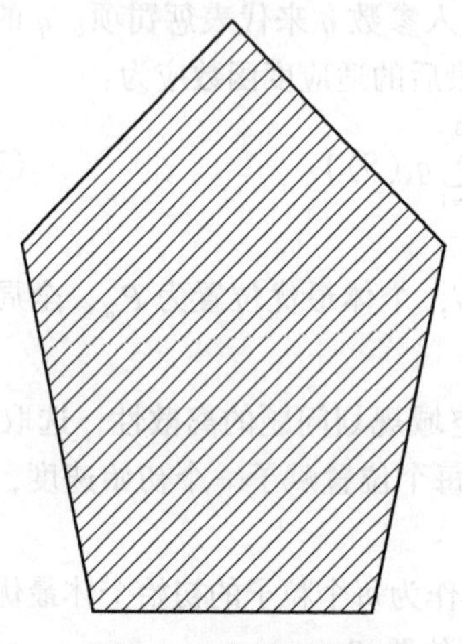
图 7.12 作战责任区

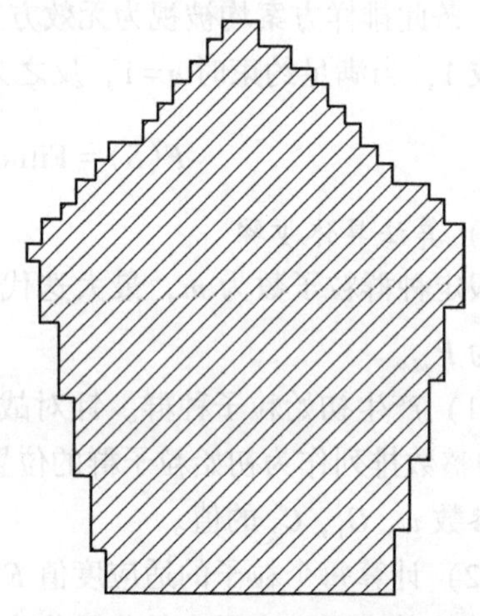
图 7.13 作战责任区离散图

在离散化处理完成后，利用离散粒子群算法结合改进的最低水平线法来对问题进行求解。在求解过程中，假定粒子群的种群个数为 20，迭代次数为 100 代，个体经验保留概率 $C_1=0.85$，全局经验保留概率 $C_2=0.85$。通过仿真，发现当迭代到第 73 代时已经趋于稳定，而此时的适应度值为 11.8553。最后生成的空域训练图以及在迭代过程中每代的最优适应度值和平均适应度值的变化过程如图 7.14 和图 7.15 所示。

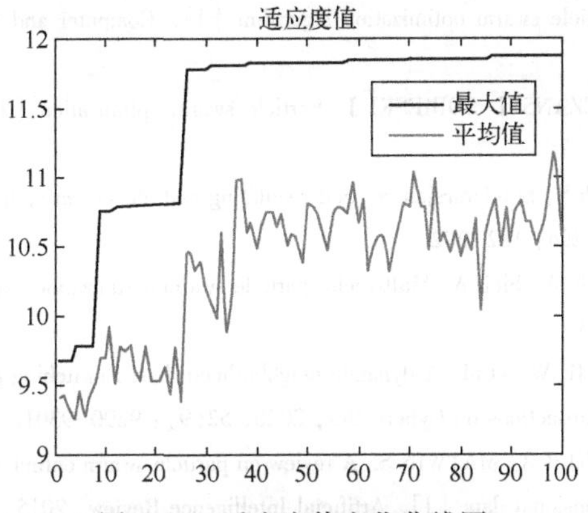

图 7.14 适应度值变化曲线图

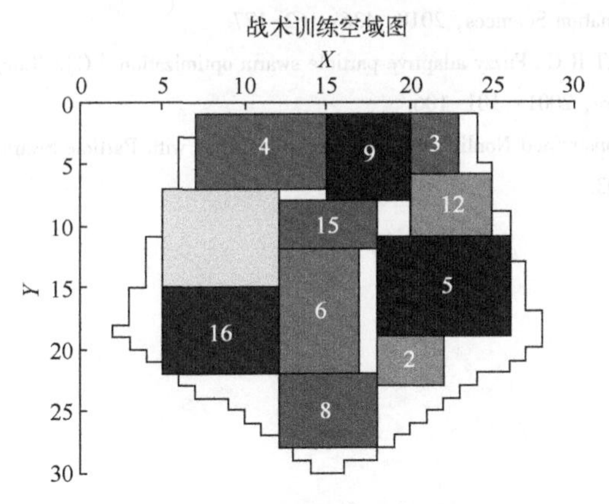

图 7.15 战术训练空域规划图

参考文献

[1] 李建平，宫耀华，卢爱平，等．改进的粒子群算法及在数值函数优化中应用［J］．重庆大学学报，2017，40(05)：95-103.

[2] 邓雪，林影娴．基于改进粒子群算法的复杂现实约束投资组合研究［J］．运筹与管理，2021，30(04)：142-147.

[3] 陈亮，张墨华．基于改进粒子群算法的网络广告配置优化［J］．计算机应用研究，2012，29(01)：142-144.

[4] 朱沙，陈臣．一种求解基数约束投资组合优化的混合粒子群算法［J］．统计与决策，2016(10)：64-67.

[5] WANG D，TAN D，LIU L. Particle swarm optimization algorithm：an overview［J］. Soft computing，2018，22：387-408.

[6] BAI Q. Analysis of particle swarm optimization algorithm [J]. Computer and information science, 2010, 3 (1): 180.
[7] VENTER G, SOBIESZCZANSKI-SOBIESKI J. Particle swarm optimization [J]. AIAA journal, 2003, 41 (8): 1583-1589.
[8] TANWEER M R, Suresh S, Sundararajan N. Self regulating particle swarm optimization algorithm [J]. Information Sciences, 2015, 294: 182-202.
[9] FAKHOURI H N, Hudaib A, Sleit A. Multivector particle swarm optimization algorithm [J]. Soft Computing, 2020, 24: 11695-11713.
[10] ZENG N, WANG Z, LIU W, et al. A dynamic neighborhood-based switching particle swarm optimization algorithm [J]. IEEE Transactions on Cybernetics, 2020, 52(9): 9290-9301.
[11] ESMIN A AA, COELHO R A, MATWIN S. A review on particle swarm optimization algorithm and its variants to clustering high-dimensional data [J]. Artificial Intelligence Review, 2015, 44: 23-45.
[12] WANG F, ZHANG H, LI K, et al. A hybrid particle swarm optimization algorithm using adaptive learning strategy [J]. Information Sciences, 2018, 436: 162-177.
[13] SHI Y , EBERHART R C . Fuzzy adaptive particle swarm optimization [C]//Congress on Evolutionary Computation. IEEE Xplore, 2001: 101-106.
[14] HU X. SOLVING Constrained Nonlinear Optimization Problems with Particle Swarm Optimization [J].Undergraduate thesis, 2003.

第8章

现代优化算法总结及发展趋势

虽然现有的单一优化算法取得了很多应用成果，但单一的优化算法通常只对具体某些问题具有良好的优化效果，具有较大的局限性。本章将在简单介绍现有单一优化算法不足的基础上，分析现代优化算法在并行化、混合算法、机器学习这3个方面的发展趋势。

8.1 一些实际的建议

本节为学习现代优化算法的同学提供一些实际的建议，希望同学们能够掌握一些好的习惯，以提高现代优化算法的学习效果。本节参考了《进化优化算法——基于仿生和种群的计算机智能方法》附录A中的相关内容，其中部分建议原本针对的是进化算法，但很多内容对于其他现代优化算法同样适用，因此本书借用了它们的一些思想。

8.1.1 学会查错

很多学生和刚入门的研究人员都指望自己的代码在首次运行时就成功，然而，无错误的代码并不存在，所有代码都有错，这些错误既包括导致算法无法运行的语法错误，也包括造成生成错误结果或不符合预期表现的逻辑错误。前一类错误比较容易定位，而逻辑错误则较为隐蔽，因为有的时候算法运行起来没有任何问题，但有时可能由于逻辑错误，算法并未按照设计的方式运行，导致无法充分发挥优化效果。如果不能正确理解代码，就永远无法肯定它的准确性，也就无法真正相信所得结果，我们需要透彻地理解每一行代码，才能发现其中的问题，这就需要我们掌握代码调试技术。在计算机编程和工程中，调试是一个多步骤的过程，包括识别问题、隔离问题源，然后纠正问题或确定解决问题的方法。运用调试，可以通过调试器检查变量，我们需要理解如何为变量赋值，以及为什么这样赋值、现有的赋值是否正确。算法的研究没有捷径，调试是软件和算法开发的必要过程，有时甚至占到整个开发时间的90%以上。

常见的调试方法包括常规断点、条件断点、操作断点等。常规断点是最常用的断点，为可能出错或想查看的变量所在的行添加断点，程序运行到断点后会暂停，可以查看已运行部分变量的值；条件断点只在满足某些特定条件时才会触发程序中断，它的主要作用是可以让程序在特定场景中暂停，让我们通过查看变量值，确定程序是如何进入异常的；操作断点可以让程序到达断点时，让程序打印一些信息而不触发中断，方便我们对变量值进行跟踪确认。灵活使用各种断点，才能使调试的过程事半功倍。

8.1.2 充分认识算法的随机性

现代优化算法通常具有随机性，这意味着若无特殊设置，算法每次运行得到的结果都会不同。如果为求解一个问题，用算法算了10次，而这10次都没能有效求解，我们可能会天真地认为这个算法不行或者这个问题不可解，但是，如果这个算法有20%的概率解决这个问题，就会有10.74%的概率连续10次都失败。反之，如果运行10次并且算法连续10次都成功，我们又可能天真地认为这个算法每次都管用。但是，如果它有20%的概率失败，连续10次都成功的概率也是10.74%。

因此，要清楚地理解概率论才能透彻地了解算法的随机性，运行一次的结果不好，并不能说明算法不够好；反之，运行一次的结果很好，也不能说明算法足够好。因此，在对算法进行评价时，需要进行多次仿真并且要使用所有的仿真结果，这一点非常重要。采用多次仿真并且每次使用不同的随机数的种子被称为蒙特卡罗仿真、蒙特卡罗试验或蒙特卡罗方法（Robert 和 Casella，2010）。在对算法结果进行汇报时，通常可以汇报以下统计学指标，包括：算法结果的平均值，用于告诉我们平均而言算法的表现有多好；算法结果的方差，告诉我们算法性能的一致性；算法运行的最好结果，告诉我们如果多次运行可以期望哪一个算法会有最好的结果；算法运行的最差结果，告诉我们如果算法只能运行一次并且因随机数生成器的种子而碰巧得到非常糟糕的性能，我们能指望哪一个算法会有最好的结果。在 Eiben 和 Smit（2011）的论文中对进化算法的性能指标有更多讨论。需要指出的是，这里所说的运行多次，应当是连续运行多次。例如，要报告算法20次运行的平均值，我们不能报告算法运行100次里最好20次的平均值，这属于隐瞒算法真实表现，是学术不端的典型表现之一。

另外，现代优化算法的随机性会给我们的算法调试带来难度，有时现代优化算法程序上的错误或结果只在特殊情况下才会出现，若每次结果运行都不同，就很难修改一些可能的错误或改进算法的性能。

为了解决这个问题，可以利用计算机的伪随机数产生机制。计算机产生的随机数都是伪随机数，这些数字看上去是随机的，但不是真正的随机数，因为它们由确定的算法依据随机数种子生成。以 MATLAB 为例，使用 rand 函数能够返回一个在开区间(0,1)上均匀分布的随机数，假设在 32 位 Windows XP 计算机上用 7.13.0.564(R2011b)版本 MATLAB 调用 rand 函数生成 5 个随机数，得到的数就是 0.8147、0.9058、0.1270、0.9134、0.6324。它们看起来很随机，但如果退出，第二天回来再开启 MATLAB，还用 rand 函数再生成 5 个随机数，就会得到与上面完全相同的数字。突然间这些数看起来不那么随机了，这是因为 MATLAB 用一个确定的算法在生成伪随机数，MATLAB 每次在开启时该算法的初始状态都相同。

这个事实对于现代优化算法的性能测试意义重大。假设启动计算机，运行算法，得到性能结果，之后退出，第二天再回来，登录，启动 MATLAB，再运行算法，就会得到完全相同的结果，因为在算法中所有涉及的随机数都与前一天的完全相同。假设第一次运行后，不关闭 MATLAB，直接运行第二次，则会得到不同的结果，因为我们没有通过再启动 MATLAB 来重新初始化随机数生成器，所以第二次运行算法时，MATLAB 生成的随机数串与第一次运行时所生成的不同。

为了调试算法，复现算法出现过的错误或结果，必须利用上述机制产生完全相同的随机数串，此时可以固定随机种子。例如，对于 MATLAB 来说，可以使用 rand(seed)函数将随机数生成器重新初始化为给定的整数种子。这样初始化随机数生成器会让它从给定的状态开始，因而无论是否关闭 MATLAB 或重启计算机，每次执行时都会生成相同的随机数序列。利用这个方法可以在一次次仿真中精确再现相同的结果，大大加快调试的过程。

此外，假设我们想简单地比较两个具有随机性的优化算法，以遗传算法为例，需要利用随机数产生初始种群，我们运行第一个算法得到一些结果，然后运行第二个算法得到不同的结果。如果在两次仿真之间没有重新初始化随机数生成器，这两个遗传算法就是从完全不同的初始种群开始进化的，这可能会让其中一个遗传算法占优，这样的比较并不公平。如果想要更公平地比较不同的算法，就应该让它们从相同的初始状态开始，为此可以保存第一个算法运行的开始时间作为两个算法的随机数种子，这样既能保证两个算法的随机数生成器相同，又能让多次运行的结果不同，从而可以比较多次运行的统计指标。

8.1.3　小变化可能会有大影响

对于现代优化算法，一些看似无害的设定，比如遗传算法中改变处理重复个体的方式，或让变异率有一个小的变化或改变选择方法，都能大大改变算法的运行，我们决不能假定微小的变化无足轻重。这意味着当得到好的结果时，必须小心地将算法采用的设置保存下来，甚至应该保存随机数种子以便能够复现所得结果。如果在得到好的结果之后，为了改进性能去调试参数，但忘了保存得到好结果时所用的参数设置，就有可能永远失去这些好结果。

8.1.4 大变化可能只有小影响

与上面说的相反，现代优化算法有时可能会对参数设置的大变化并不敏感。如果算法的性能优良，这种不敏感通常很好，因为它意味着算法对参数具有稳健性，但如果算法的性能不好，对参数变化不敏感就糟糕了。如果算法的性能差，有可能是问题太难，或者是问题的描述方式并不适合此算法。我们不能保证设计的算法就一定能得到好的结果，因此不能假定只要能找出正确的参数设置，算法就一定能行。因此，需要在坚持不懈与有可能浪费时间这两者之间取得一个平衡，在算法参数调优陷入瓶颈时，应当思考是否可以改进算法的设计。

8.1.5 中间过程包含很多信息

如果我们的算法优化效果比较差，可以通过查看算法运行过程中的信息进行分析。例如，对于遗传算法，可以研究不同代的种群。种群的构成会提供很多信息：如果看到种群收敛到单个候选解，就需要更小心地处理重复个体；如果看到交叉产生的个体性能没有改进，就知道需要修改交叉策略；如果记录变异的过程，就能知道变异是过多还是过少，或者是太频繁或只是偶尔为之；如果看到种群在前面几代之后不再有改进，就知道需要加强算法的探索性能、降低算法的开发性能。另一个例子是局部搜索算法，如果发现局部搜索算法经常出现已经访问过的解，就说明需要限制算法的短期循环，引入禁忌搜索等策略，加大算法的探索性能。只要我们有创造性和韧性，通过研究算法运行的中间过程，就能收集到有关算法行为的许多细节。

对于算法运行的中间过程，可以采用8.1.1节的操作断点或者利用文件打印的方式进行查看。

8.1.6 鼓励多样性

这与8.1.5节的观点相关，主要面向遗传算法、粒子群算法、蚁群算法等基于群体的现代优化算法，我们需要了解种群中的多样性（或单一化）。如果种群不够多样，算法的性能就可能较差。在开发好的候选解的同时还要鼓励多样性，种群的多样性越高，算法的表现就有可能越好。

8.1.7 利用问题的信息

对问题的理解越透彻，找到的解就越好。遗传算法、粒子群算法、蚁群算法等基于群体的现代优化算法是典型的无模型优化器，这意味着在这类算法中无需加入有关问题的任何信息，但是，如果能融入问题的信息，几乎可以肯定能找到更好的解。同时，这类基于群体的算法是很好的全局优化器，具有很好的探索能力，但局部搜索能力较差；而局部搜索算法，如爬山算法、禁忌搜索算法则具有较好的开发能力和较差的探索能力。因此，可以根据问题的特点，尝试将两类算法进行混合，以兼顾两者的优点。考虑问题的信息有时对于算法设计起到决定成败的作用。

8.1.8 经常保存结果

计算机磁盘空间很便宜，应该保存问题的设置、算法的参数配置、算法的旧版本、结果和中间结果。如果安排精确有序，就无需浪费太多时间即能高效地从保存的所有程序和数据中筛选出想要的东西。

现代优化算法的计算量通常很大，为得到一个好结果可能需要几天或几周的时间进行调试。同时，我们也知道，很小的参数变化或算法设计变化都可能使算法表现出现较大的变化。在调试优化的过程中若没有保存好这些结果，就可能永远失去这些结果。在这里推荐给各位同学学习使用软件版本管理工具，如 Git。Git 是一个开源的分布式版本控制系统，可以有效、高速地处理项目的版本管理。调试过程中，若出现了好的算法改进，就把这个版本提交到 Git 保存下来，并标注好这个版本中主要做了哪些改动，以方便未来查阅。

8.1.9 理解统计显著性

通常需要理解试验结果在统计上的显著性，因此需要理解统计学原理和“没有免费午餐”定理（参见 8.1.13 节）。我们还需要在数据验证集上测试算法的结果。

在统计学原理方面，在对算法性能进行对比时，通常需要利用统计学原理进行分析，最常用的方法包括 t 检验与 F 检验。其中，t 检验回答的基本问题是，两个算法的试验结果是否有显著不同，这里所说的显著不同，不是说差别有多大，而是指其差别是本质上的，还是只是因为随机波动产生的。对于 3 个及以上算法结果是否存在统计学差异，则可以使用 F 检验。t 检验和 F 检验的具体方法可以参考统计学相关参考书（Salkind，2007）。

在验证集方面，用现代优化算法可以找出优化问题的一个好的解，但同样重要的是需要采用在训练时没有用过的数据测试这个解的性能。例如，利用算法找到了性能最优的分类器的参数，并且用一些测试数据来评价适应度函数。如果仅此而已，只能说明分类器能记住训练数据，真正的测试应该要看分类器在尚未见过的数据上的表现。这种数据被称为验证集。理解验证的基本思想非常重要（Hastie 等，2009）。

8.1.10 善于写作

如果我们对现代优化算法做了很好的研究但却不与他人交流，就容易陷入闭门造车和自我满足。良好的学术研究需要与其他学者进行沟通交流，以获得启发，创造更高水平的成果。英国科学家 Michael Faraday 提倡“工作，完成，发表”（Beveridge，2004，121 页），它隐含的意思是研究过程要到结果发表之后才算结束。如今的学生、工程师和研究人员严重缺乏科技写作的技能。如果能写得更好就会成为能力更强的专业人士，学习写作不是一个神秘的过程，通过学习提高写作技能与通过学习把别的事情做得更好的方法相同，也就是多阅读、多写作、多练习。

8.1.11 强调理论

如今有太多关于现代优化算法的研究都涉及算法参数调试以及各类优化算法的混合。已知现有的各类算法及其所有调试参数，实际上会有无穷多种方式对算法进行修改、组合，并在 Benchmark 测试集上调试出更好的性能。但是，这类研究并不能真正超越现状。这类研究非常多但实质上是短视的，除了得到直接的结果之外并没有对算法的研究带来任何新的启发。大多数现代优化算法均采用试验验证有效性，非常缺乏理论支持和数学分析。如果在研究中能够更多地强调理论和数学，我们对现代优化算法的基本理解就会大大不同。一篇好的理论文章抵得上一打关于参数调试的文章。

8.1.12 强调实践

如今有太多关于现代优化算法的研究聚焦在 Benchmark 测试集上，而这类 Benchmark 通常对现实问题进行了很大程度的简化。如果想让研究有实际的用处，就需要尝试去解决现实世界中的优化问题。现代优化算法可以在余下的时间里去优化 Benchmark，而不用理会大学之外的世界，但这不是现代优化算法存在的原因，也不是当初发明现代优化算法的理由。这类算法是为了解决实际问题并为社会做出贡献。Benchmark 测试集很重要，它能够帮助我们了解算法的性能，但它只是达到目的的一个手段，我们开发算法是为了能在实际中应用。不要把目的和手段混淆，也不要忘记研究现代优化算法的终极目标。

8.1.13 “没有免费午餐”定理

“没有免费午餐（no free lunch，NFL）”定理，最初由 David Wolpert 和 William McReady（1997）正式提出，这个定理出人意料：在所有可能的问题上所有优化算法的性能平均来说都是相同的。这意味着，没有一个优化算法会比另一个更好，也没有一个优化算法比另一个更差。例如，若A算法在集合F的问题上表现比B算法更好，则B算法一定会在$\overline{F}$上表现比A算法更好。

注意，这个NFL定理不只是猜想、一般的叙述，或经验法则；它是一个定理。我们在这里不讨论NFL定理的证明，仅通过对NFL定理的理解，帮助我们提高对算法的研究能力。NFL定理提醒我们，实际有效的搜索算法不是盲目搜索，需要结合具体问题信息，“为午餐买单”；在设计算法时，需要在通用性和对问题的有效性中取得平衡，在各种Benchmark问题上有效的方法，在解决实际问题时不一定好，在Benchmark上表现不好的方法也不一定不适用于求解实际问题；通用的工具箱和算法，往往在每个问题上都表现平平，因此，在拿到一个问题时，一定要通过对问题特性的深刻理解，设计与之匹配的算法。

同时，面对NFL定理，也不要太泄气。如果我们的论文是要说明在集合F上算法A比算法B有优势，则这篇论文就已经成功了。记住，NFL定理不是说所有算法在全部问题集合F上表现都一样好，而是说对所有可能的问题平均而言，所有优化算法的性能都同样好。这意味着对具体的问题或者具体类型的问题，算法A可能的确表现得比算法B好。由此可见，在对一个算法的性能下结论时，一定要谨慎地设置前提。例如，可能在论文中读到“根据试验结果，面向函数优化问题，算法A比算法B好”，根据NFL定理，像这样的说法显然从根本上就是错的。一个更有分寸的说法应该是：“根据试验结果，对于具有本文中问题特征的优化函数，算法A比算法B好。”

8.2　算法集成技术

8.2.1　单一优化算法的不足

单一优化算法的局限性主要体现在以下方面。

(1) 对某一求解问题针对性强，当设计模式发生变化或者原有设计知识不适用时，单一优化算法往往无法求解。

(2) 优化设计算子复杂，优化参数设置多，对不同的优化问题难以动态调整设计参数。

(3) 缺乏严格的数学基础，除遗传算法依靠模式定理作保证的算法收敛性分析外，其余算法的复杂性、收敛性及鲁棒性分析还缺少严格的数学证明。

(4) 有些智能优化算法运算量过大，优化时间长，优化效率低。

(5) 某些算法具有局部性，只针对某特定问题，没有形成统一的集成框架，未形成一个有机集成的方法体系，只是孤立地使用各个单一的智能算法。NFL定理也说明了没有一种算法对任何问题都是最有效的，即各算法均有其相应的适用域。Davis 提议“尽可能混合”，说明算法的混合是拓宽其适用域和提高性能的有效手段。

(6) 缺乏系统严格的理论论证和统一框架，没有形成一般性方法，只能就事论事、具体问题具体分析，没有建立起能够全面解决各种优化问题的系统的方法体系。尤其是非导数智能优化算法在求解问题时，常常被局部极小、效率低两大缺点所困扰。

8.2.2 算法集成技术

1. 集成与集成系统的主要特征

集成从一般意义上可理解为聚集、集合、综合。《现代汉语词典》将集成解释为同类事物的汇集。集成的英文单词为 integration，其意为融合、综合、成为整体、一体化等。集成是集成主体将两个或两个以上的单元要素集合成一个有机整体的行为、过程和结果，所形成的系统不是各要素之间的简单叠加，而是按照一定方式进行构造和整合，其目的在于实现集成系统整体功能的倍增和涌现。集成具有以下主要特征。

(1) 主体行为性。集成是集成主体——人的有意识、有选择、有目的的活动。集成是一种主观行为，其效果取决于集成主体的知识、能力、技巧及其发挥的程度。

(2) 整体优化性。具有系统思想的集成主体，针对一定的目的，经过有创意的比较选择，以一种能充分发挥各集成要素的优势，并且能达到整体优化目标的方法来实现集成。

(3) 功效非线性。集成要素之间的相互作用是复杂的和非线性的，这就决定了整个集成的功效是非线性或倍增性的。这种功效非线性有时表现为 $E_A+E_B+E_C>3E_A$，即集成功效大于各集成要素功效之和；有时表现为 $E_A+E_B+E_C=E_D$，即 A、B、C 单元集成后，产生了一种全新的功效。

(4) 内容相容性。集成体是由集成单元组成的，各集成单元必须互相容纳。因此，相容性是集成的前提，是集成的必要条件。

(5) 功能互补性。集成的目的是为了实现整体优化与功能倍增，而整体功能倍增有赖于集成内部各子系统之间的功能互补或优势互补。功能互补性既是集成的特征，又是集成的充分条件，是集成单元相互选择的依据。

从系统角度来看，集成是一种动态非线性变化的运动。由于集成涉及诸多要素的交织活动，而它们之间的结合方式又是在不断变化的，这就必然导致集成体是一个活的有机体，即集成体将随着集成要素的不断演变而呈现出动态变化的趋势。而且，这种动态变化的特征并不是线性的或平衡的，而是非线性的。正是由于各项要素间的非线性相关性，才使要素间相互制约、耦合生成整体效应，使线性叠加失效、要素的独立性丧失，系统在临界点上发生分支，并从一个分支演化到多个分支，从而使系统整体发生质的飞跃，形成新的耗散结构。集成强调人的主动创造性行为和要素的竞争性互补关系。主动创造性行为表明，集成是人为实现某一特定目标而进行的有意识、有选择、创造性的行为过程或活动。竞争性互补关系表明，在集成过程中，各项要素通过竞争冲突，不断寻找、选择自身的最优功能点，从而形成一个各要素优势得到最大程度发挥，且各种优势之间又能实现最佳状态互补作用的有机整体，最终实现集成体的功能倍增与适应进化性。

2. 集成优化的关键问题

为了设计好适合问题的高效智能集成算法，需要处理好统一结构中与分解策略相关的一些关键问题。这些关键问题主要包括以下几个方面。

（1）问题分解与集成的处理。空间的分解策略有利于利用空间资源克服问题求解的复杂性，是提高优化效率的有效优化求解手段。分解的层次数与问题的规模和所采纳的算法有关。由于不同算法在适用域上存在差异，实际求解时要求子问题的规模适合于所采纳的子算法进行高效优化，同时应考虑到各子问题的分布能保证逆向集成时取得较好的优化度。

（2）子算法和邻域函数的选择。子算法和邻域函数的选择与问题的分解具有关联性。为了提高整体优化能力，在对问题合理分解后，在进程层次上要求采用的各种子算法和邻域函数在机制和结构上具有互补性，使算法整体同时具备高效的全空间探索能力和局部趋化能力。例如，并行搜索和串行搜索机制相结合，全局遍历性与局部贪婪搜索相结合，大范围迁移和小范围摄动的邻域结构相结合等。

（3）进程层次上算法转换接口的处理。算法的接口问题，即在子算法确定后如何将它们在优化结构上融合，是提高优化效率和能力的主要环节。为此，首先要对各算法的机制和特点有所了解，对算法的优化行为和搜索效率进行深入的定性分析，并对问题的特性有一定的先验知识。当一种算法或邻域函数无助于明显改善整个算法的优化性能时，如优化质量长时间得不到显著提高，则可考虑切换到另一种搜索策略。

（4）优化过程中的数据处理。优化信息和控制参数在各算法间需要进行合理的切换，以适应优化进程的切换。特别是，要处理好不同搜索方式的算法间状态的转换和各子问题的优化信息交换与同步。这些问题属于技术层面的问题，应视所用算法、编程技术和计算机类型做出具体设计。

总之，通过对上述关键问题的合理化和多样化处理，可以构造出各种复合化结构的高效集成优化策略。

3. 集成优化的集成形式

智能集成优化技术从结构上可划分为串联智能集成、并联智能集成和嵌套智能集成等，从集成的形式、特点和方法等方面进行分析和比较，从而为更好地设计智能集成优化算法奠定基础。

1）并联补集成

这种集成属于松耦合集成，一般结构上由两个子模型模块组成。集成结构如图 8.1 所示。并联补集成建模是将两个模型模块相并联，并把两个模型模块的输出进行相加（图 8.1（a））或相乘（图 8.1（b））后作为模型总输出的建模方式，其中两个模型有主从之分，一个模型在集成模型中占主导地位，另一个模型则是对主模型的补充，或者说是主模型输出误差的补偿。这一集成形式可表示为

$$Y=f(Y|X)=Y_0+\delta=f_1(Y_0|X_m)+f_2(Y-Y_0|X_n)$$

$$Y=f(Y|X)=\delta Y_0=f_2\left(\frac{Y}{Y_0}\middle|X_n\right)f_1(Y|X_m),\quad X=X_m\cup X_n$$

式中：$f(Y|X)$ 为一个以 X 为输入、以 Y 为输出的模型。

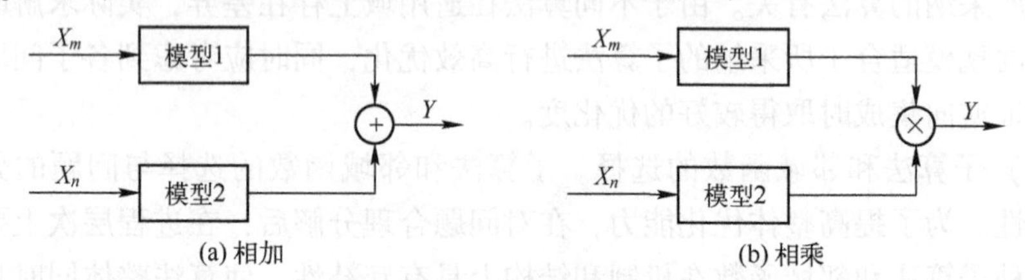

图 8.1 并联补集成形式

2）加权并集成

这种集成与并联补集成结构相似（图 8.2），但内容和意义则有所不同。加权并集成建模有多个子模型模块，这些模型模块作用互补，在集成模型中的地位由加权权重 $w_i(i=1,2,\cdots,n)$ 决定。其中 $\sum_{i=1}^{n}w_i=1(0\leqslant w_i\leqslant 1)$。权重的确定方法不同，得到的加权并集成模型也不同。权重可由经验法、等权值法、最小二乘法、模糊组合法和专家系统法等确定。这一集成形式的数学表达式为

$$Y=f(Y|X)=\sum w_i f_i(Y|X_{mi}),\quad X=\bigcup_{i=1}^{n}X_{mi}$$

3）串联集成

串联集成是模型结构形式上的一种集成。如图 8.3 所示，若一个集成模型由两个子模型模块组成，并且其中一个子模型模块的输出是另一个子模型模块的输入，则这种集成称为串联集成。对于非线性动态系统建模常采用这种形式。两个子模型的前后位置不同，集成模型的最终形式也不同。串联集成的数学形式为

$$Y=f(Y|X)=f_2(Y|f_1(Y_1|X))$$

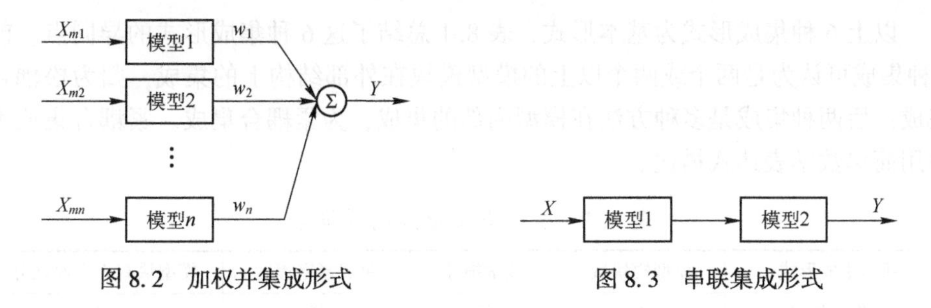

图 8.2　加权并集成形式　　　　图 8.3　串联集成形式

4）模型嵌套集成

这一形式的集成也至少需要两个模型模块，其中，有一个模型为基模型模块，其他模型模块则嵌套在基模型模块中，用于代替基模块中的部分变化参数。集成形式可由图 8.4 表示。模型嵌套集成的数学表达形式为

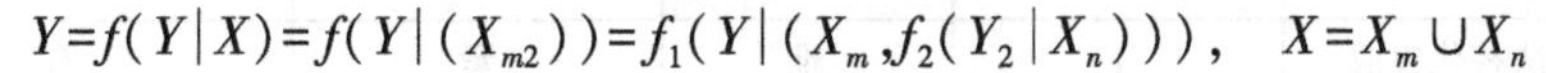

$$Y=f(Y|X)=f(Y|(X_{m2}))=f_1(Y|(X_m,f_2(Y_2|X_n))),\quad X=X_m\cup X_n$$

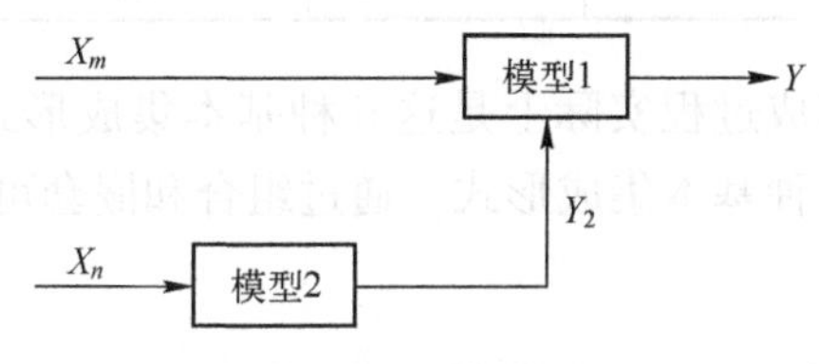

图 8.4　模型嵌套集成形式

5）结构网络化集成

结构网络化集成是指将一种建模方法用神经网络的结构形式和学习方法予以实现的集成方法，是神经网络的思想与其他建模方法的一种集成。其最大特点是增强了原有建模方法的学习能力。另外，与传统神经网络模型相比，由于其他建模方法的介入，所得集成模型在网络结构方面具有明显优势。例如，神经模糊系统就可看作模糊建模方法与神经网络的集成，所得集成模型由于具有神经网络的结构，因而参数学习和调整比较容易。另外，由于是按模糊系统模型建立，网络节点及所有参数具有明显物理意义，且参数初值易于确定。

网络结构化集成不同于前 4 种集成，无法用简单的数学表达式予以描述。

6）部分方法替代集成

这是指基于某一种模型，将其他新的方法集成到该模型中，用于替代原有建模方法中的一部分的一种集成思路。一个完整的建模方法包括模型变量选择、模型结构确定和参数估计等部分。部分方法替代集成就是用新的方法替代原有建模方法以上几个部分中的一个或多个。例如，基于遗传算法的线性辨识建模方法，其沿用线性辨识建模的思路，然而不同之处是用遗传算法替代原有最小二乘参数估计方法。

以上6种集成形式为基本形式，表8.1总结了这6种集成形式的异同点。前4种集成可认为是两个或两个以上的模型模块在外部结构上的集成，归为松耦合集成；后两种集成是多种方法在模型内部的集成，为紧耦合集成。紧耦合集成不易用简单数学表达式描述。

表8.1　6种集成形式的异同点

基本集成形式	模型模块数	数学描述	集成紧密程度	模型块有无主次之分
并集补集成	2	易	松	有
加权并集成	≥2	易	松	无
串联集成	≥2	易	松	无
模型嵌套集成	≥2	易	较松	有
结构网络化集成	1	难	紧	有
部分方法替代集成	1	难	紧	有

智能优化算法的集成过程实际上是这6种基本集成形式的复杂组合和嵌套。由此可见，基于以上6种基本集成形式，通过组合和嵌套可以获得各种智能集成建模方法。

8.2.3　算法集成实例：遗传算法与模拟退火算法集成

尽管遗传算法（genetic algorithms，GA）比其他传统搜索方法具有更强的鲁棒性，但它更擅长全局搜索，而局部搜索能力却不足。这是因为GA的运行方式是对一组解进行筛选组合，找出有用信息来指导搜索，因而全局搜索能力较强，当种群很大且维数很多时，由于对每个解考虑不周到，从而造成局部搜索能力不强。

模拟退火算法（simulated annealing algorithms，SAA）则具有以下优点：①高效性，与传统的局部搜索算法相比，有不同的接受准则和停止准则，SAA可以在较短的时间内求得更优的近似解；②简化性，算法求得的解的质量与初始解无关，因此算法可以任意选取初始解和随机数序列，在应用该算法求解组合优化问题时，可以免去大量的前期工作；③健壮性，SAA的优化性能不随优化问题实例的不同而蜕变；④稳定性，SAA的解和执行时间随着问题规模增大而趋于稳定，且不受初始解和随机数序列的影响；⑤通用性，该算法可以应用于多种组合优化问题的求解，且为一个问题编制的程序可以有效地应用于其他问题的求解；⑥灵活性，用SAA求得的解的质量与执行时间成反向变化，针对不同问题对解的质量和求解时间的要求，可以适当调整冷却进度表的参数值，从而使算法在解的质量和求解时间之间取得平衡。

然而 SAA 也存在许多不足的地方：求得一个高质量的近似最优解花费的时间较长，尤其是当问题规模不可避免地增大时，难以承受的执行时间将使算法丧失可行性。但是，适当选取冷却进度表，采用恰当的变异方法（如将该算法与 GA 结合）以及大规模并行计算，可以有效提高算法的性能。

总之，GA 在求解大规模优化问题时，存在着严重的局部极小问题，而 SAA 的计算速度过于缓慢。基于此，采用合适的混合方式既能保留 GA、SAA 自身的优良特性，又能避开各自的缺点，一直是进化方法研究的重点。

构造遗传模拟退火算法的出发点主要有以下几个方面。

(1) 优化机制的融合。

理论上，GA 和 SAA 两种算法均属于基于概率分布机制的优化算法。不同的是，SAA 通过赋予搜索过程一种时变且最终趋于零的概率突跳性，从而可以有效避免陷入局部极小并最终趋于全局优化；GA 则通过概率意义下的基于“优胜劣汰”思想的群体遗传操作来实现优化。对选择优化机制上如此差异的两种算法进行混合，有利于丰富优化过程中的搜索行为，增强全局和局部意义下的搜索能力和效率。

(2) 优化结构的互补。

SAA 算法采用串行优化结构，而 GA 采用群体并行搜索。两者相结合，能够使 SAA 成为并行 SAA，提高其优化性能，同时 SAA 作为一种自适应变概率的变异操作，增强和补充了 GA 的进化能力。

(3) 优化操作的结合。

对于 SAA 的状态和接受操作，每一时刻仅保留一个解，缺乏冗余和历史搜索信息；而 GA 的复制操作能够在下一代中保留种群中的优良个体，交叉操作能够使后代在一定程度上继承父代的优良模式，变异操作能够加强种群中个体的多样性。这些不同作用的优化操作相结合，丰富了优化过程的领域搜索结构，增强了全局空间的搜索能力。

(4) 优化行为的互补。

由于 GA 的复制操作对当前种群外的解空间无探索能力，种群中各个体分布“畸形”时交叉操作的进化能力有限，小概率变异操作很难增加种群的多样性。所以，若算法收敛准则设计不好，会导致 GA 出现进化缓慢或“早熟”的现象。另外，SAA 的优化行为对退温历程具有很强的依赖性，而理论上的全局收敛对退温历程的限制条件很苛刻，因此，SAA 优化时间性能差。两种算法相结合，SAA 的两准则可控制算法收敛性以避免出现“早熟”收敛现象，并行化的抽样过程可提高算法的优化时间性能。

(5) 削弱参数选择的苛刻性。

SAA 和 GA 对算法参数有很强的依赖性，参数选择不合适将严重影响优化性能。SAA 的收敛条件导致算法参数选择较为苛刻，甚至不实用；而 GA 的参数又没有明确的选择指导，设计算法时均要通过大量的试验和经验来确定。GA 和 SAA 相结合，使算法各方面的搜索能力均有所提高，因此对算法参数选择不必过分严格。

遗传模拟退火算法可简单地描述为：SAA 对 GA 得到的进化种群作进一步优化，温度较高时表现出较强的概率突跳性，体现为对种群的“粗搜索”。温度较低时演化为趋化性局部搜索算法，体现为对种群的“精搜索”；GA 则利用 SAA 得到的解作为初始种群。总之，以 GA 为代表的集成类优化算法流程如图 8.5 所示。

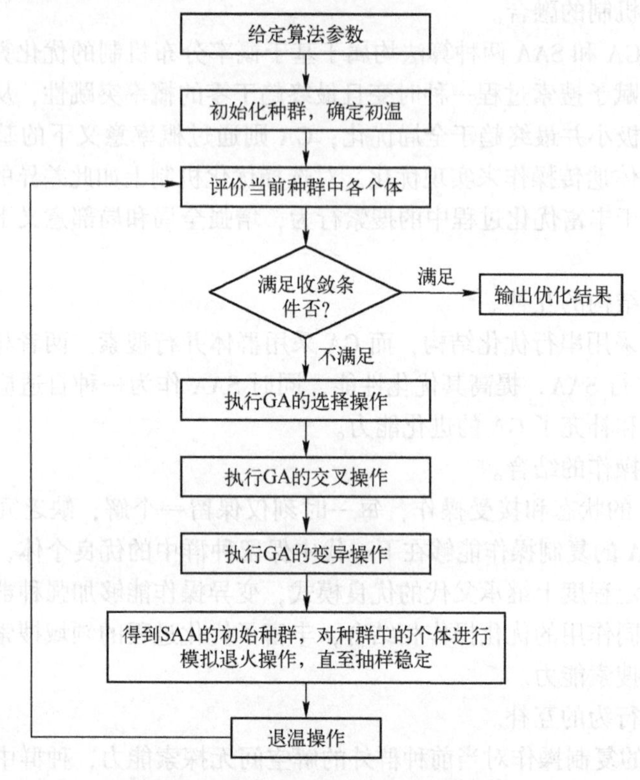

图 8.5　遗传模拟退火算法的流程框图

8.3　算法并行化技术

8.3.1　基本思想

现代优化算法尽管在组合优化等复杂问题上取得了良好的效果，但随着问题规模以及问题复杂程度的增加，普通现代优化算法的运行时间也不断增长。随着计算机技术的不断发展，算法并行化的概念被提出。基于群体的现代优化算法（包括遗传算法、蚁群算法、粒子群算法等），由于对群体中个体的操作具有一定独立性，具有天然的并行结构，容易在大规模并行计算机上实现，因此设计并行化的群体优化算法是提高传统群体优化算法搜索效率的方法之一。

8.3.2 遗传算法的并行化策略

下面以遗传算法为例介绍常见的算法并行化策略。

（1）主从模型。

主从模型是遗传算法最为直接的并行化方案之一。主从模型设定一个主节点以及多个从节点，仅包含一个种群。由于求解复杂问题时，遗传算法中适应度函数评价个体的过程耗时较大，而各个个体的适应度评价是独立的。因此，可以通过将个体适应度评价分发到不同计算机上，并行化遗传算法的适应度函数，提高算法的运行效率。种群的选择、交叉、变异等操作均在主节点上进行，而种群个体的适应度评价则在各从节点上完成。从节点需要接收从主节点发送的个体，而主节点需要接收从节点发送的评价结果。因此，采用主从结构进行遗传算法的并行化时，需要考虑主节点和从节点之间的通信延迟，若通信延迟小于模型大量适应度评价所消耗的时间，并行化才具有意义。

（2）孤岛模型。

孤岛模型又称为分布式模型或粗粒度模型。孤岛模型首先依据并行机节点的数量将单一种群分为数个种群，各个种群在所在的节点上运行标准遗传算法。本书5.5.4节介绍了多种群遗传算法，即采用多个种群同时进行进化搜索操作，各个种群内部采用标准遗传算法（GA）进行演化，不同的种群能够采用不同的算法参数，如交叉概率、变异概率等。各个种群在进化过程中相互独立，因此可以将各个种群分布于多台并行机上，同时完成多个种群的遗传进化。在经历了一定的进化代数后，如5.5.4所介绍的，采用移民算子完成部分个体在多个种群之间的转移。种群之间的转移提高了种群搜索的多样性，降低了早熟概率。目前，确定迁移率、迁移周期以及迁移拓扑是当前孤岛模型的研究热点。

（3）邻域模型。

邻域模型又称为细粒度模型。该模型中，每个并行机上只包含一个很小规模的种群（甚至只包含一个个体），每个小种群只与其相邻的种群（即邻域中的种群）进行信息交互，产生子代。因此，邻域模型能够有效地维持种群的多样性，抑制早熟现象。邻域模型主要研究的问题是邻域结构和选择策略。其中，邻域结果决定了种群中个体的空间位置以及个体在种群中传播的路径，因此，通常受到计算机通信结构的影响，只有一个拓扑的直接邻域才属于其局部领域。

(4) 混合模型。

混合模型主要是将以上 3 种模型进行整合而形成的层次化模型。常见的混合模型有细粒度-粗粒度模型、粗粒度-粗粒度模型以及粗粒度-主从式模型，其中上层模型主要将下层的并行结构视为一个种群，下层模型中的子群体则是真实的种群。

8.4 机器学习

机器学习（machine learning, ML）是一门多领域交叉学科，涉及概率论、统计学、逼近论、凸分析、算法复杂度理论等多门学科。机器学习包括监督学习（supervised learning）、非监督学习（unsupervised learning）、半监督学习（semisupervised learning）、强化学习（reinforcement learning）等，神经网络是机器学习的基础。近年来，随着人工智能技术的发展，机器学习已经被广泛应用于语音识别、图像识别、机器翻译等领域。

8.4.1 机器学习概览

简单地说，机器学习要解决的主要问题，就是从输入到输出之间映射函数的构建问题，如图 8.6 所示。

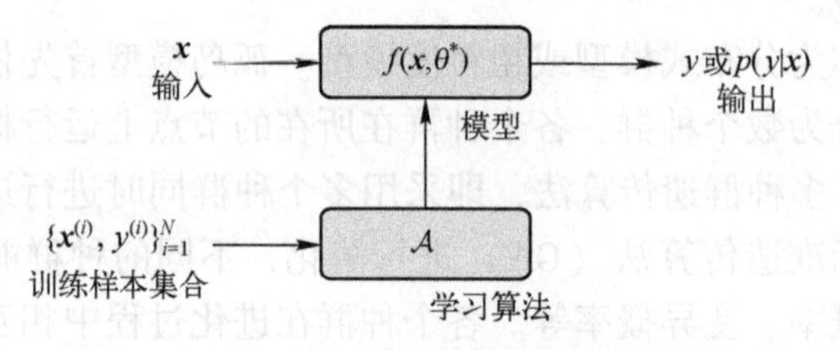

图 8.6 机器学习概览

下面以一个“判断杧果是否甜蜜”为例解释机器学习过程。

步骤 1：从市场上随机选取的杧果样本（训练数据）。

步骤 2：列出每个杧果的所有特征（输入变量）：如颜色、大小、形状、产地、品牌。

步骤 3：列出杧果质量（输出变量）：甜蜜、多汁、成熟度。

步骤 4：设计一个学习算法来学习杧果的特征与输出变量之间的相关性模型。

下次从市场上买杧果时，可以根据杧果（测试数据）的特征，使用前面计算的模型来预测杧果的质量。

机器学习的三要素包括模型、学习准则和优化方法。

1. 模型

谈到机器学习，经常会谈到机器学习的“模型”。在机器学习中，模型的实质是一个假设空间（hypothesis space），这个假设空间是“输入空间到输出空间所有映射”的一个集合，这个空间的假设属于先验知识。然后，机器学习通过“数据+三要素”的训练，目标是获得假设空间的一个最优解。令 $\boldsymbol{X}$ 为输入特征，y 为实际标签，$f(\boldsymbol{X},\theta)$ 为 $\boldsymbol{X}$ 在带有参数 θ 的映射下的输出标签。机器学习的过程就是学习参数 θ，使 $f(\boldsymbol{X},\theta)$ 尽可能逼近真实的 $y=f(\boldsymbol{X})$ 或条件概率分布 $p(y|\boldsymbol{X})$。

2. 学习准则

在模型部分，机器学习的目标是获得假设空间（模型）的一个最优解，那么如何评判模型优还是不优？学习准则的作用就是评判“最优模型”（最优参数的模型）的准则或方法。通常会根据不同的任务需求选定一个损失函数，用以对模型相对于数据点的预测结果进行评估，如最小二乘损失、绝对值损失、交叉熵损失、Hinge 损失、Huber 损失等。

在得到损失函数以后，通常还会挑选一种策略来得到最终的优化目标，如经验风险最小化、结构风险最小化、贝叶斯准则等。

1）经验风险最小化

假设对于一个数据点的预测结果得到的损失记为 $\mathrm{loss}(f(x),y)$，那么该损失函数相对于整个数据集的期望就是风险函数或者称为期望损失。

$$\mathrm{Expected\_Loss}=E_{(x,y)\sim P_{\mathrm{D}}}[\mathrm{loss}(f(x),y)]$$

但是由于我们不知道数据集的真实分布 P_{D}，因此只能对期望损失进行估计。一般使用损失函数在当前数据集的平均值作为对期望损失的估计，这个值又称为经验风险或者经验损失。

$$\mathrm{Empirical\_Loss}=\frac{1}{N}\sum_{i=1}^{N}\mathrm{loss}(f(x_i),y_i)$$

把经验风险作为目标函数对其进行最小化的准则，就称为经验风险最小化准则。

2）结构风险最小化

结构风险最小化准则是在经验风险最小化的基础上添加了正则项用以防止过拟合。

结构风险=经验风险+L2 正则项

L2 正则项主要限制了模型的复杂度，从而防止过拟合。从优化的角度 L2 正则可以看作一个拉格朗日算子；从贝叶斯学习的角度来看，L2 正则对参数加入了高斯先验。

3. 优化方法

优化方法将学习准则得到的目标函数作为优化目标，从假设空间找到一个使目标函数最大化/最小化的算法。机器学习的训练过程其实就是最优化问题的求解过程。

梯度下降法是机器学习中最常用的优化方法之一，梯度下降法的计算过程就是沿梯度下降的方向求解极小值，以达到映射函数参数估计的目的。梯度下降法的过程可以用下面的伪代码表示：

输入：训练集 $\mathcal{D}=\{(\boldsymbol{x}^{(n)},y^{(n)})\}$，$n=1,2,\cdots,N$，验证集 $\mathcal{V}$，学习率 α

1　随机初始化 θ；
2　repeat
3　　对训练集 $\mathcal{D}$ 中的样本随机重排序；
4　　for $n=1\cdots N$ do
5　　　从训练集 $\mathcal{D}$ 中选取样本 $(\boldsymbol{x}^{(n)},y^{(n)})$；
　　　// 更新参数
6　　　$\theta \leftarrow \theta-\alpha \dfrac{\partial\mathcal{L}(\theta;\ x^{(n)},\ y^{(n)})}{\partial\theta}$
7　　end
8　until 模型 $f(\boldsymbol{x},\theta)$ 在验证集 $\mathcal{V}$ 上的错误率不再下降；
　输出：θ

8.4.2　机器学习与现代优化算法

1. 机器学习与现代优化算法的区别

首先，在求解问题方面，现实问题主要可以分为两类问题，即离散优化与连续优化。现代优化算法的研究范畴中，两者都包含，考虑到其发展背景，研究的问题（模型）大多包含众多复杂的限制条件（约束），且其中以离散优化问题居多（即组合优化）；机器学习则侧重于连续优化（问题本身离散时，建模时也会尽量将解空间松弛为连续域），期望拟合一个分布，模型中一般不包含约束（少量模型存在约束，如 SVM）。

其次，在实现方式上，现代优化算法求解的问题中，问题限制能被描述为一条条的数学公式（等式与不等式），解空间（问题结构）已经被公式所限定，所解的问题是如何在其中找到最优解，因此具备更强的先验知识。而机器学习相关问题中，对问题内在结构了解较模糊，因此仅能借助数据驱动的方式，期望从数据中挖掘出问题的潜在分布，便于管理者做决策。

下面以房屋预测以及装箱问题两个问题为例，阐释机器学习与现代优化算法的区别。

预测某个房屋的价格，以便做出是否购入的决策。传统机器学习的做法是：收集数据，提取特征（房屋面积、地段房屋均价、朝向等），然后建立房价预测模型（以最小化 LOSS 为目标的连续优化问题），训练参数，最后将需预测的房屋相关数据录入到训练好的模型中，得到预测的房价；但若能清晰知道房屋的价格与各因素的关系，例如，价格不小于卧室面积的 A 倍与非卧室面积 B 倍之和，同时价格不会高于地段房价均值的 1.2 倍，又因我们是购买者，期望以最小成本完成购买任务，因此目标是最小化房价，此时则可以使用现代优化算法进行求解。故对问题内在结构很清晰时，使用现代优化算法的方案更优。

装箱问题是智能优化中的经典问题。现存在一些长、宽、高不等的物品与同质的箱子，期望以最少的箱子个数将物品装载完。假设物品与箱子的基础数据（长宽高）皆已知，则具有很强的先验知识，此时可以构建该问题的数学模型，并使用现代优化算法进行求解。但若现在问题改为长、宽、高数据未知，要如何处理呢？从机器学习的角度看，若能获取历史装箱数据，即（m_1个物品 1，m_2个物品 2，m_3个物品 3，…，n_1箱子数），基于此数据构造特征（物品总长、总宽、总高，…，n_1箱子），建立二分类问题（1：可装完 / 0：不可装完）并训练二分类模型，之后便可将新物品的数据转换为特征，将箱子个数特征上从 0 开始不断增加 1，当模型第一次输出 1 时，即为输出的最少箱子使用个数（或直接建立以箱子个数为标签的预测模型）。

从例子可看出，现代优化算法中在抽象实际问题时，具备更多的先验知识，得到的解更能被接受；而机器学习则多用于问题结构较为模糊的情况，使用数据驱动的方式，得到的解通常为一个黑箱，难以解释。

2. 机器学习与现代优化算法结合

现代优化算法广泛应用于机器学习领域。在机器学习领域，优化常常采用梯度下降的方式。比如：对于具有上百万个连接的多层深度神经网络（DNN），现在往往通过随机梯度下降（SGD）算法进行常规训练。许多人认为，SGD 算法有效计算梯度的能力对于这种训练能力而言至关重要。但是，近来有论文表明，神经进化（neuroevolution）这种利用遗传算法的神经网络优化策略，也是训练深度神经网络解决强化学习（RL）问题的有效方法。

同时，机器学习也能用于求解现代优化算法研究的组合优化中的序列决策问题。例如，对于 TSP 问题，需要决定以什么顺序访问每一个城市，对于 Job-Shop 问题（加工车间调度问题），需要决定以什么顺序在机器上加工工件。深度神经网络中的递归神经网络恰好可以完成从一个序列到另一个序列的映射问题，因此用递归神经网络来直接求解组合优化问题完全是一种可行的方案。另外一套方案则是采用强化学习方法，因为强化学习的过程本身就是一个序列决策过程，但其难点在于如何定义求解过程总的状态、奖励等信息。

参考文献

[1] 丹·西蒙. 进化优化算法：基于仿生和种群的计算机智能方法［M］. 陈曦，译. 北京：清华大学出版社，2018.

[2] 张韵，钟慧超，张春江，等. 基于机器学习的多策略并行遗传算法［J］. 计算机集成制造系统，2021，27(10)：2921-2928. DOI：10. 13196/j. cims. 2021. 10. 016.

[3] 陆鹏，肖晓强，王济瑾，等. 基于散列函数加速的并行遗传算法［J］. 计算机应用，2020，40(S1)：124-127.

[4] SUTTON R S, BARTO A G. Reinforcement learning: An introduction [M]. Cambridge City: MIT Press, 2018.

[5] JORDAN M I, MITCHELL T M. Machine learning: Trends, perspectives, and prospects [J]. Science, 2015, 349(6245): 255-260.

[6] LARRANAGA P, KARSHENAS H, BIELZA C, et al. A review on evolutionary algorithms in Bayesian network learning and inference tasks [J]. Information Sciences, 2013, 233: 109-125.

[7] GUO P, CHENG W, WANG Y. Hybrid evolutionary algorithm with extreme machine learning fitness function evaluation for two-stage capacitated facility location problems [J]. Expert Systems with Applications, 2017, 71: 57-68.

[8] MALLIPEDDI R, SUGANTHAN P N, PAN Q K, et al. Differential evolution algorithm with ensemble of parameters and mutation strategies [J]. Applied soft Computing, 2011, 11(2): 1679-1696.

[9] ZHAO S Z, SUGANTHAN P N, ZHANG Q. Decomposition-based multiobjective evolutionary algorithm with an ensemble of neighborhood sizes [J]. IEEE Transactions on Evolutionary Computation, 2012, 16(3): 442-446.

[10] LI J Y, ZHAN Z H, WANG H, et al. Data-driven evolutionary algorithm with perturbation-based ensemble surrogates [J]. IEEE Transactions on Cybernetics, 2020, 51(8): 3925-3937.

[11] SUDHOLT D. Parallel evolutionary algorithms [J]. Springer Handbook of Computational Intelligence, 2015: 929-959.

[12] LÄSSIG J, SUDHOLT D. Design and analysis of migration in parallel evolutionary algorithms [J]. Soft Computing, 2013, 17: 1121-1144.

[13] CHEN L, LIU H L, TAN K C, et al. Transfer learning-based parallel evolutionary algorithm framework for bilevel optimization [J]. IEEE Transactions on Evolutionary Computation, 2021, 26(1): 115-129.

[14] LÄSSIG J, SUDHOLT D. General upper bounds on the runtime of parallel evolutionary algorithms [J]. Evolutionary Computation, 2014, 22(3): 405-437.